现代化学基础丛书·典藏版　18

有机质谱原理及应用

陈耀祖　涂亚平　著

科学出版社

北　京

内 容 简 介

有机质谱是有机结构分析和有机成分分析不可缺少的工具,目前发展的三个热点是:软电离技术、联用技术和生物大分子质谱分析。本书是根据作者在实际教学与有机质谱研究工作中的实际经验编写而成的,在介绍有机质谱的常用技术及原理的基础上,结合生物活性分子的分析着重介绍这些热点技术的研究,具有鲜明的实用性。另外,本书还结合作者在分子-离子反应机理方面进行的开拓性研究,介绍反应质谱在立体化学分析中的应用,更富启发性。

本书可供大专院校化学、生物、医药学专业高年级学生及研究生和科研、生产、环保监测单位的分析工作人员参考阅读。

图书在版编目(CIP)数据

有机质谱原理及应用/陈耀祖,涂亚平著.-北京:科学出版社,2001
ISBN 978-7-03-008387-6

Ⅰ. 有… Ⅱ. ①陈… ②涂… Ⅲ. 有机分析-质谱法 Ⅳ. O657.63

中国版本图书馆 CIP 数据核字(2000)第 07773 号

责任编辑:杨淑兰 / 责任校对:张庆岚
责任印制:吴兆东 / 封面设计:王 浩

科 学 出 版 社 出版
北京东黄城根北街 16 号
邮政编码:100717
http://www.sciencep.com
北京建宏印刷有限公司印刷
科学出版社发行 各地新华书店经销

*

2001 年 2 月第 一 版 开本:710×1000 B5
2024 年 1 月第七次印刷 印张:17 1/2
字数:326 000
定价:100.00 元
(如有印装质量问题,我社负责调换)

前　　言

现代质谱技术的开拓者英国物理学家 J. J. 汤姆逊在他 1913 年出版的著作中曾预言质谱法将为化学家所应用。此后数十年来，质谱技术获得长足的发展，目前已成为分析化学不可缺少的工具。质谱法所特有的优点是：1. 超微量（样品取量为微克级）；2. 快速（数分钟之内完成一次测试）；3. 能同时提供有机样品的精确分子量（精度达 10^{-4}）、元素组成和碳骨架及官能团结构信息；4. 既能进行定性分析又能进行定量分析；5. 能最有效地与各种色谱法在线联用，如 GC/MS，HPLC/MS，TLC/MS，CEZ/MS 等，成为分析复杂体系的有力手段。这些优点是其他分析方法所不可能同时具备的。

质谱法在早期阶段主要用于分析同位素。用于分析有机化合物的有机质谱法在 20 世纪 40 年代才盛兴起来。有机分子的质谱裂解机理和气相离子化学是这一领域长期以来引人注目的研究对象。20 世纪 70 年代末、80 年代初出现的各种软电离技术为分析高极性、热不稳定和难挥发的样品提供了可能，同时也较好地解决了液相色谱与质谱联用的接口问题。这样就为分析生物大分子如蛋白质、核酸和多糖等的结构以及分析复杂体系中生物活性分子提供了有效手段。随着生命科学的发展，有机质谱在这方面的研究已成为热门课题。

与有机质谱迅速发展的形势不相适应的是迄今尚没有较系统地介绍这方面知识的适用参考书。有感于此，我们根据多年来在这一领域从事教学和科研工作的体会撰写了本书。其宗旨是企图从原理到应用深入浅出地说明有机质谱的基本知识和新近进展。全书共分九章。第一章概述有机质谱的发展过程；第二章简要说明常用各类有机质谱仪的结构和操作要点；第三章和第四章分别讨论电子轰击质谱和化学电离质谱，这两种质谱是有机质谱中研究得最深入，也是这一领域最基础的知识；第五章和第六章分别介绍了两种有用的技术：串联质谱（质谱/质谱）和反应质谱；第七章和第八章从原理到实例说明有机质谱在测定有机分子结构方面的应用；第九章扼要介绍生物大分子的质谱分析。各章后均附有主要参考文献。

撰写本书是一种尝试，希望能起到抛砖引玉的作用。谬误之处恳请读者指正。

作者

目　　录

第一章 绪 论

1.1 有机质谱的发展历史

为了了解有机质谱发展的背景，首先简要地介绍一下它的历史发展过程[1~3]。

早在 19 世纪末（1886 年），E. Goldstein[4]在低压放电试验中观察到正电荷粒子，随后 W. Wein[5]发现正电荷粒子束在磁场中发生偏转，这些观察结果为质谱的诞生提供了准备。

被誉为现代质谱学之父的英国学者 J. J. Thomson（1906 年诺贝尔物理学奖获得者）在本世纪初即开展了正电荷离子束的物理学研究，从而发明了质谱法。他利用低压放电离子源所产生的具有高速度的正电荷离子束，通过一组电场和磁场，这时不同质荷比的正电荷离子能按不同质量而发生曲率不同的抛物线轨道偏转，依次到达检测器，在感光干板上被记录下来。他的这种最早的质谱仪器示意图如图 1.1 所示。他运用质谱法首次发现了元素的稳定同位素，即氖的两个同位素 ^{20}Ne 和 ^{22}Ne。他曾观察到在放电管中多原子分子（如 $COCl_2$）的裂解产生碎片

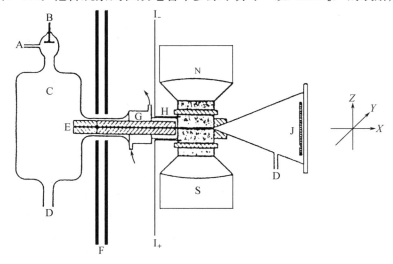

图 1.1 Thomson 质谱仪示意图

A. 气体入口；B. 阳极；C. 放电管；D. 去抽空泵；E. 阴极；F. 磁屏蔽；

G. 冷却水套；H. 绝缘体；I. 电场引线；J. 照相感光检测器

离子（如 Cl^+，CO^+，O^+，C^+ 等）。早期检测记录的质谱图如图 1.2 所示。因为他采用照相记录，各离子感光灵敏度不同，所以他不能定量地测出各离子的相对强度（丰度）。

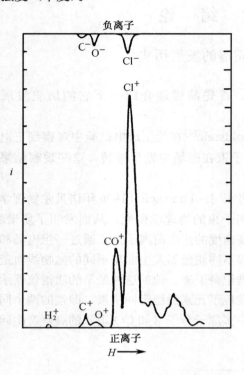

图 1.2　光气质谱图（高压）

Thomson 不但对质谱的发展作出了重要的奠基工作，而且更难能可贵的是，他作为一个物理学家，却能在质谱发展的早期看到它在化学分析中的应用前景。他撰写了这方面的专著《正电荷射线及其在化学分析中的应用》（Rays of Positive Electricity and Their Application to Chemical Analysis, Longmans Green Co., London, 1913）。在该书的序言中他明确写道："撰写本书的主要宗旨之一是希望它能启发其他科学家，特别是化学家尝试采用这个方法（质谱法）。我深信化学中存在的许多问题可以凭借这个方法得以解决，而且比用其他方法更为简便。这个方法有惊人的灵敏度——甚至比（发射）光谱法还要灵敏得多。只需要极微量的试样，无须事先特别纯化处理，就可以进行分析。"他的这些论断，至今仍为人们所信服。

目前广泛采用的电子轰击电离源（所谓硬电离源）是在 1911 年首先由 C. F. Knipp 设计的。1918 年，A. J. Dempster 组装了电子轰击源[6]，并以电流计作记录器的质谱计（mass spectrometer），不但能记录离子的质荷比，而且能定量地测出各离子的相对丰度。1919 年，F. W. Aston[7] 改进并研制了用感光板作记录器的质谱仪（mass spectrograph），1920 年，Aston 首先引入"质谱"（mass spectrum）这一术语。1942 年，才出现第一台商品质谱仪。

在相当长的时期内，质谱工作者的注意力都集中在用质谱分析、分离同位素的工作。如，人们曾用质谱法分离获得毫克级的 ^{39}K；40 年代，用质谱分析核燃料 ^{235}U 和 ^{238}U 同位素。

将质谱应用在有机化学方面的先驱者之一是 R. Conrad[8]。他发表了许多有机化合物的质谱图。而有机质谱研究的真正兴起是在 50 年代以后，这段时期，有机质谱的研究朝着两方面发展，其一是研究有机物离子裂解机理，如 50 年代中期（1956），美国化学家康奈尔大学教授 F. W. Mclaffety 发现的六元环 γ - H 转移重排（麦氏重排）裂解机理是这方面的突出代表；另一方面是运用质谱推导有机分子结构。人们在阐明未知化合物的结构时，虽然可以使用一整套光谱技术，但是有时受条件的限制，能使用的光谱技术却是有限的。而质谱由于需要样品量少，对于测定非常稀贵的天然产物分子结构有着独到之处。如运用质谱配合红外光谱就测出了生物碱白坚木瑞素的结构[9]。

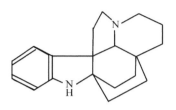

在 60 年代，化学家认识到质谱在有机分子结构分析方面能提供大量的有用信息。这一认识大大推动了有机质谱的发展，于是，这一时期有机质谱方面的专著应运而生，其中如

J. H. Beynon, Mass Spectrometry and Its Application to Organic Chemistry, Elsevier, London, 1960

随后，又出现了多卷集专著，总结这时期有机质谱在天然产物结构分析方面的应用，如

H. Budzikiewiez, C. Djerassi, Structure Elucidation of Natural Products by Mass Spectrometry, Vol. I. Alkaloids, Vol. II. Steroids, Terpenoids, Sugars and Miscellaneous Classes, Holden-Day, San Francisco, USA, 1969

20 世纪 60 年代后期，出现了有机质谱的专业学术刊物，如 Orangic Mass Spectrometry，于 1968 年创刊。这些都足以说明在 60 年代有机质谱的研究工作已蓬勃开展。

1.2　我国有机质谱概况

20 世纪 50 年代末期，配合我国核能研究的发展，几位自前苏联回国的留学生带回了质谱分析技术。开始时期只在同位素分析方面展开工作，后来延伸到地质勘探部门。至于有机质谱技术则起步较晚，到 70 年代，只有几个研究单位零星地进行有机质谱常规分析。到了 80 年代，高等院校和研究单位纷纷自国外引进有机质谱仪，于是有机质谱的研究工作日益发展起来。1980 年，全国质谱学会在杭州成立，包括四个专业组：同位素质谱、无机质谱、有机质谱和质谱仪器。其中以有机质谱专业组会员最多，规模最大。中国科学院科学仪器厂于 80 年代后期研制生产了分辨率达 5 万、配有快原子轰击电离源的双聚焦质谱仪。质谱学中文专业刊物——质谱杂志（后改名质谱学报）于 1979 年创刊。

我国有机质谱方面的工作大致在以下三个方面发展[10~12]：

1. 结构分析及有关新方法研究

自 70 年代以来，所有已发现的数百个天然产物新化合物的结构测定无一不用到质谱数据。举凡软电离技术、串联质谱技术、高分辨质谱以及亚稳扫描等均加以运用。并且发展了一些结构分析新方法，如用反应质谱法（reaction mass spectrometry）进行有机分子立体化学分析，以区分旋光异构体、检测手性化合物、测定绝对构型、糖的差向异构、烯烃的构型等（见第八章）；运用远位衍生化法（remote-site derivatization）测定不饱和脂肪酸的双键位置，以油酸为例，可制定 l-烯基杂环衍生物，如：

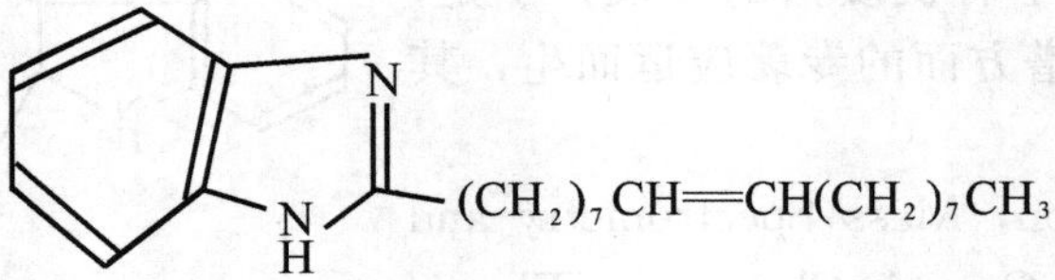

由它的裂解碎片来推测双键的位置。

2. 气相离子化学

运用碰撞诱导裂解–离子质量分析动能谱（CID–MIKES）技术证实了 $C_2H_6^+$ 离子的存在，研究了离子热力学能与 CID 的关系，这不仅具有理论意义，而且对正确使用这一技术来鉴定离子结构有重要意义。

运用高分辨质谱、亚稳扫描和同位素标记技术研究了一些天然化合物的裂解规律，如二萜生物碱、木脂素和四环-二萜等。这些规律的获得对质谱法测定相应类型未知物结构有所启示。

研究了 EI 谱和 CI 谱中气相离子反应，包括重排反应、取代反应等。

3. 色质谱联用技术

如用液相色谱质谱分析人尿中兴奋剂的代谢产物；用直接蒸出法——毛细管气相色谱-质谱快速分析中草药挥发性成分或鲜花头香。

90 年代（1990～1996）是我国有机质谱变化最大、发展最快的阶段，从事有机质谱分析研究工作的专职科技人员近 2000 人，在全国各种学术刊物及学术会议上发表与有机质谱有关的论文 1000 多篇，质谱学报上有机质谱论文占80%。有机质谱已广泛应用于化学、化工、药物、食品、农业、林业、地质、石油、环保、医学、生物、公安、国防等各个领域，尤其在生命科学研究方面有了很大发展。

1.3 有机质谱的进展

如前所述，自 50 年代中期至 70 年代中期的 20 年间，有机质谱迅速发展成为测定有机化合物分子量和结构的强有力工具。但在 70 年代中期以前，有机质谱主要用于分析研究分子量小于 1000 Da* 的有机分子。

随着科学技术的进步，1974 年，出现了等离子体解析质谱（plasma desorption mass spectrometry，PD-MS），1981 年，出现了快原子轰击质谱（fast atom bombardment mass spectrometry，FAB-MS），有机质谱开始分析研究极性大、热不稳定的多肽和小蛋白质等。值得指出的是在 1988 年，出现了电喷雾电离质谱（electrospray ionization mass spectrometry，ESI-MS）和基质辅助激光解析电离飞行时间质谱（matrix-asisted laser desorption ionization time of flight mass spectrometry，MALDI-TOF-MS），傅里叶变换质谱法（Fourier transform mass spectrometry，MALDI-FTMS）开创了有机质谱分析研究生物大分子的新领域。从此以后，ESI-MS 和 MALDI-MS 获得了迅速的发展，有机质谱跨出近代结构化学和分析化学的领域而进入了生物质谱的范畴，也就是进入了生命科学的范畴。自 1988 年以来，国际质谱学界频繁举行全球性的质谱用于保健及生命科学的讨论会（symposium on mass spectrometry in the health & life science），可见这一研究热点盛况空前。

生物质谱大致在下列领域展开工作：

蛋白质分子质量的测定，氨基酸序列分析，蛋白质的质量肽谱，天然和生物合成蛋白质突变体分析、蛋白质翻译后修饰的测定，配位体结合的研究，酶的活力部位研究和蛋白质折叠和高级结构的研究，核酸片段分子质量测定，寡核苷酸序列分析，核酸修饰部位的鉴定以及多糖和寡糖结构分析等。

质谱在医药方面的应用日益受到人们的重视，用选择离子技术（selected monitoring）分析超微量体液中的"标记化合物"，作为癌症的早期诊断手段（cancer marker analysis），高效液相色谱与质谱联用是药代动力学分析的好方法，90 年代后，EPI-MS 和 MALDI-MS 用于生物分子间非共价键相互作用的研究，为药物-受体作用提供了直接证明，更有望用于高通道筛选（high through-put screening）有效药物，对促进新药研究将发挥重要作用。

为了解决生命科学中复杂体系内微量成分的分析，近年来，质谱与各种色谱的联用技术发展迅速，如高效液相色谱-电喷雾电离质谱联用（HPLC-ESI-MS）、毛细管电泳-电喷雾电离质谱（CE-ESI-MS）等，从而发展了微量电喷雾电离接

---

* Da（道尔顿）为非法定单位，$1Da = 1u = 1.66054 \times 10^{-27} kg$。

口技术。

参 考 文 献

[1] R. W. Kiser, Introduction to Mass Spectrometry & Its Applications, 1965, 4~13, Pratice-Hall, Inc. , Englewood Cliffs, New York

[2] H. E. Duckworth, R. C. Barber, V. S. Venkatasubramanian, Mass Spectrometry, 2nd. Ed. , 1986, 1 ~8, Cambridge University Press, London

[3] F. A. White, G. M. Wood, Mass Spectrometry Application in Science & Engineering, 1986, 1~13, John Wiley & Sons, New York

[4] E. Goldstein, Berl. Ber. , 1886, 39：691

[5] W. Wein, Wied. Ann. , 1898, 65：440

[6] A. J. Dempster, Phys. Rev. , 1918, 11：516

[7] F. W. Aston, Phil. Mag. , 1919, 38：707

[8] R. Conrad, Phys. Z. , 1930, 31：888

[9] C. Djerasi et al. , Helv. Chim. Acta, 1963, 46：742

[10] 质谱编辑部，质谱，1980，(1)：1

[11] 康致泉，第九届全国有机质谱学学术讨论会论文集，1997，1

[12] 张青莲，王光辉，Mass Spectrom. Rev. , 1990, 9：265

第二章 有机质谱仪器

2.1 进样系统

质谱仪只能分析、检测气相中的离子。不同性质的样品往往要求不同的电离技术和相应的进样方式。商品仪器一般配备以下进样系统，供测定不同样品时选用。

2.1.1 储罐进样

这个系统主要包括储气室、加热器、真空连接系统及一个通过分子漏孔将样品导入离子源的接口。气体和液体样品在不需要进一步分离时可以通过这种方式进样，足够的样品量可以在较长时间内（>30 min）给离子源提供较稳定的样品源。

用作仪器质量标定的标准样品（全氟煤油、全氟三丁胺等）通常用这种方式引入。该进样系统一般可加热到 200℃，大多数样品经过加热容易除去，但有时样品（如胺、碘代烷）有较强的记忆效应。

2.1.2 探头进样

质谱实验室经常要为合成工作者送来的"纯"固体或高沸点液体提供质谱数据。这些样品通常蒸气压低或热稳定性差，只能通过探头引入离子源中。

常用的直接插入探头如图 2.1 所示。内置加热器位于探头前端，装载样品的

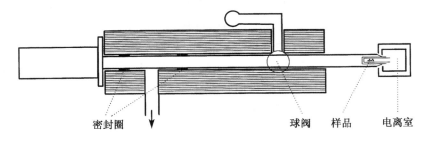

密封圈　　　　　　　　　　球阀　样品　电离室

图 2.1　直接插入探头及真空锁

玻璃毛细管（或陶瓷样品舟）伸至电离室。采用直接插入探头进样的样品需要满

足以下三个条件[1]。（1）样品在离子源中电离之前必须气化；（2）在气化过程中样品不发生或少发生热分解；（3）样品能在离子源中维持一定的蒸气压。

探头的升温速度是影响谱图质量的一个重要因素。快速升温可使样品在气化过程中减少分解，这对热不稳定样品尤为重要。事实上，热分解是热不稳定样品在进样过程中必须克服的一个问题。在气化过程中难免发生分解的样品具有以下特点[2]。（1）带有离子型官能团，如季铵盐；（2）有易形成氢键尤其是与探头表面形成氢键并引发分解的非离子型官能团；（3）大分子量分子，它们有更多的自由度以容纳更高的热力学能，促使分子受热分解。气化和分解是一对竞争过程。图 2.2 是用阿仑尼乌斯方程描述的速率常数与温度的关系[3]。在高温区，气化的速率常数大于分解的速率常数，使样品达到这个温度区的速度愈快，对气化过程愈有利。

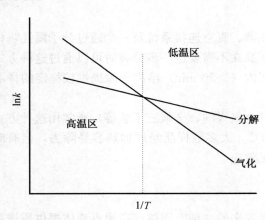

图 2.2 气化和分解的速度常数与温度的关系

使探头趋近于离子源中的电离电子束，有时可以使热不稳定样品获得更强的分子离子信号。这在后来被发展成为束内（in beam）技术。这种技术简便易行。采用通常的直接插入探头，只需改用加长的毛细玻璃棒，使盛载样品的前端伸至电子束的位置。在此基础上发展起来的解吸进样在其他软电离技术建立之前曾是引入热不稳定样品的重要方法。解吸进样探头与直接插入探头很相似，但其前端是一束钨或铼丝，样品以溶液的形式滴加于发射丝上。通电后，炽热的发射丝使样品解吸气化。这种方式的传热效率高、样品气化速度快。从图 2.2 可以看出，解吸进样方式对于热不稳定样品的进样十分有利。McLafferty 等[4]将这种进样方式应用于化学电离中，并将其称为解吸化学电离（desorption chemical ionization，DCI）。在电子轰击电离中也可以采用这种进样方式，相应地可称之为解吸电子轰击（DEI）。值得一提的是，不少书中将 DCI 列为一种电离方式。实际上，DCI 与普通化学电离没有任何区别（见 2.2 节）。

束内技术和解吸进样都有效地提高了气化速度。但是，气化速度过快有时导致离子源中样品分压过高，使得在电子轰击状态下发生自身化学电离。此外，样品装载量过大也会导致同样结果。这两种情况都引起生成 $[M+H]^+$ 离子，从而使 EI 谱中的 $[M+1]^+$ 离子的丰度高出合理的 ^{13}C 同位素丰度。

2.1.3 色谱进样

复杂混合物的直接质谱数据是没有意义的。借助色谱的有效分离，质谱可以在一定程度上鉴定出混合物的成分。毛细管柱气相色谱由于载气流量很小，与质谱的联用很简单，把色谱柱的出口直接插入质谱仪的离子源中即可。液相色谱与质谱的联用经历了相当艰难的摸索，现在已有十分理想的接口。目前商品化质谱仪普遍采用的主要有大气压化学电离和电喷雾电离两种方式，我们将在2.2.3和2.2.7节分别介绍。其他液相色谱/质谱接口法读者可参阅其他书籍。

2.2 电离方式和离子源

在离子源中样品被电离成离子。不同性质的样品可能需要不同的电离方式。近些年来，生物大分子的分析对质谱的电离方式提出了更高的要求，新的离子源不断出现。在本节中我们介绍七种主要的电离方式及相应的离子源结构。

2.2.1 电子轰击电离

电子轰击（electron impact，EI）电离使用具有一定能量的电子直接作用于样品分子，使其电离。图2.3是典型EI离子源的结构示意图。用钨或铼制成的灯丝在高真空中被电流炽热，发射出电子。在电离盒与灯丝之间加一电压（正端在电离盒上），这个电压被称为电离电压。电子在电离电压的加速下经过入口狭缝进入电离区。样品气化后在电离区与电子作用，一些分子获得足够能量后丢失一个电子形成正离子。在永久磁铁的磁场作用下，电子束在电离区作螺旋运动，增大与中性分子的碰撞概率，从而使电离效率提高。在EI状态下，样品分子约有1/1000发生电离。

尽管不同物质的电离效率有差异，但是当电子能量为$50\sim100\mathrm{eV}$时，大多数分子的电离截面是最大值[5]。图2.4是几种气体分子的电离效率曲线，有机化合物的情况与此相似。

有机化合物的电离能在10eV左

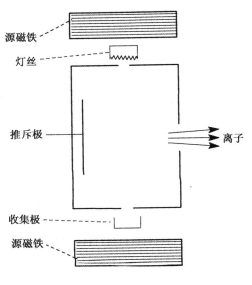

图2.3 电子轰击离子源的结构

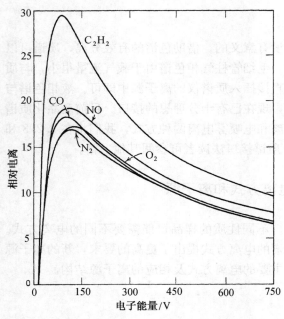

图 2.4　几种气体分子的电离效率与电离能量的关系

右。当受大于这一能量的电子轰击时，样品分子获得很大的能量，电离发生后还可能进一步碎裂。因此，电子能量影响样品的谱图。图 2.5 是在不同能量下得到的苯甲酸的质谱图。在 9eV 时，分子电离后不发生碎裂，只观察到分子离子信号；在 20eV 时，记录到分子离子丢失羟基（m/z 105）和进一步丢失一氧化碳（m/z 77）的碎片离子。当电子能量增大到 70eV 时，得到丰富的"指纹"信息，这对推测结构十分有用。大多数 EI 质谱图集或数据库收录在 70eV 下获得的质谱图中，在这个能量下，灵敏度接近最大值，而且分子离子的碎裂不受电子能量的细小变化的影响。对于一些结构不太稳定的样品，通过降低电离能量有时可以得到更强的分子离子信号。但需要注意到的是，从电离效率曲线（图 2.4）可看出，当电离能量降至很低时，灵敏度也急剧下降。

EI 源电离效率高，能量分散小，这保证了质谱仪的高灵敏度和高分辨率。未电离的样品分子在离子源中滞留的时间很短（<1s），这使质谱仪能够快速响应样品浓度的变化，成为高分辨色谱的检测器。

2.2.2　化学电离

在电子轰击电离中，样品分子与具有一定能量的电子直接作用，产生的分子离子具有较高热力学能，从而进一步发生碎裂。这使得一些化合物的分子离子信号变得很弱，甚至检测不到。化学电离（chemical ionization，CI）通过引入大量的试剂气，使样品分子与电离电子不直接作用。试剂气分子被电子轰击电离后因离子-分子反应产生一些活性反应离子，这些离子再与样品分子发生离子-分子反应，使样品分子实现电离[6]。

在 20 世纪 50 年代，Tal′rose 和 Field 两个研究组在研究甲烷的电子轰击电离时均观察到非经典的 CH_5^+ 离子，并认为是由下列反应产生[7]，

$$CH_4 + e \longrightarrow CH_4^+ + 2e \tag{2.1}$$

$$CH_4^{+} + CH_4 \longrightarrow CH_5^{+} + CH_3\bullet \qquad (2.2)$$

这使 Munson 和 Field[8] 于 1966 年正式提出化学电离技术。

化学电离源在结构上与 EI 源没有太大差别。CI 源由于要维持较高的试剂气压力（0.5~1.0 Torr*），需要有更好的气密性。商品质谱仪一般采用组合 EI/CI 离子源，图 2.6 所示为两种不同的组合形式。（a）型有一个独立的 CI 电离盒，其中的电子入口狭缝和离子出口狭缝都很小，在进行 EI 操作时，它作为 EI 源的推斥极，将其推入 EI 电离盒，使两盒的电子入口和离子出口均重叠，便可进行化学电离。（b）型的设计更简便，EI/CI 的切换只需调节离子出口狭缝的大小。

化学电离可以使用多种不同的单一或混合试剂气。不同试剂气的反应离子不同，与样品的离子-分子反应可能是电荷交换、质子转移或氢负离子

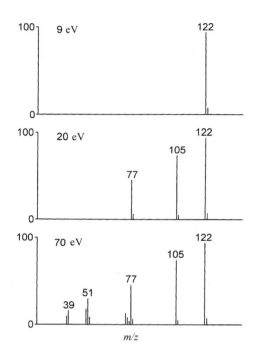

图 2.5　不同能量下获得的苯甲酸的质谱图

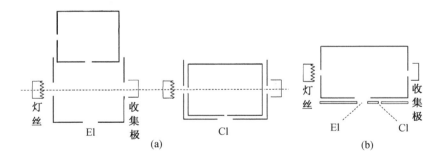

图 2.6　两种不同组合的 EI/CI 离子源

转移。这个电离过程与电子轰击电离相比，样品分子电离后热力学能相对较低，碎裂反应减少。对于使用最普遍的甲烷试剂气，反应（2.2）和下列离子-分子反应给出其优势反应离子 CH_3^{+} 和 $C_2H_5^{+}$。

---

* Torr（托）为非法定单位，1Torr＝1.33322×10²Pa。

$$CH_4^+ \cdot \longrightarrow CH_3^+ + H \cdot \qquad (2.3)$$

$$CH_3^+ + CH_4 \longrightarrow C_2H_5^+ + H_2 \qquad (2.4)$$

这两个离子的共轭碱（CH_4 和 C_2H_4）的低质子亲和力使其成为良好的质子供给体，样品分子 M 获取质子生成 MH^+ 离子。

$$M + CH_5^+ \longrightarrow MH^+ + CH_4 \qquad (2.5)$$

$$M + C_2H_5^+ \longrightarrow MH^+ + C_2H_4 \qquad (2.6)$$

如果样品分子的质子亲和力更低，其他离子-分子反应可能发生。例如：

$$C_nH_{2n+2} + CH_5^+ \longrightarrow [C_nH_{2n+1}]^+ + CH_4 + H_2 \qquad (2.7)$$

选择不同试剂气可以改变电离反应的热效应，这对一些热不稳定样品的电离很有意义。化学电离还可以使用惰性气体（如 N_2，CO，Ar 等）作为试剂气，样品的电离由电荷交换反应实现，所得谱图类似于 EI 谱；但由于电荷交换反应的热效应可能较低，分子离子的碎裂会少于电子轰击电离。

一些试剂气有多种优势反应离子，这些离子由竞争反应或连续反应产生。当离子源中试剂气的分压不同时，这些反应离子的浓度也发生改变；因此，在不同源压下，同一样品的 CI 谱可能不同。甲烷的两种主要反应离子（CH_5^+ 和 $C_2H_5^+$）的相对强度与源压的关系如图 2.7 所示。在压力较低时，源压升高使反应离子的强度增加；当源压到达 0.5 Torr 以后，反应离子的强度不再变化。因此，化学电离通常在 0.5～1.0 Torr 的源压下进行。

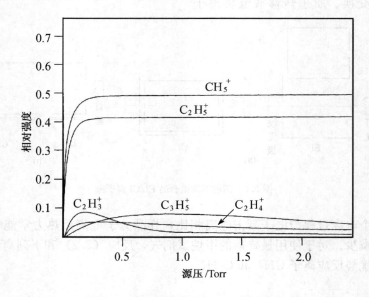

图 2.7 甲烷的反应离子强度与源压的关系

2.2.3　大气压化学电离

气相中放热的质子转移反应的速率常数接近于碰撞速率常数，因此化学电离能够高效地产生离子。在大气压下，化学电离反应的速率更大，电离效率应更高。设计大气压化学电离（atmospheric pressure chemical ionization，APCI）离子源的主要困难是将在大气压力下产生的离子转移到处于高真空（$<10^{-6}$ Torr）状态的质量分析器中。

较早期的一种 APCI 离子源的结构如图 2.8 所示。一个小体积（1 cm³）的电离盒通过一个微孔（～25μm）与质量分析器相连，样品（如色谱的流出物）进入电离盒中受 ^{63}Ni 的 β-射线辐射发生电离[9]。这种设计所允许的载气流速为 $10\sim100$ ml/min。电离过程在大气压下进行，色谱的流动相起着试剂气的作用。由于体积小，离子源一直处于加热中，这样可以减少源壁上的吸附。

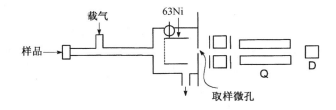

图 2.8　^{63}Ni 辐射电离的 APCI 离子源

另一种设计采用的是电晕放电电离[10]，离子源的结构如图 2.9 所示。电离室没有严格界定的边缘，电离区由电晕点到取样微孔，体积相对较大。高抽速的真空泵可以维持分析室的真空，取样微孔的孔径也增大至 100μm，所允许的载气流速可高达 9L/s。大气压电离的一个干扰是溶剂分子（如，水）与样品分子形成簇合离子。在电晕放电电离设计中，在取样微孔与电离反应区之间增加了一

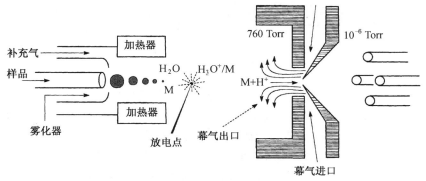

图 2.9　电晕放电 APCI 离子源

层幕气流，这既可避免微孔被堵塞，同时又能使簇合离子解簇。电晕放电使电离效率大为提高，同时由于电晕点与取样微孔之间强电场的作用，离子在源中滞留的时间更短。

在经高纯氮气清洗过的 APCI 离子源中，主要的带电物种是 N_2^+ 和 N_4^+。在实际操作中，痕量的 H_2O 将与 N_2^+、N_4^+ 发生离子-分子反应，使 $H^+(H_2O)_n$ 成为主要反应离子。在负离子状态下，痕量的 O_2 导致生成 O_2^- 及 $O_2^-(H_2O)_n$ 作为主要反应离子。正离子状态下水合质子 $H^+(H_2O)_n$ 的生成将在 4.3.1 节中介绍。

2.2.4 二次离子质谱

以高能量的初级离子轰击表面，再对由此产生的二次离子进行质谱分析是材料表面分析的一种重要方法。在此基础上发展起来的两种十分相似的电离技术，快原子轰击（fast atom bombardment，FAB）[11] 和液体二次离子质谱（liquid secondary ion mass spectrometry，LSIMS）[12] 在有机质谱中有着重要地位。这两种技术均采用液体基质负载样品，其差异仅在于初级高能量粒子不同，前者使用中性原子束，后者使用离子束。FAB 使用原子束是为了避免向有高电压的离子源引入带电粒子可能引起的麻烦，尽管后者证实，初级粒子束的电荷对二次离子的强度和寿命以及谱图的质量均无任何影响[13]。

FAB/LSIMS 离子源如图 2.10 所示。初级粒子束由原子枪（或离子枪）发射后打击表面上涂布着样品的金属靶，把大量能量传递给样品外层表面的分子；电离产生的二次离子被引入质量分析器中进行分析。

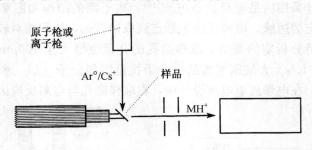

图 2.10　FAB/LSIMS 离子源

若将固体样品直接置于靶上，表面的损坏使得二次离子流迅速下降。采用液体基质负载样品使表面的缺损不断得以更新，二次离子流维持恒定的时间大大延长（>30 min）。根据样品的性质选择合适的基质是 FAB/LSIMS 操作的一个关键环节。理想的基质必须蒸气压低，同时是被分析样品的良好溶剂。表 2.1 归纳了常用基质及其应用。甘油是最常用的一种基质，硫甘油和间硝基苄醇在多肽和蛋白质的分析中通常效果更好。两种基质按一定比例的混合物经常使用，如甘油/硫甘油（1∶1）、甘油/硫代二甘醇（1∶1）、二硫苏糖醇/二硫赤糖醇（5∶1）等。样品若在基质中的溶解度小，可预先用能与基质互溶的溶剂（如甲醇、乙腈、H_2O，DMSO，DMF 等）溶解，然后再与基质混匀。

表 2.1　FAB/LSIMS 常用基质

基　质	分子量	沸　点	背景离子	应　用
甘油	92	182℃/20mm	MH^+，$[MH+nM]^+$	普通基质
硫甘油	108	118℃/5mm	$[MH-H_2O]^+$，$[MH+nM]^+$	肽、抗生素、金属有机物
间硝基苄醇	153	175℃/3mm	MH^+，$[MH+nM]^+$	肽、蛋白质
二乙醇胺	105	217℃/150mm	MH^+，$[MH+nM]^+$	多糖
三乙醇胺	149	190℃/5mm	MH^+，$[MH+nM]^+$	多糖
硫代二甘醇	94		$[MH-H_2O]^+$，$[MH+nM]^+$	金属有机物
二硫苏糖醇 二硫赤糖醇 （5∶1）	154	—	$[MH-H_2S-H_2]^+$，$[MH+nM]^+$	金属有机物、肽
四亚甲基砜	120	285℃	MH^+，$[2M+H]^+$	肽
聚乙二醇	$62+n(44)$	—	$(CH_2CH_2O)_2H^+$，MH^+	多糖

FAB/LSIMS 电离的主要反应是样品分子质子化形成 MH^+ 离子，但这个过程的详细机理尚未完全弄清。在聚凝相中质子化、在样品表面的气密层甚至在气相中发生离子-分子反应的机理均得到一些实验的支持。在 FAB/LSIMS 电离过程中，还有一些化学反应也伴随发生。具有分析意义的反应包括形成簇合离子（如 $[2M+H]^+$）、加合离子（如 $[M+G+H]^+$（G＝基质分子））及相应的碎裂产物（如 $[2M+H-H_2O]^+$，$[M+G+H-H_2O]^+$ 等）。向基质中加入某些盐类（如 Li^+，Na^+，K^+ 盐），促进样品分子与金属离子形成加合离子有时十分有效；但需注意的是，过量的盐的存在会使样品的电离（生成 MH^+ 离子）受到抑制。

FAB/LSIMS 中有些反应对辨认分子离子峰产生干扰。还原反应是粒子束引起的最普遍反应，一些核苷在甘油中产生的 $[M+2H]^+$ 和 $[M+3H]^+$ 离子被认为是多次质子化——还原反应的产物。间硝基苄醇受粒子轰击可被氧化为醛，遇分子中有氨基的样品可继续反应形成 Schiff 碱，使谱图中出现 $[M+133+H]^+$ 离子。

2.2.5 等离子体解吸质谱

等离子体解吸（plasma desorption）质谱（PDMS）采用放射性同位素（如 ^{252}Cf）的核裂变碎片作为初级粒子轰击样品使其电离[14]。图 2.11 是 ^{252}Cf PDMS 实验的原理框图。样品以适当溶剂溶解后涂布于 $0.5 \sim 1\mu m$ 厚的铝或镍箔上，^{252}Cf 的裂变碎片从背面穿过金属箔，把大量能量传递给样品分子，使其解吸电离。

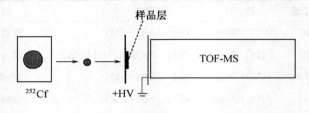

图 2.11 ^{252}Cf 的 PDMS

^{252}Cf 的主要裂变产物是 Ba^{18+} 和 Tc^{22+}，动能分别为 79 MeV 和 104 MeV，大大高于 FAB/LSIMS 所采用的初级粒子束的动能，能在 10^{-12} s 内产生高度集中的过热点。这个区域内的低质量离子（如 H^+，Na^+，CH_3^+ 等）被溅射出来，而稍远处的分子获得足够的能量以克服分子与分子之间和分子与表面之间的作用力，被解吸电离。在制备样品时，采用硝化纤维素作为底物使得 PDMS 可用以分析分子量高达 14 000 Da 的多肽和蛋白质样品[15]。在电喷雾电离和基质辅助激光解吸电离出现之前，PDMS 是惟一可用于分析大分子量生物样品的质谱方法。

2.2.6 激光解吸/电离

大多数分子的电离能为 $7 \sim 16$ eV，对应于波长为 $1250 \sim 775$Å 的真空紫外光。使用紫外辐射使分子电离的光致电离技术[16]被用来测定了大量的分子的电离能和出现能。60 年代后期，激光技术开始应用于质谱分析中[17]，这主要包括两个方面。一是多光子技术，包括多光子电离和光致解离，通过激光光子与气相中的分子或离子的作用使其电离或解离；所研究的是相对较小的分子。另一方面是激光解吸技术，通过激光束与固相样品分子的作用使其产生分子离子和具有结构信息的碎片；所研究的是结构较为复杂、不易气化的大分子。

激光解吸微探针是早期的一种离子源，其结构与 PDMS 十分类似，样品被涂布在金属箔上；被聚焦到功率密度高达 $10^6 \sim 10^8$ W/cm^2 的激光束从背面照射样品使其电离[18]。

在多光子电离中，具有分析应用前景的是共振双光子电离[19]，其中一个光子使分子受激到电子激发态，另一个光子使激发态分子电离。而这个两步的气相电离过程却被发现不如直接从凝聚相一步解吸/电离的单光子过程温和，后者引发的碎裂较少。原因可能是，在凝聚相中，被电离的分子能够通过与周围其他分子的作用转移过剩能量。这导致了基质辅助激光解吸/电离（matrix-assisted laser desorption/ionization，MALDI）技术的出现[20]，它将样品溶解于在所用激光波长下有强吸收的基质中。

图 2.12 是 MALDI-MS 仪器的结构示意图。采用固体基质以分散被分析样品是 MALDI 技术的主要特色和创新之处。基质的主要作用是作为把能量从激光束传递给样品的中间体。此外，大量过量的基质（基质：样品＝10 000：1）使样品得以有效分散，从而减小被分析样品分子间的相互作用。

基质的选择主要取决于所采用的激光波长，其次是被分析对象的性质。表2.2 归纳了常用基质及其所适用的波长。

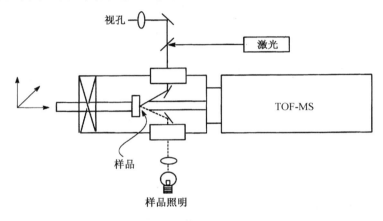

图 2.12　MALDI-MS 仪器结构

表 2.2　MALDI 常用基质

基 质	性 状	适用波长	应 用
烟酸	固体	266nm,2.94μm,10.6μm	蛋白质
2,5-二羟基苯甲酸	固体	266nm,2.94μm,10.6μm	蛋白质
芥子酸	固体	266nm,337nm,355nm 2.94μm,10.6μm	蛋白质
α-氰基-4-羟基肉桂酸	固体	337nm,355nm	蛋白质
3-羟基吡啶甲酸	固体	337nm,355nm	核酸,配糖体
2-(4-羟基苯偶氮)苯甲酸	固体	266nm,337nm	蛋白质,配糖体
琥珀酸	固体	2.94μm,10.6μm	蛋白质,核酸
间硝基苄醇	液体	266nm	蛋白质
甘油	液体	2.94μm,10.6μm	蛋白质
邻硝苯基辛基醚	液体	266nm,337nm,355nm	合成高分子

2.2.7 电喷雾电离

电喷雾电离（electro spray ionization，ESI）[21]是一种使用强静电场的电离技术[22]，其原理如图 2.13 所示。内衬弹性石英管的不锈钢毛细管（内径 0.1～0.15 mm）被加以 3～5kV 的正电压，与相距约 1 cm 接地的反电极形成强静电场。被分析的样品溶液从毛细管流出时在电场作用下形成高度荷电的雾状小液滴；在向质量分析器移动的过程中，液滴因溶剂的挥发逐渐缩小，其表面上的电荷密度不断增大。当电荷之间的排斥力足以克服表面张力时（瑞利极限），液滴发生裂分；经过这样反复的溶剂挥发-液滴裂分过程，最后产生单个多电荷离子[23]。

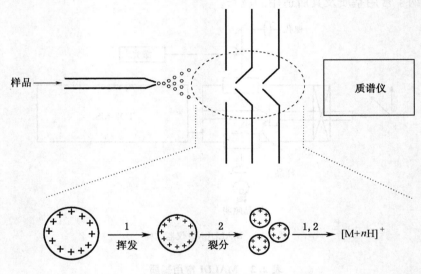

图 2.13 电喷雾电离原理

ESI 在大气压力和环境温度下进行，被分析物的分子在电离过程中通常产生多重质子化的离子。图 2.14 是典型的 ESI 质谱图，由一簇不同程度质子化的分子离子峰组成，相邻两峰相差一个质子。对于任意相邻两峰，由下列两式

$$x_1 = \frac{M+n}{n}, \quad x_2 = \frac{M+n+1}{n+1}$$

其中，x_1 和 x_2 是所选择的两个峰所对应的 m/z 值，离子所含的质子数（n）和样品的分子量（M）均可计算出来。

ESI 所能承受的液体流量通常为 1～20μL/min。向喷雾区引入一股逆向的氮气流可以促进雾状液滴的脱溶剂过程。而在内衬的弹性石英毛细管与金属毛细管之间增加一股同轴的助雾化气流可使液体流量提高到 2mL/min，这可使 HPLC

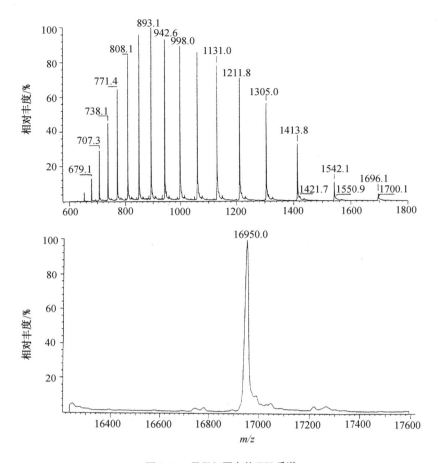

图 2.14 马肌红蛋白的 ESI 质谱

与质谱直接联用。这一技术又被称为离子喷雾（ionspray）[24]。

另一方面，为了提高灵敏度，采用内径更小（5～50μm）的毛细管可使液体流量降低至 50μL/min，喷出的液滴直径可由微米级降至纳米级，因而又被称为纳级喷雾（nanospray）[25]。纳级喷雾比常规电喷雾的电离效率提高了约两个数量级，检出限可达 10^{-21}mol/μL，尤其适合于具有超高灵敏度和超高分辨本领的傅里叶变换离子回旋共振质谱[26]。

电喷雾通常要选择合适的溶剂。除了考虑对样品的溶解能力外，溶剂的极性也需考虑。一般来说，极性溶剂（如甲醇、乙腈、丙酮等）更适合于电喷雾。但对于水溶液，由于液体表面张力较大，ESI 要求的阈电位也较高。为了避免高压放电，可向喷雾区引入有效的电子清除剂（如 SF_6）或使离子源加热以降低表面张力。另一种使水溶液喷雾的有效方法是在石英毛细管与金属毛细管之间增加一股能与水互溶的同轴溶剂流，使水溶液在喷雾之前得到稀释。

2.3　质量分析器

2.3.1　扇形磁场和静电场[27]

一个质量为 m，电荷价态为 z 的离子经加速电压 V 加速后，获得动能 zeV 并以速度 v 运动。忽略加速前的热运动，则

$$\frac{1}{2}mv^2 = zeV \tag{2.8}$$

其中，e 是一个电子的电荷。将该离子垂直射入扇形磁场中，在洛伦兹力作用下

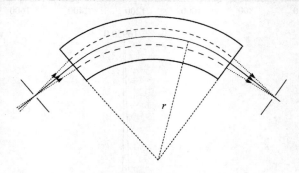

图 2.15　离子在扇形磁场中的运动

作圆周运动，如图 2.15 所示，所受到的向心力与离心力平衡。所以，

$$Bzev = \frac{mv^2}{r} \tag{2.9}$$

其中，B 为磁场强度，r 为离子的运动轨道半径。合并上述两式可得

$$r = \frac{1}{B}\left(\frac{2mV}{ze}\right)^{1/2} \tag{2.10}$$

这表明，不同质量的离子具有不同的轨道半径，质量越大，其轨道半径也越大。这意味着磁场具有质量色散能力，可单独用作质量分析器。若改变加速电压 V（对应于离子动能的变化），离子的运动轨道半径也发生变化。磁场的这一能量色散能力是单聚焦质谱仪不能获得高分辨的原因。

当仪器将离子的运动轨道半径 r 固定后，（2.10）式可改写为

$$\frac{m}{z} = k\frac{B^2}{V} \tag{2.11}$$

式中，k 为一常数。这表明，离子的质荷比（m/z）与磁场强度的平方成正比，而与加速电压成反比。若将加速电压固定，扫描磁场则可检出样品分子生成的各种 m/z 值的离子。（2.11）式还表明，增加磁场强度使仪器的质量范围增大；

降低加速电压也能达到相同目的，但仪器灵敏度有所下降。

将离子垂直射入由一对半径分别为 r_1 和 r_2 的同轴扇形柱面电极组成的静电场（图 2.16）中，离子作半径为 r_e 的圆周运动，受到的电场力与离心力平衡。所以，

$$ze\mathrm{E}_r = \frac{mv^2}{r_e} \qquad (2.12)$$

将离子的动能 $\frac{1}{2}mv^2 = zeV$ 代入上式，得

$$r_e = \frac{2V}{\mathrm{E}_r} \qquad (2.13)$$

式中，E_r 为在离子运动轨道上的电场强度。当此值一定时，加速电压（对应于离子的动能）的改变将导致离子的运动轨道半径的改变。因此，扇形静电场是一个能量分析器。

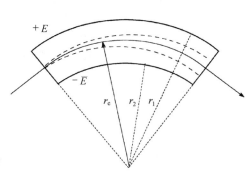

图 2.16　离子在扇形静电场中的运动

在半径为 r_e 的圆弧上，电场的强度

$$\mathrm{E}_r = \frac{1}{r_e}\frac{2E}{\ln r_1/r_2} \qquad (2.14)$$

其中，E 是静电场的电压。将上式代入（2.13）式中，得

$$E = V \ln r_1/r_2 \qquad (2.15)$$

扇形电极的半径 r_1 和 r_2 是固定的。因此，在双聚焦仪器中，静电场电压与加速电压维持着一定的比例关系。

扇形磁场具有质量色散和能量色散，扇形静电场具有能量色散。此外，它们都具有方向聚焦能力。将扇形磁场和静电场串接，并安排适当的离子光学参数，则在某点可达到方向和能量的双聚焦，如图 2.17 所示。

磁场在电场之后的构型是顺置几何结构；磁场在电场之前的构型（逆置几何

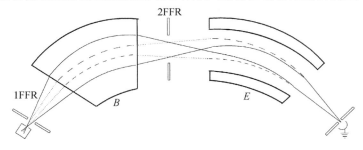

图 2.17　逆置双聚焦质谱仪的离子光学

结构）是最重要的质谱/质谱串联结构之一。在图 2.17 所示的构型中，离子源与磁场之间的区域是第一无场区，磁场与电场之间为第二无场区，是最重要的无场区，其中可以设置各种碰撞室和电极，以观察离子的碎裂反应（见第五章）。

2.3.2 四极分析器与离子阱[28,29]

四极分析器由四根平行电极组成。理想的电极截面是两组对称的双曲线，如图 2.18（a）所示。在一对电极上加电压 $U + V\cos\omega t$，另一对上加电压 $-(U + V\cos\omega t)$，其中，U 是直流电压，$V\cos\omega t$ 是射频电压，如图 2.18（b）所示，由此形成一个四极场，其中任意一点上的电位

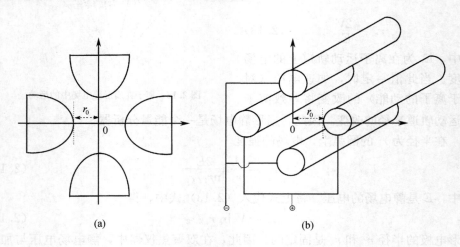

(a)　　　　　　　　　　　　(b)

图 2.18　四极质量分析器

（a）理想的双曲面电极；（b）圆柱形电极

$$\Phi = \frac{(U + V\cos\omega t)(x^2 - y^2)}{r_0^2} \tag{2.16}$$

当质荷比为 m/e 的离子沿 z 轴方向射入四极场时，其运动方程为

$$\frac{\mathrm{d}^2 x}{\mathrm{d}t^2} + \frac{2e}{mr_0^2}(U + V\cos\omega t)x = 0 \tag{2.17}$$

$$\frac{\mathrm{d}^2 y}{\mathrm{d}t^2} - \frac{2e}{mr_0^2}(U + V\cos\omega t)y = 0 \tag{2.18}$$

令 $\dfrac{8eU}{mr_0^2\omega^2} = a$，$\dfrac{4eV}{mr_0^2\omega^2} = q$，$\xi \equiv \omega t/2$，上述方程组可简化为

$$\frac{\mathrm{d}^2 x}{\mathrm{d}t^2} + (a + 2q\cos 2\xi)x = 0 \tag{2.19}$$

$$\frac{\mathrm{d}^2 y}{\mathrm{d}t^2} - (a + 2q\cos 2\xi)y = 0 \qquad (2.20)$$

这是典型的 Mathieu 方程，其解十分复杂，所代表的物理意义可由以 a，q 为坐标的曲线（图 2.19）表示。a，q 值在稳定区内的离子产生稳定振荡，顺利通过

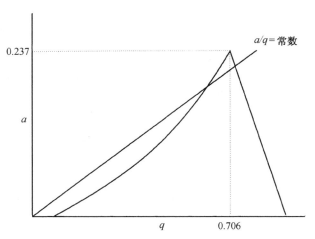

图 2.19　四极场的稳定区和非稳定区

四极场到达检测器；a，q 值在非稳定区的离子因产生不稳定振荡而被电极中和。对于一台四极质谱仪，其场半径 r_0 为确定值，ω 也选为定值。若以 $a/q =$ $U/V =$ 常数对 V 进行扫描，可使一组不同质量的离子先后进入稳定区而被检测。显然，a/q 值越大（扫描成的斜率越大），在扫描线上稳定区内的质量范围越窄，仪器的分辨率越高。由此也可看出，四极质量分析器实际上是一个质量过滤器。

四极分析器可以自身串联，构成串联质谱仪，如 Q_1，qQ_2，其中，q 是一个只有射频电压的碰撞室，Q_1 和 Q_2 是两个分析器。它还可以与其他质量分析器串接，构成杂化型串联质谱仪，以综合利用各种分析器的特点。

与四极质量分析器有些相似的四极离子阱既可用作普通质谱仪，又因其选择并储存离子的功能，可用于气

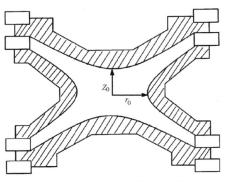

图 2.20　四极离子阱的纵向截面图

相离子-分子反应研究。四极离子阱由三个特殊电极组成，图 2.20 是通过其对称轴的纵向截面图，上下两端是两个碟状电极，中间为面包圈状的环形电极。在碟状电极上施加直流电压，向环形电极加射频电压；适当的电压可以形成一个势能阱，离子可被拘禁其中。当向离子阱中引入氦气，使其压力达到~10^{-3} Torr 时，离子的运动受到阻尼。这相当于一种聚焦作用，使仪器的分辨率和灵敏度均大为提高。

四极离子阱可直接在阱中使样品电离，也可使用外部离子源。前者是在一个碟状电极上置一微孔，灯丝发射的电子由此进入阱中使样品分子电离；后者将在离子源中产生的离子注入阱中进行分析。使加在环状电极上的射频电压的幅值逐渐增加，离子将按 m/z 值增加的顺序离开离子阱，到达检测器。

采用外部离子源可使四极离子阱在分析上得到更广泛的应用。例如，采用电喷雾离子源，离子阱可与液相色谱联用，并可用以研究生物大分子。

2.3.3　飞行时间质谱[30]

在离子源中产生的离子经电压 V 加速后获得的速度为

$$v = \sqrt{\frac{2zeV}{m}} \tag{2.21}$$

其中，ze 是离子的电荷，m 是其质量。经过长度为 L 的漂移管到达检测器，离子飞行需要的时间

$$t = \frac{L}{v} = L\sqrt{\frac{m}{2zeV}} \tag{2.22}$$

由式（2.21）和（2.22）可以看出，质量越大的离子飞行速度越小，到达检测器所需的时间也越长。两个质量分别为 m_1 和 m_2 的离子的飞行时间之差

$$\Delta t = \frac{L(\sqrt{m_1} - \sqrt{m_2})}{\sqrt{2zeV}} \tag{2.23}$$

仪器的质量分辨率可近似地由时间表示，

$$\frac{m}{\Delta m} \approx \frac{t}{2\Delta t} \tag{2.24}$$

由此可见，提高加速电压，使离子的飞行时间缩短，仪器分辨率下降；而增加漂移管的长度，使离子的飞行时间增加，仪器分辨率提高。

飞行时间质谱首先要考虑的问题是如何使离子在被注入漂移区后既无空间发散又无能量发散。如果相同质量的离子在不同时间离开离子源或存在能量分散，分辨率将大为下降。解决这个问题有两种方法。两级加速技术，如图 2.21（a）所示，使离子在被加速到最终动能之前先被引出极 A 加速；在这个过程中，高栅极 A 较远的离子将比较近的离子获得更多动能（存在电位梯度），因此可以赶

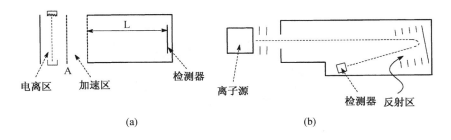

图 2.21　飞行时间质谱

(a) 两级加速式；(b) 反射式

上后者。两级加速可使空间发散和能量不均大为减小。另一种方法是采用离子反射技术，使不同动能的离子得到聚焦。如图 2.21（b）所示，在经过漂移管后，离子进入减速反射区；动能较大的离子在该区中进入较深（存在运动惯性），反射过来所需的时间也稍长，这使动能较小的离子可以赶上。因此，经过反射质量相同而动能略有不同的离子可以同时到达检测器。

2.3.4　傅里叶变换离子回旋共振[31]

　　傅里叶变换离子回旋共振（FT-ICR）的分析室是一个置于均匀（超导）磁场中的立方空腔，如图 2.22 所示。离子沿平行于磁场的方向进入分析室，加在垂直于磁场的捕集电极上的低直流电压形成一个静电场将离子拘禁于室中。在磁场的作用下，离子在垂直于磁场的圆形轨道上作回旋运动；回旋频率（ω）仅与磁场强度（B）和离子的质荷比（m/z）有关，如（2.25）式所示。

$$\omega = 1.537 \times 10^7 \times \frac{zB}{m} \tag{2.25}$$

式中各量的单位分别是，ω：赫兹（Hz），B：特斯拉（T），m：原子质量单位（u）。由于离子的回旋频率与其速度无关，一组在不同空间位置上 m/z 值相同而速度不同的离子将以同一频率运动，离子的速度只影响其轨道半径。

　　通过发射电极向离子加一个射频电场；若射频电压的频率正好与离子回旋的频率相同，离子将共振吸收能量，使其运动轨道半径和运动速度逐渐稳步增大，但频率仍然不变。当一组离子达到同步回旋之后，在接收电极上将产生镜像电流。两个接收电极通过一个电阻与地相接；当在其间回旋的离子离开第一个电极而接近第二个电极时，外部电路中的电子受正离子的电场吸引而向第二个电极集中。在离子回旋的另半周，外电路的电子向反方向运动。这样在电阻的两端形成了一个很小的交变电流，其频率与离子回旋的频率相同。因此，根据镜像电流的频率最终可以计算出离子的质量。

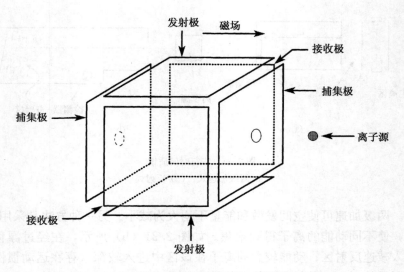

图 2.22 傅里叶变换质谱的分析室

在傅里叶变换质谱中，离子产生后，随即加一个频率范围覆盖了所有感兴趣离子的脉冲射频。脉冲结束后，所有受激离子诱导的镜像电流在接收电路上形成各自的时阈衰减信号；这个复合的时阈衰减信号经傅里叶变换转变为与质量相关的频阈谱图。对镜像电流取样的时间越长，质量分辨率越高。但碰撞阻尼破坏离子的同步回旋运动，从而使镜像电流衰减加快。因此，高真空有利于提高分辨率；巧合的是，高真空还同时改善信噪比。所以，傅里叶变换质谱通常在更高的真空（$10^{-8} \sim 10^{-9}$ Torr）状态下工作。

参 考 文 献

[1] R. Davis, M. Frearson, Mass Spectrometry, Wiley, Chichester, 1987

[2] J. R. Chapman, Practical Organic Mass Spectrometry, Wiley, Chichester, 1993

[3] D. I. Carroll, Anal Chem. , 1979, 51: 1858

[4] M. A. Baldwin, F. W. Mclafferty, Org. Mass Spectrom. , 1973, 7: 1353

[5] G. D. Davis, Jr. Acc. Chem. Res. , 1979, 12:359

[6] A. G. Harrison, Chemical Ionization Mass Spectrometry, CRC, Boca Raton, 1992

[7] V. L. Tal'rose, J. Mass Spectrom. , 1998, 33:502

[8] M. S. Munson, F. H. Field, J. Am. Chem. Soc. , 1966, 88:2621

[9] E. C. Horning, Anal. Chem. , 1973, 45:936

[10] N. W. Reid, Adv. Mass Spectrom. , 1980, 8:1480

[11] M. Barber, J. Chem. Soc. ; Chem. Commun. , 1981, 325; Nature, 1981, 293:270

[12] W. Aberth, A. L. Burlingame, Anal. Chem. , 1982, 54:2029

[13] J. T. Watson, In Biological Mass Spectrometry, Present and Future, T. Matsuo Ed. , Wiley, Chiches-

ter, 1994, pp. 23～40

[14] R. D. Mcfarlane, Science, 1976, 191:920

[15] B. Sundqvist, Science, 1984, 226:696

[16] N. W. Reid, Int. J. Mass Spectrom. Ion Phys. , 1971, 6:1

[17] R. J. Cotter, Anal. Chem. , 1984, 56:485A

[18] D. M. Hercules, Anal. Chem. , 1982, 54:281A

[19] D. M. Lubman, Mass Spectrom. Rev. , 1988, 7:535

[20] M. Karas, F. Hillenkamp, Anal. Chem. , 1985, 57:2935

[21] C. M. Whitehouse, J. B. Fenn, Anal. Chem. , 1985, 57:675

[22] M. Dole, J. Chem. Phys. , 1968, 49:2240

[23] S. J. Gaskell, J. Mass Spectrom. , 1997, 32:677

[24] A. P. Bruins, T. R. Covey, Anal. Chem. , 1987, 59:2642

[25] M. Mann, Anal Chem. , 1996, 68:1

[26] F. W. McLafferty, Anal. Chem. , 1995, 67:3802

[27] R. K. Boyd, Mass Spectrom. Rev. , 1994, 13:359

[28] P. H. Dawson, Quadrupole Mass Spectrometry and Its Applications, Elsevier, New York, 1976

[29] R. E. March, R. J. Hughes, Quadrupole Strorage Mass Spectrometry, Wiley, New York, 1989

[30] R. J. Cotter, Anal. Chem. , 1992, 64:1027A

[31] A. G. Marshall, Anal. Chem. , 1991, 63:215A

第三章 电子轰击质谱

3.1 电离过程

3.1.1 分子的电离与 Franck-Condon 原理

在电子轰击电离中，样品分子 M 受到被加速到一定能量（如 70 eV）的电子轰击后，失去一个电子，生成分子离子 M⁺·。对于动能为 70eV 的电子，依据 $E=1/2\, mv^2$，其运动速度 $v=4.96\times10^6\ \mathrm{m\cdot s^{-1}}$。具有这个速度的电子穿过直径为几个埃（$1\text{Å}=10^{-10}\,\mathrm{m}$）的分子所需要的时间大约为 $10^{-16}\,\mathrm{s}$，而有机分子最快的振动周期（如，C—H键的伸缩振动）为 $10^{-13}\sim10^{-14}\,\mathrm{s}$。显然，电离速度比振

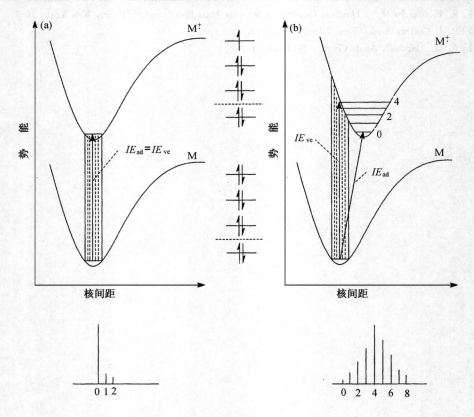

图 3.1 分子的电离及 Franck-Condon 因子

动速度快 2～3 个数量极；在发生电离的过程中，分子内原子核间距来不及发生改变。Franck-Condon 原理认为，在电子发生跃迁的过程中，分子的原子核间距不变。因此，电子轰击电离过程遵守这一原理。

电离过程可借用势能图进行解释。图 3.1 是两种具有代表性的双原子分子及其分子离子的势能图；多原子分子的情况与此相似。在图 3.1（a）中，分子离子与中性分子的能量最低点对应的核间距相等或十分接近，电离生成的分子离子处于振动基态的概率（Franck-Condon 因子）最大。这个电离过程需要的能量被称为分子的绝热电离能 IE_{ad}。这一情形可用以描述分子失去杂原子上的一个非成键电子的电离。在图 3.1（b）中，分子离子的能量最低点对应的核间距大于中性分子的这一核间距，电离生成的分子离子更多地居于振动激发态。图中 $0 \rightarrow 4$ 跃迁的 Franck-Condon 因子最大。这个过程需要的能量被称为分子的垂直电离能 IE_{ve}。分子失去一个成键电子的电离过程对应于这一情形。很显然，在图 3.1（a）中，$IE_{ve} = IE_{ad}$，而在图 3.1（b）中，$IE_{ve} > IE_{ad}$。图中的阴影部分被称为 Franck-Condon 区带。

3.1.2 电离能和出现能

1. 电离能和出现能的定义

对于分子 M 的电离过程，反应（3.1）的反应热即是该分子的电离能。

$$M \longrightarrow M^{+\bullet} + e \tag{3.1}$$

电子的生成热 $\Delta_f H^{\ominus}$（e）$= 0$。因此，

$$IE(M) = \Delta_f H^{\ominus}(M^{+\bullet}) - \Delta_f H^{\ominus}(M) \tag{3.2}$$

其中，$\Delta_f H^{\ominus}(M^{+\bullet})$ 和 $\Delta_f H^{\ominus}(M)$ 分别是分子离子 $M^{+\bullet}$ 和中性分子 M 处于基态的生成热。中性分子的生成热相对地已经积累了较多的数据。因此，通过测定分子的电离能，可以得到相关离子的生成热。在这个意义上，这里分子的电离能指的是其绝热电离能 IE_{ad}。

对于分子离子的碎裂过程，反应（3.3）发生所需的最低能量称为临界能。在质谱仪中，为了使反应产生的碎片离子 F^+ 能够到达检测器被检出，反应的速度必须足够快（见 3.2 节）。这就要求发生分解的 $M^{+\bullet}$ 离子的热力学能稍高于反应的临界能。这个能量被称为碎片离子 F^+ 的出现能（AE），其超出反应临界能的一部分称为非固定能（$E^{\neq}$）。反应的逆活化能（E_0^r）与非固定能之和被称为过剩能 E_{ex}，这是动能释放的来源。图 3.2 给出了这些能量的物理意义和相互关系。从图中可以看出，对于碎裂反应（3.3），碎片离子 F^+ 的出现能 AE（F^+）与其他量的关系如式（3.4）所示。

$$M^{+\bullet} \longrightarrow F^+ + N \bullet \tag{3.3}$$

$$AE(F^+) = \Delta_f H^{\ominus}(F^+) + \Delta_f H^{\ominus}(N\cdot) - \Delta_f H^{\ominus}(M) + E_{ex} \qquad (3.4)$$

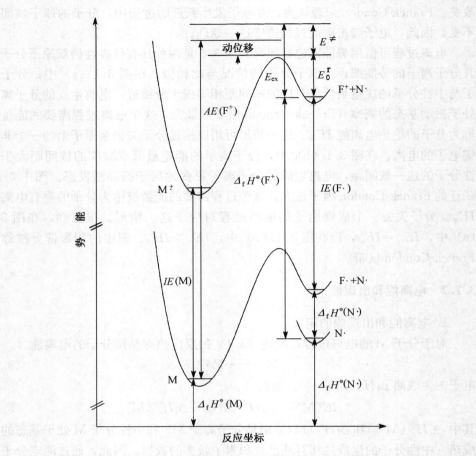

图 3.2　分子的生成热和电离能与碎片离子的生成热和出现能的关系

2. 电离能和出现能的测定

电离能和出现能可通过多种方法进行测定[1]。常用的测定方法是光致电离或电子轰击电离质谱法和光电子谱法。两种质谱方法分别采用光致电离源或电子轰击电离源使样品分子电离，产生的离子（对于分子离子测定 IE，对于碎片离子测定 AE）由质谱仪检测。电离粒子（光子或电子）的能量在一定范围内变化，由此获得相关离子的电离效率曲线，在该曲线上得到离子刚刚出现时所对应的能量，即分子的电离能（或 F^+ 的出现能）。光子或电子的能量用参考样品作校正，其电离能值已知。所选参考样品最好能与被测样品的电离能（或出现能）值接近以减小误差。常用的参考样品为惰性气体（Ar，Kr）和苯等。

图3.3 是 EIMS 法测得的甲基自由基的电离效率曲线[2]。电子能量从 12eV 以一定间隔降低，直至离子的信号消失；参考气 Kr（$IE=14.0eV$）与样品同时进样。电子能量经校正后，由图可得到 $CH_3 \cdot$ 的电离能为 9.84eV。

光电子谱法所测定的分子电离能更准确[3]。采用这种方法时，样品分子的电离是由能量单一的光子束辐射实现的。在多数情况下使用的光子束是氦的共振 I 线，其能量为 21.21eV。在电离过程中，光子把全部能量转移给分子。因此，

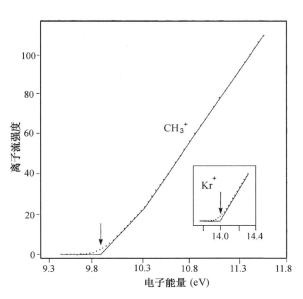

图3.3 甲基自由基的电离效率曲线

从分子的最高占有轨道上电离出来的电子的动能为光子的能量与分子的电离能之差，即 $21.21-IE$（eV）。这个动能可通过一个扇形静电分析器（ESA）测定；仪器的能量标尺可用标准样品（Ar，Xe，Kr 等）确定。图3.4 是光电子谱仪示意图。

表3.1 列出了由这三种方法测定的几种单取代苯的电离能。用这三种方法测定时，虽然 0→0 跃迁的概率不是零，但一般认为它们给出的仍然是垂直电离能。对于电子轰击电离，由于电子能量不均匀（通常宽度为 1eV），在离子信号接近消失时产生拖尾现象。采用单一能量的电子束则可使测量的准确度达到 0.1～0.5eV。光致电离的准确度为 5～10 meV，而光电子谱法最好可达 1～2 meV[4]。

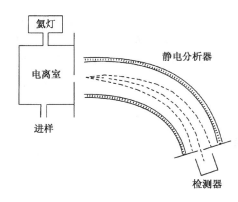

图3.4 光电子谱仪示意图

表 3.1 单取代苯 C$_6$H$_5$—X 的电离能（eV）[5]

X	光致电离	电子电离	光电子谱
NO$_2$	9.92	10.18	10.26
CN	9.71	10.09	10.02
CHO	9.53	9.70	9.80
COCH$_3$	9.27	9.57	—
H	9.24	9.56	9.40
F	9.20	9.73	9.50
Cl	9.07	9.60	9.31
Br	8.98	9.52	9.25
CH$_3$	8.82	9.18	8.9
I	8.72	9.27	8.78
OH	8.50	9.16	8.75
SH	8.33	—	—
OCH$_3$	8.22	8.83	8.54
NH$_2$	7.70	8.32	8.04
NHCH$_3$	7.35	—	7.73
N（CH$_3$）$_2$	7.14	7.95	7.51

3. 分子结构对电离能的影响

结构的改变对分子的电离能有明显的影响。向脂肪族化合物（如烃）中引入含杂原子的取代基，则由于杂原子上非成键电子的电离优先于烃分子的成键电子，分子的电离能显著降低。表 3.2 选列了几种单取代丙烷的电离能。正丙烷的 IE 为 11.07eV；正丙醇的 IE 为 10.17eV，降低了 0.9eV；而正丙胺的 IE 为 8.78eV，降低了 2.29eV。

表 3.2 CH$_3$CH$_2$CH$_2$X 的电离能（eV，光致电离法）[5]

X	IE	X	IE
H	11.07	OH	10.17
Cl	10.82	CO$_2$H	10.17
CH$_3$	10.63	CH=CH$_2$	9.5
OAc	10.54	COCH$_3$	9.34
C$_2$H$_5$	10.34	I	9.26
Br	10.18	NH$_2$	8.78

对于具有相同官能团的分子，烷基的性质也明显影响分子的电离能。图 3.5

（a）是一组硫醇的电离能。硫醇电离后，其分子离子的电荷在硫原子上，分子的电离能随烷基的推电子能力的增加而下降。显然，这表明不同烷基对其邻近正电荷的稳定作用不同。叔丁基的推电子能力最强，$t\text{-}C_4H_9SH^{+\cdot}$ 离子也最稳定，因而叔丁硫醇的 IE 最低。

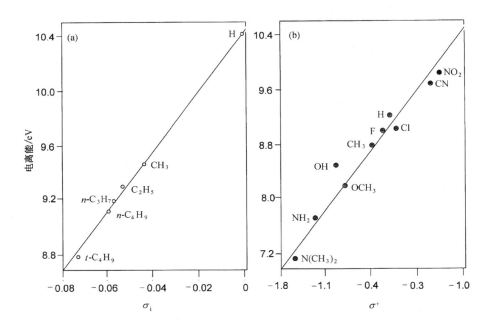

图 3.5　烷基硫醇（a）和单取代苯（b）的电离能与相关取代基性质的关系

取代基对芳香化合物电离能的影响也很直观。从表 3.1 中所列的单取代苯的电离能可看出，与苯的 IE 相比，吸电子取代基使分子的 IE 增大，而推电子取代基则使分子的 IE 降低。将电离能值与取代基常数 σ^+ 相关，可以得到一条直线，如图 3.5（b）所示。与烷基硫醇的电离相似，取代苯电离后，环上的吸电子取代基使 $M^{+\cdot}$ 离子的稳定性降低，而推电子取代基则使分子离子的稳定性增加。

3.2　离子的单分子反应动力学

3.2.1　离子的飞行时间及寿命

在电子轰击质谱中，离子在源中停留的时间虽然很难进行准确计算，但已知它与推斥电压和加速电压有关。推斥电压的增加使离子在源中的运动速度加快；

加速电压形成的电场与推斥电压的方向一致。所以这两个电压的升高都使离子在源中的停留时间缩短。在通常使用的 EI 质谱条件下，离子在源中停留大约为 $1\sim5\mu s$。当离子离开离子源后，其运动就比较简单了。若忽略热能，经加速电压加速后，离子的动能 $\frac{1}{2}mv^2=zeV$，其中，m，v 和 z 分别是离子的质量、运动速度和价态，e 和 V 分别是电子电荷和加速电压。因此，

$$v=\sqrt{\frac{2zeV}{m}} \tag{3.5}$$

进入磁场和静电场中，离子的运动方向虽然发生偏转，但其速度不变。离子经过一定距离 L 到达仪器的某一部位（如无场区、检测器）所需要的时间 t 可通过（3.6）式计算。

$$t=L\sqrt{\frac{m}{2zeV}} \tag{3.6}$$

时间 t 与离子质量的方根成正比，与加速电压的方根成反比。例如，对于一台双聚焦质谱仪，从离子源出口到检测器的距离约为 2m、质量为 100 u 的一价离子经 8kV 的加速电压加速后到达检测器所需要的时间约为 16 μs（有兴趣的读者在计算这个时间时，注意统一单位：$1eV=1.6\times10^{-19}J$，质量为 100u 的单个离子的质量为 $1.66\times10^{-25}kg$）。离子到达第二无场区所需的时间约为这个时间的一半。若将加速电压降至 2kV，离子到达检测器需要的时间约为 $30\mu s$。

由这些时间可以看出，在与此相似的仪器参数下，质谱中的反应在 $10\mu s$ 这个量级的时间内完成。对于一个被分析样品，质谱可能检测到的离子包括分子离子、碎片离子和亚稳离子。分子离子必须在这个时间内不发生碎裂，其寿命必然大于 $10\mu s$，因而被称为稳定离子。碎片离子是分子电离后在离子源中碎裂形成的，即这个碎裂反应必须在 $1\mu s$ 内完成，这部分分子离子的寿命小于 $1\mu s$，被称为不稳定离子。亚稳离子是指那些在离开离子源后，在到达检测器之前，即在飞行过程中发生解离的分子离子，其寿命在 $1\sim10\mu s$ 之间。分子离子的分解反应（包括在离子源和在飞行过程中）都是单分子反应，因此不稳定离子的反应速率常数大于 10^6s^{-1}，亚稳离子的反应速率常数在 $10^5\sim10^6s^{-1}$ 之间，稳定离子则小于 10^5s^{-1}。

然而，具有相同热力学能的离子将足够能量聚集到一个振动自由度上，以使键断裂所需的实际时间有差异。一些能量较高的不稳定离子可能聚集能量的速度很慢，在离子源中甚至在飞行过程中也不分解，因而不稳定离子可能成为亚稳离子甚至稳定离子。另一方面，热力学能较低的稳定离子若能极快地聚集足够能量到一个振动自由度上，则可能在离开离子源之后甚至就在源中发生分解，即稳定离子也可能成为亚稳离子甚至不稳定离子。因此，没有发生分解的离子并不完全

是低能量离子，而发生反应的也并不完全是高能量离子。这样的交叉现象清楚地归纳在图 3.6 中。

以上讨论是针对常规 EI 质谱中的分子离子进行的。而在质谱/质谱中，我们不仅可以研究分子离子，还可以直接观察任何其他离子（如碎片离子，加合离子等）的反应。对于这些被研究的离子，上述三种性质的离子及其反应速率常数和寿命的定义同样适用。

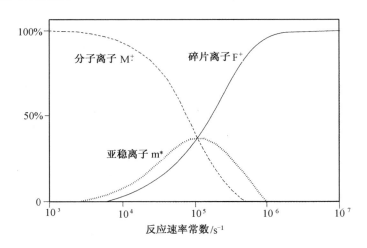

图 3.6　质谱中不同离子的反应速率常数及寿命

3.2.2　分子离子的能量分布和能量转换

1. 能量分布

在电子轰击质谱中，电子束的能量是不均匀的。不同能量的电子产生的分子离子处于不同的能态中。分子离子的热力学能取决于在电离过程中电子向分子转移的能量大小。能量接近分子电离能的电子使产生的分子离子处于基态，而能量更高的电子则会产生处于各种激发态的分子离子，如图 3.7 所示。因此，在任何表观能量下，电子轰击产生的分子离子所具有的热力学能都是一个分布。获得分子离子的热力学能分布（即具有某个能量的离子所占的百分比）无疑是极有价值的。然而，对于复杂的多原子分子而言，不同能级的分子轨道数量及简并度大大增加，获得准确的能量分布是十分困难的。

对于一些较小的分子，虽然电子轰击产生的分子离子的能量分布仍然很难得到，但光电子谱法可以给出较准确的能量分布。样品分子受 21.21eV 的光子辐射时释放出电子，其动能可直接测出。光子的能量与所测出的电子动能之差便是分子从不同轨道失去电子的电离能。图 3.8（a）是苯的光电子谱，不同的区带

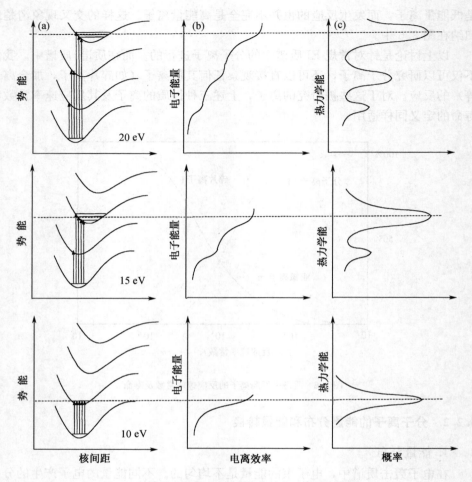

图 3.7　不同电子能量时分子的电离效率及热力学能分布

对应于从不同的分子轨道上除去一个电子所需的能量，峰的强度对应于各能级的概率。例如，第一个区带 9.40eV 是生成基态分子离子所需的能量；第二个区带 11.86eV 是生成激发态分子离子所需的能量，该激发态分子离子的热力学能比基态高 2.46eV。由于振动能级不能分辨，各区带（对应不同电子能级）都很宽。

　　对于较大的分子，由于原子数目的增加使得分子轨道的数目也增加，能量分布更加复杂。例如，溴苯的光电子谱（图 3.8b）比苯的就多了几个区带，其中值得特别注意的是 10.65 和 11.20eV 的两个，它们分别对应失去溴的 $4p_x$ 和 $4p_y$ 轨道上的电子。p_y 轨道垂直于 C—Br 键和苯环，p_x 轨道则平行于苯环，前者与苯环 π 轨道的重叠强于后者。因此，除去 p_x 电子比除去 p_y 电子所需能量稍低[2]。

对二甲氧基苯是一个对称性的分子，但其光电子谱（图 3.8c）的精细结构十分模糊。尽管如此，从图中仍可看出，过剩能量在 3～7eV 范围内的分子离子仍占多数，而过剩能量超过 10eV 的则很少。

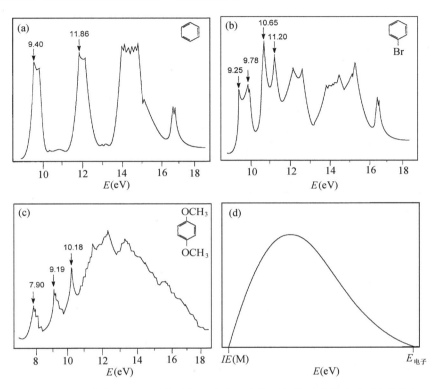

图 3.8　苯(a)，溴苯(b)，对二甲氧基苯(c)的光电子谱；近似的 EI 质谱(d)中的能量分布

光电子谱与电子轰击质谱中离子的热力学能分布并不完全一致。在两种电离中，需要考虑分布的能级是一样的，而激发过程的概率却不同。但是，复杂分子由 21.21eV 的光子电离和由 20eV 的电子轰击电离给出的质谱却没有明显区别。实际上，将对二甲氧基苯的能量分布曲线作平滑处理得到一个近似的能量分布曲线，如图 3.8（d）所示。直接采用这个近似的能量分布，对一些复杂分子的质谱进行半定量计算的确给出相当满意的结果。

实验表明，由 20eV 的电子轰击所产生的分子离子，热力学能为 1～8eV 的概率最大，超过 10eV 的极少。高能量电子的运动速率快，与分子的作用相对较弱；在电离过程中，这些电子转移给分子的能量与低能量电子所转移的相近。因此，在 70eV 的电子轰击质谱中，大多数分子离子的热力学能为几个 eV。

分子在电离之前具有的热能对分子离子热力学能的贡献很小。分子热能的分布可以用统计方法进行计算。图 3.9 是丙烷的分子离子在不同温度下的热能分布曲线；在 300℃时，大多数离子的热能为 0.2～0.4eV。

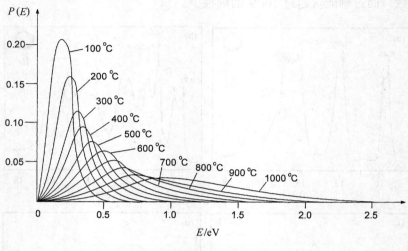

图 3.9　丙烷分子离子的热能分布

2. 能量转换

电子轰击形成的分子离子具有较高热力学能。过剩能量使离子跃迁到更高的电子激发态中。由于电离过程遵守 Franck-Condon 原理，居于每个电子能级中的分子离子都有部分处于振动激发态，但各电子能级中的离子具有的振动能量也许仍然低于解离反应的临界能。因此，那些发生分解的离子在反应之前必须以某些途径获得足够的振动能量。

在电子轰击电离条件下，离子源中的离子与离子之间及与其他粒子之间不发生碰撞，因此不能通过分子间相互作用进行能量转移。在不发生辐射跃迁（发射光子）的情况下，每个离子的热力学能 E 保持不变；而 $E = E_e + E_v + E_r$，其中，E_e，E_v 和 E_r 分别是热力学能的电子、振动和转动成分。在无碰撞的情况下，振动能 E_v 和转动能 E_r 不能相互转换，因为离子的角动量必须保持守恒。这就表明，对于任何离子，E_e 和 E_v 之和是常数。这个结论的重要推论是，离子的 E_e 和 E_v 在一定条件下可以相互转换。如图 3.10（a）所示，离子的两个势能面 A 和 B 相交，B 是较低电子能级。离子从电子能级 A 跃迁到 B 的过程称为内转换；这个过程可以在一个振动周期（10^{-14} s）之内完成。由于 E_e 与 E_v 之和是常数，当热力学能为 E 的离子发生内转换时，A 把电子能量转换为 B 的振动能量，从而使 B 具有足够的振动能量发生分解。

离子通过不同能级分解的相对比例取决于各自的反应活化能及相应的态密

度。低能级有更多的振动简并度，因而离子处于较低能级的概率较大；内转换使高能级的离子转变为低能级，从而使低能级的态密度增加。这些都有利于离子从低能级（包括电子基态）发生分解反应。内转换能在 10^{-14} s 内完成，由此产生的低能级离子可以快速获得足够的振动能量使键断裂。对于处于较低电子激发态（如第一和第二激发态）的离子，若反应活化能较低，则分解可能在 $10^{-14} \sim 10^{-9}$ s 内发生；若反应的活化能较高，离子的寿命则相对较长。如果其寿命超过 10^{-8} s 甚至更长，离子可能通过发射光子而释放能量，从而回到基态[6]。因此，通过基态分解的反应速度相对较慢。例如，速度为 10^6 s^{-1} 的单分子分解反应很可能是通过基态离子进行的。离子的这些能量转换如图 3.10（b）所示。

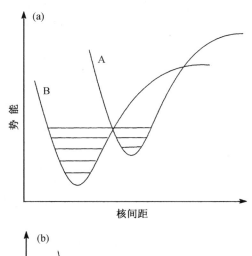

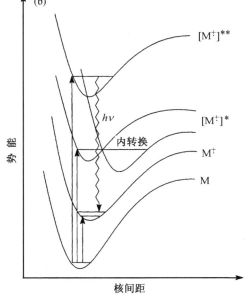

图 3.10 离子热力学能的转换
（a）内转换；（b）内转换和辐射跃迁

3.2.3 离子的热力学能和反应速率

在凝聚相中，激发态的离子或分子可以在相对较长的时间内，通过碰撞不断交换能量，因而能量分布符合 Maxwell-Boltzmann 分布定律。与此相反的是，在电子轰击质谱中，分子离子几乎不与其他粒子发生碰撞，而且其碎裂和重排反应都在几个微秒的短暂时间内完成。离子各自保持在其初始热力学能，处于一种不平衡的能量分布。因此，Maxwell-Boltzmann 分布定律对于质谱中孤立的气相离子体系毫无意义。这意味着分子的 EI 质谱是在动力学控制条件下，由分子离子的单分子碎裂反应产生的。

气相中单分子反应速率理论[7~9]的基本框架是 20 世纪 20 年代由 Rice，Ramsperger 和 Kassel 等[10,11]建立起来的统计理论（称 RRK 理论）。他们认为，单分子反应体系可以看成是由 s 个等同的谐振子组成的集合，并且所有振子（振动模式）在进行能量分配时具有相同概率。如果体系的能量 $E=nh\nu$，其反应活化能 $E_0=mh\nu$，则反应速度与其中一个振子获得等于或大于 E_0 的能量的概率成正比。因此，速度问题就变成了一个统计问题。将 n 个量子（即总能量 $nh\nu$）在 s 个振动自由度上分布的方法有 $(n+s-1)!\ /\ n!\ (s-1)!$ 种，这是体系的简并度。将 n 个量子在体系中分配，使其中的临界振子（即发生反应的振动自由度）至少获得 m 个量子的机会是 $(n-m+s-1)!\ /\ (n-m)!\ (s-1)!$。显然，分子处于解离状态的概率便是上述两个概率之比，即

$$概率 = \frac{(n-m+s-1)!\, n!}{(n-m)!\,(n+s-1)!} \tag{3.7}$$

当 n 和 m 都很大时，可以采用 Sterling 近似，即 $h!=h^h/e^h$。假设量子数远大于振子数，$(n-m)\gg s$，则 $(n-m+s-1)$ 可以近似地用 $(n-m)$ 代替（但指数项中不能作此近似）。因此，上式可以简化为

$$概率 = \left[\frac{n-m}{n}\right]^{s-1} \tag{3.8}$$

由于反应速度是以上概率与体系的振动频率 ν 之积，上式可以转换为速率常数表达式（3.9）

$$k(E) = \nu\left[\frac{n-m}{n}\right]^{s-1} = \nu\left[\frac{E-E_0}{E}\right]^{s-1} \tag{3.9}$$

上式中，将概率项上下同时乘以 $(h\nu)^{s-1}$ 即可得到能量项。这就是 RRK 理论的速度常数表达式。由此容易看出，振子数 s 是速率的指数项，其影响十分显著；此外，速率随体系过剩能量 $(E-E_0)$ 的增加而迅速增加。然而，虽然这两条结论都正确，但（3.9）式却无法给出准确速率。其主要原因是，RRK 理论假设量子数远大于振子数，即 $(n-m)\gg s$，这对大多数体系不合适。例如，对于苯分子，其原子数为 12，$s=30$。当分子的能量比解离阈值高 20 000cm^{-1} 时，假设其平均振动频率为 1000cm^{-1}，则 $n-m\approx 20$，甚至小于体系的振动自由度。因此，在实际研究中，将 s 值取为分子总振动自由度的 $1/2\sim 1/3$，这样计算值与实验值能较好吻合。

　　RRK 理论（3.9式）的缺陷在 50 年代分别由 Marcus[12] 及 Rosenstock 等[13] 解决，并被分别发展成为 RRKM 理论和准平衡理论（QET），前者用于处理中性分子的单分子分解反应，后者用来处理质谱中离子的单分子碎裂反应。这两种理论都采用量子理论处理振动和转动自由度[14]。RRKM/QET 的速率常数表达式是

$$k(E) = \frac{\sigma N^{\neq}(E-E_0)}{h\rho(E)} \tag{3.10}$$

其中，$\rho(E)$ 是能量为 E 的振动态的态密度，$N^{\neq}(E-E_0)$ 是过剩能量为 0～

$(E-E_0)$ 的过渡态的态密度，h 是 Planck 常数，而 σ 是反应的对称性因子。

但是，在不进行深入理论计算时，用（3.9）式讨论质谱中离子的碎裂反应更简便。对于质谱中的简单键断裂和重排这两类重要反应，方程（3.9）能给出很有意义的结论。重排反应通常要求离子重新取向，因此其频率因子较小。但在重排反应中，在旧键断裂的同时新键也在生成，因此其活化能相对较低。简单键断裂发生在反应中心的两个原子之间，不需要其他原子参与。因此，一般有较大的频率因子，最大可以达到键的振动频率。但简单键断裂时没有新键生成，反应的活化能较高。

现以一个含 12 个原子的分子为例，根据方程（3.9）讨论其单分子反应。分子的振动自由度为 30，取其 1/3 作为有效振动，即令 $s=10$。假设有三个竞争的反应通道，活化能和频率因子分别是，反应 A：$E_0=2\mathrm{eV}$，$\nu=10^{13}\,\mathrm{s^{-1}}$；反应 B：$E_0=1\mathrm{eV}$，$\nu=10^9\,\mathrm{s^{-1}}$；反应 C：$E_0=2\mathrm{eV}$，$\nu=10^9\,\mathrm{s^{-1}}$。根据方程（3.9），用这些值可得三个反应的 $\lg k\,(E)\sim E$ 曲线，如图 3.11 所示。当热力学能在 2.7eV 以下时，分子离子的碎裂以反应 B 为主。其中，能量在 1.8～2.1eV 时，$\lg k=5\sim6$，反应生成亚稳离子；能量小于 1.8eV 的离子反应速度慢，在到达检测器之前不分解。对于反应 A，在 2.7eV 以下时，反应速度小于反应 B，而在 2.7eV 以上时成为主导反应，分子离子全部通过反应 A 生成碎片离子。当反应 A 的 $\lg k=5\sim6$，即发生亚稳分解时，离子的热力学能在 2.3～2.5eV 这样一个很窄的范围内。这是因为反应 A 的频率因子很大，速率常数随热力学能的增加而极快地增加。反应 C 与 A 相比，频率因子较小；而与 B 相比，活化能较高。所以，在

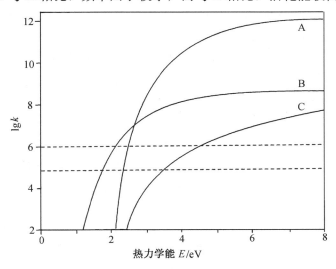

图 3.11　分子离子的热力学能分布及反应速率

任何能量下，反应 C 都无法与 A 和 B 竞争。当离子的热力学能为 3.4～4.4 eV 时，反应 C 可以生成亚稳离子，但由于竞争反应 A 和 B 的速度更快，具有这个能量的分子离子通过那两个反应已经在离子源中分解，所以反应 C 的亚稳离子观察不到。

表 3.3 选列了几个化合物在不同电子能量下重排反应和简单键断裂反应的比例。在低电子能量下，分子离子的热力学能也相应较低，而电子能量高，则产生较高热力学能的分子离子。从表中可以看出，在低能量下，低活化能的重排反应显著地占据主导地位；而在高能量下，频率因子较大的简单键断裂反应的比例明显上升。

表 3.3　在不同能量下重排和简单断裂反应的相对比例（A∶B）[15]

化合物	重排产物（A）	简单断裂产物（B）	<16 eV	70 eV
$C_6H_5CO—C_4H_9-n$	$[M—C_3H_6]^+$	$C_6H_5CO^+$	10∶1	1∶2
$C_6H_5(CH_2)_4COCH_3$	$[M—H_2O]^+$	$C_7H_7^+$	2∶1	1∶13
$C_6H_5(CH_2)_3CH_3$	$[M—C_3H_6]^+$	$[M—C_3H_7]^+$	13∶1	1∶2
$CH_3COCH_2CO_2C_2H_5$	$[M—C_2H_5OH]^+$	$[M—C_2H_5O]^+$	22∶1	1∶2

在电子轰击电离中，电子把大量能量转移给分子离子。如前所述，多原子离子的热力学能可以近似地看成具有图 3.8（d）所示的分布。在这个能量分布下，对于某个反应，如 $M^+ \rightarrow F^+$，由其产生的亚稳离子和碎片离子的丰度及相应的热力学能和速率如图 3.12 所示。图 3.12(a)是分子离子的能量分布曲线 $P(E) \sim E$，图 3.12(b)是速率常数 $\lg k(E) \sim E$ 曲线。分子离子的丰度对应于 $P(E)$ 曲线下能量从分子 M 的电离能到碎片离子 F^+ 的出现能之间的积分面积。当离子的热力学能小于碎裂反应的活化能 E_0 时，分子离子不可能发生分解。这部分离子对应的面积 M_0^+。热力学能在 $E_0 \sim E_1$ 之间的分子离子可以发生分解，但速度太慢，所以仍能到达检测器。这部分离子对应的面积为 M_e^+。检出的分子离子的丰度为 M_e^+ 与 M_0^+ 之和。当离子的热力学能增加到在 $E_1 \sim E_2$ 之间时，碎裂反应的 $\lg k = 5 \sim 6$，反应产生亚稳离子，其丰度对应于面积 m^*。更高热力学能（$>E_2$）的离子的反应速度更快（$\lg k > 6$），它们完全碎裂而产生碎片离子 F^+。如果 F^+ 离子不再进一步分解，则其丰度对应于图中能量分布曲线下从 E_2 到 E_{max} 之间的面积。

显然，在分子 M 的 EI 质谱中，分子离子及由反应 $M^+ \rightarrow F^+$ 生成的亚稳离子和碎片离子的丰度与 $k(E) \sim E$ 函数的关系，还可以简单地表述为碎片离子 F^+ 的出现能与分子 M 的电离能两者之差的关系。这个差值实际上就是碎裂反应的活化能。如果 $AE(F^+)$ 与 $IE(M)$ 之差愈大，离子生成之后进一步碎裂所需要的能量愈大；如果这两个值十分接近，则表明分子离子很容易发生碎裂。在图 3.12（a）中，分子离子的丰度对应于能量分布曲线下 M_0^+ 和 M_e^+ 所占的总面积。AE 与 IE 之差越大，这个面积就越大，即分子离子的丰度也越大。表 3.4 选录了几个化合物的电离能和最低出现能及在 20eV 的质谱中分子离子丰度与总碎片离子丰度之比。这个比值基本上随 $AE-IE$ 之差的增加而增加。例如，戊酸甲酯的 $AE-IE$ 之差最小，其分子离子在总离子中的比值也最小。

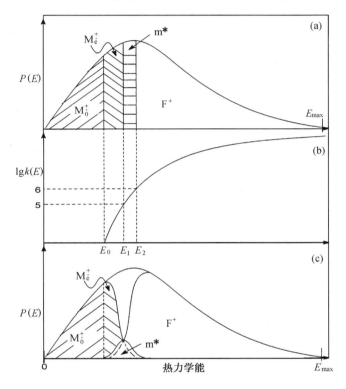

图 3.12 热力学能分布及反应 $M^{\ddot{+}} \rightarrow F^+$ 的反应离子、
亚稳离子和产物离子的丰度

表 3.4 分子离子的丰度与碎裂反应活化能(eV)的关系[1]

化 合 物	IE	最低 AE	$AE-IE$	$M^{\ddot{+}}/\sum F^+$
$n-C_4H_9CO_2CH_3$	10.4	10.9	0.5	0.007
$p-O_2N—C_6H_4OCH_2C_6H_5$	9.1	10.0	0.9	0.03
$C_6H_5OCH_2C_6H_5$	8.4	9.7	1.3	0.28
$p-H_2N—C_6H_4OCH_2C_6H_5$	7.6	9.7	2.1	0.33
$p-CH_3O—C_6H_4—(CH_2)_3CO_2CH_3$	8.0	10.6	2.6	0.17

对于任何反应 $M^{+} \rightarrow F^{+}$，如图 3.6 及相关内容所指出，相同热力学能的离子并不完全具有相同的反应速率。因此，稳定离子、亚稳离子和碎片离子在能量分布曲线下所占的面积便也有交叉现象。图 3.12（c）更实际地描述了这些离子的丰度。亚稳离子包括了部分能量较低却在离开离子源后分解的分子离子，而碎片离子也同样包括了部分反应速度较快的"亚稳"离子。需要再次指出的是，虽然上面讨论的是常规 EI 质谱中分子离子的碎裂反应，在质谱/质谱中，任何离子（如分子离子，碎片离子，加合离子等）的碎裂反应都可以进行研究。对于在质谱/质谱中的反应，可以用同样方法进行分析。例如，分子离子的反应 $M^{+} \rightarrow F^{+}$产生的碎片离子 F^{+} 本身还可能进一步碎裂，生成其他碎片离子，即 $F^{+} \rightarrow F_1^{+}$；后面这个反应的动力学可以类似地进行描述。

3.3　分子离子的单分子碎裂反应

在电子轰击条件下，大多数分子电离后生成缺一个电子的分子离子 M^{+}。一些芳香化合物可能失去两个及以上电子而形成双或多电荷离子。在负离子质谱中，分子获得一个电子而生成富电子的分子离子 $M^{-\cdot}$。在本节中我们从气相离子化学的角度选择性地描述几类化合物 M^{+} 离子的有代表性的单分子碎裂反应。而对于 EI 质谱的解析，读者可参考本书的有关章节和其他专著。

3.3.1　离子的碎裂反应中心

分子失去一个电子形成的 M^{+} 离子是一个奇电子离子。它的碎裂反应可能丢失一个偶电子的中性分子或奇电子的中性自由基，分别如式（3.11）和（3.12）所示。前者的产物 $OE^{+\cdot}$ 仍然是奇电子离子，而后者生成的是偶电子离子 EE^{+}。

$$M^{+} \longrightarrow OE^{+\cdot} + N \tag{3.11}$$

$$M^{+} \longrightarrow EE^{+} + N \cdot \tag{3.12}$$

奇电子离子有两个活泼的反应中心，即电荷中心和自由基中心；偶电子离子只有电荷中心。分子离子的碎裂和产物离子的进一步碎裂都是由这些中心引发。由于将一对配对电子拆开需要较高的能量，离子分解时发生键均裂的活化能也相对较高。因此，奇电子离子和偶电子离子均优先丢失偶电子碎片，从而使产物离子的自旋态保持不变。然而，分子离子也可能失去一个自由基而生成偶电子离子（反应 3.12）。自由基的生成热通常比结构相近的中性分子高，这就意味着由反应（3.12）生成的偶电子离子的生成热较低。因为这一点，EI 质谱中的偶电子离子就特别值得注意。在一般情况下，碎裂反应只在活性反应中心的邻近发生。但有时反应却发生在远离电荷的位置上进行；这被称为远电荷碎裂[16]。

对于由活性中心引发的碎裂反应，活性中心在离子中位置的确定是非常重要的。分子在电离时将优先失去杂原子上的非成键电子，其次是 π 电子，较难失去的是 σ 电子。表 3.2 所列丙烷及其衍生物的电离能显示，杂原子和 π 键的引入使分子的电离能降低。所以，正丙烷的 IE 为 11.07eV，1-戊烯为 9.5eV，而正丙胺为 8.78eV。单官能团分子电离后，活性中心都位于这些电离能低的官能团上。多官能团分子的电离反应较为复杂。虽然电荷位于电离能较低的

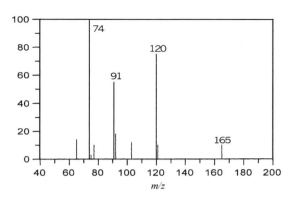

图 3.13　苯丙氨酸的电子轰击质谱

官能团上的可能性更大，但其他官能团也可能失去电子而成为反应中心。

以氨基酸为例，其分子中有氨基和羧基两个官能团，胺的电离能比羧酸的低。例如，乙胺的 IE 为 8.9eV，乙酸为 10.65eV，而氨基乙酸为 8.9eV。由此可见，氨基酸分子中的氨基优先电离，由其引发的反应可能占主要地位。图 3.13 是苯丙氨酸的 EI 质谱，三个主要碎片离子的生成分别如式（3.13）～（3.15）所示。前两个反应由离子的自由基中心诱导，电荷仍然保持在氮原子上；最后一个反应则是由电荷中心诱导，电荷由氮原子转移到碳原子上。

$$PhCH_2CH{=}NH_2^+ + \overset{\cdot}{C}O_2H \qquad (3.13)$$

$$\underset{\quad\ +\dot{N}H_2}{\text{⟨benzene⟩}-CH_2CHCO_2H} \longrightarrow H_2\overset{+}{N}{=}CHCO_2H + C_7H_7\cdot \qquad (3.14)$$

$$C_7H_7^+ + H_2N\overset{\cdot}{C}HCO_2H \qquad (3.15)$$

除了不饱和键发生电离外，在其他情况下，分子丢失一个电子后，电荷和单自旋电子一般在同一个原子上。而 Radom 等[17] 在对自由基的异构化（式 3.16）进行理论计算研究时却发现，反应可以被发生 1，2-迁移的基团 X 的质子化所促进，如式（3.17）所示。

$$X{-}CH_2{-}CH_2\cdot \longrightarrow \cdot CH_2{-}CH_2{-}X \qquad (3.16)$$

$$HX^+{-}CH_2{-}CH_2\cdot \longrightarrow \cdot CH_2{-}CH_2{-}X^+H \qquad (3.17)$$

这意味着反应过程中有一种电荷和自由基中心相互分离的离子产生。后来，他们在对甲醇的分子离子 $CH_4O\cdot$ 进行计算时发现[18]，CH_3OH^+ 不是最稳定的，最稳定的具有 $\cdot CH_2OH_2^+$ 这样的结构，并随即被实验所证实[19]。这种电荷与自由基中心分离的离子被称为荷基异位（distonic）离子，其发现是近 20 年来有机质谱学的重要成就之一[20,21]，荷基异位离子的生成热通常比相应的正常离子低，但

这两种异构体之间存在一个较高的能垒。表 3.5 归纳了几种含氧和含氮分子的两种离子的生成热。

表 3.5　荷基异位离子与正常离子的生成热（kcal*/mol）[20,22]

$CH_3OH^{+\cdot}$	202	$\cdot CH_2OH_2^+$	195	$CH_3NH_2^{+\cdot}$	205	$\cdot CH_2NH_3^+$	203
$CH_3CH_2OH^{+\cdot}$	185	$\cdot CH_2CH_2OH_2^+$	171	$CH_3CH_2NH_2^{+\cdot}$	198	$\cdot CH_2CH_2NH_3^+$	190
		$CH_3CH\cdot OH_2^+$	175			$CH_3CH\cdot NH_3^+$	191
$(CH_3)_2O^{+\cdot}$	187	$\cdot CH_2OH^+CH_3$	186	$(CH_3)_2NH^{+\cdot}$	190	$\cdot CH_2NH_2^+CH_3$	196

在许多离子的碎裂反应过程中，键断裂后初生的中性碎片和离子碎片在分离成最终产物之前，通过静电作用力结合在一起而形成一种复合物，并被称为离子-中性（碎片）复合物（ion-neutral complex）[23~25]。复合物中离子与中性碎片之间的作用能可以用式（3.18）描述。

$$E_s = -\mu_D q\cos\theta/r^2 - \alpha q^2/2r^4 + L^2/q\mu r^2 \qquad (3.18)$$

其中，第一项是主要的，μ_D 是中性碎片的永久偶极矩，q 是离子的电荷，θ 是偶极与离子和碎片作用轴之间的夹角，r 是两者之间的距离。后两项分别是诱导偶极和轨道角动量的贡献。愈来愈多的研究表明，在离子的单分子分解反应中，离子-中性（碎片）复合物和荷基异位离子是十分普遍的反应中间体。在很多情况下，这些中间体甚至比前体离子更稳定。因此，在解析电子轰击质谱（当然也包括化学电离质谱）中的碎裂反应时，我们必须对此给予足够的重视。

3.3.2　分子离子的单分子碎裂反应

分子离子的碎裂反应是 EI 质谱解析的基础。虽然有机化合物 EI 质谱的"解析"方法[26]已经建立起来,但这些方法并没有也不能十分准确地描述分子离子的碎裂反应机理。

1. 烷烃

烷烃的分子离子丢失甲基和甲烷的反应，如丙烷 $M^{+\cdot}$ 离子的反应（3.19），可能会被认为是再简单不过的反应。

$$C_3H_8^{+\cdot} \longrightarrow C_2H_5^+ + CH_3\cdot \text{ 和 } C_2H_4^{+\cdot} + CH_4 \qquad (3.19)$$

然而，McAdoo 等的理论计算[27]表明，在反应（3.19）中，甲基自由基与乙基正离子形成一个离子-中性（碎片）复合物 $[C_2H_5^+\cdots CH_3\cdot]$。这两个成员简单分离则生成 $C_2H_5^+$ 和 $CH_3\cdot$；若它们之间先发生氢原子（H·）转移再分离则生

---

　*　cal 为非法定单位，1cal=4.1868 J。

成 $C_2H_4^{\ddagger}$ 和 CH_4。复合物能量比分子离子失去 CH_4 的阈值低 5.3kcal/mol，即其生成热比产物的生成热之和低这么多。这个机理也适用于其他烷烃的同一反应[28]。环烷烃的分子离子丢失由侧链构成的小烷烃或失去环烯烃的反应也经历类似的中间体；复合物两个成员之间 H·转移导致生成不同的产物，如式（3.20）和（3.21）所示。乙基环戊烷主要按反应（3.20）丢失乙烷，而叔丁基环己烷则按反应（3.21）生成异丁烯离子[29]。

$$R{-}C_nH_{2n-1}^{\dagger} \longrightarrow [R \cdot \cdots C_nH_{2n-1}^{+}] \longrightarrow C_nH_{2n-2}^{\dagger} + RH \qquad (3.20)$$

$$R{-}C_nH_{2n-1}^{\dagger} \longrightarrow [R^{+} \cdots C_nH_{2n-1} \cdot] \longrightarrow C_nH_{2n} + [R{-}H]^{\dagger} \qquad (3.21)$$

2. 醇和醚

醇和醚的分子离子的碎裂不仅经过离子-中性（碎片）复合物，有时还有荷基异位离子生成。正丁醇和异丁醇的 EI 质谱如图 3.14 所示。通过光致电离法对各个产物离子的出现能进行测定，可以得出各个反应通道的活化能，从而提出合理

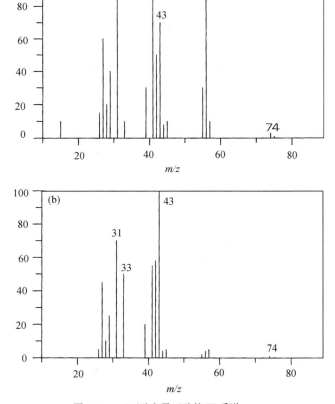

图 3.14 正丁醇和异丁醇的 EI 质谱

的反应机理[30]。例如，异丁醇生成 $CH_3OH_2^+$（$m/z33$）的反应通过过渡态 $[(CH_3)_2CH \cdot CH_2OH]$，经氢原子转移产生一个复合物（式 3.22），而其脱水过程涉及到一个 γ-荷基异位离子（式 3.23），产物离子 $C_4H_8^+$ 被证明是甲基环丙烷离子[31]。

$$(CH_3)_2CH\!-\!CH_2OH^{+\cdot} \longrightarrow [CH_3CH\!=\!CH_2^+/CH_3OH] \longrightarrow CH_3OH_2^+ + C_3H_5\cdot$$
$$(3.22)$$

$$(CH_3)_2CHCH_2OH^{+\cdot} \longrightarrow \cdot CH_2\!-\!CH(CH_3)\!-\!CH_2\!-\!OH_2^+ \longrightarrow C_4H_8^+ + H_2O$$
$$(3.23)$$

烷基醚分子离子的单分子碎裂已一再被证实经历荷基异位离子中间体。从分子离子经 1,2- 或 1,3-氢迁移直接异构化为 α- 或 β-荷基异位离子存在一个较高的能垒，但经过 1,4-氢迁移形成 γ-异位离子则较容易。正丙基烷基醚的分子离子 $n-C_3H_7\!-\!OR^{+\cdot}$（$R=CH_3, C_2H_5$）与通过其他方法制备的 γ-异位离子 $\cdot CH_2CH_2CH_2\!-\!O^+(H)R$ 具有相同的亚稳（MI）谱和碰撞诱导解离（CID）谱[32]。这表明醚的 $M^{+\cdot}$ 离子在分解前先异构化为荷基异位离子。乙基正丙基醚的主要碎裂反应是分别丢失 $CH_3\cdot$，$C_2H_5\cdot$，$C_3H_5\cdot$ 和 C_3H_6。同位素标记表明，丙基的三个 CH_2 在碎裂反应中是等同的。这支持式（3.24）所描述的反应机理。γ-荷基异位离子形成后，$O\!-\!C$ 键的断裂给出 $[ROH+环丙烷]^{+\cdot}$ 这样一个复合物中间体。环丙烷的开环和闭环使得其三个 CH_2 变得不可区分。其他烷基醚，如丁基和戊基醚[33,34]的分子离子均先重排成 γ-荷基异位离子再发生碎裂反应。

$$n-C_3H_7\!-\!OR^{+\cdot} \longrightarrow \cdot CH_2CH_2CH_2\!-\!O^+(H)R$$
$$\longrightarrow [ROH/c\text{-}C_3H_6]^{+\cdot} \longrightarrow ROH_2^+ + C_3H_5\cdot \quad (3.24)$$

烷基硫醚 $M^{+\cdot}$ 离子的单分子反应产物与相应的醚类似，但反应机理却有很大差别，没有发现荷基异位离子生成[35]。乙基正丙基硫醚的 $M^{+\cdot}$ 先直接断裂 $C\!-\!S$ 键，生成 $[C_2H_5S\cdot/^+CH_2CH_2CH_3]$ 复合物，其中初生的正丙基离子异构化为异丙基离子，从而产生新的复合物 $[C_2H_5S\cdot/^+CH(CH_3)_2]$，如（3.25）式所示。

$$C_2H_5S\!-\!CH_2CH_2CH_3^{+\cdot} \longrightarrow [C_2H_5S\cdot/^+CH_2CH_2CH_3] \longrightarrow$$
$$[C_2H_5S\cdot/^+CH(CH_3)_2]$$
$$(3.25)$$

所有的碎裂反应都从第二个复合物出发。两个成员之间的质子转移生成 $C_2H_5SH^{+\cdot}$ 离子和中性碎片丙烯；质子转移后接着发生氢原子转移则生成 $C_2H_5SH_2^+$ 离子和中性碎片烯丙基。两个成员也可以重新结合成乙基异丙基硫醚，再从后者专一性地失去丙基上的 $CH_3\cdot$（而不失去乙基上的 $CH_3\cdot$）。

硫醚和醚分子离子的反应性能的差异可归因于C—S和C—O键键能的差别，前者比后者小～20kcal/mol。常规离子异构化成荷基异位离子一般有较高的活化能，而键能较低的C—S键较容易断裂。因此，硫醚的M⁺离子在单分子碎裂反应中不能产生异位离子。

烷基苯基醚分子离子的单分子反应生成苯酚离子和烯烃[36]。同位素标记显示，反应过程中烷基上的氢发生混乱。例如，两种不同标记的正丙基苯基醚离子，$CH_3CD_2CH_2—OPh^+$ 和 $CD_3CH_2CD_2—OPh^+$ 生成的 $PhOH^+$/$PhOD^+$ 的比例分别为5∶2和2∶5。因此，反应机理可以表述如式（3.26）[37]。

$$CH_3CH_2CH_2—OPh^+ \longrightarrow [CH_3CHCH_3^+/PhO\cdot] \longrightarrow PhOH^+ + C_3H_6$$

(3.26)

在这个反应中，离子-中性（碎片）复合物的生成只经过简单键断裂。这个复合物在反应的势能面上对应于比解离阈值略低的一个能量区带，如图3.15中的阴影部分。

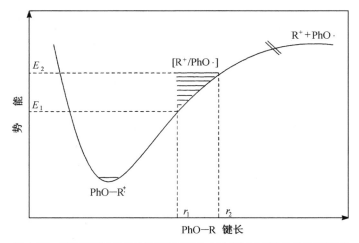

图3.15　简单键断裂反应的势能图（离子-中性（碎片）复合物位于阴影区）

烷基苯基硫醚M⁺离子的单分子分解反应与相应的醚一样[38]。乙基苯基硫醚失去乙烯，丙基苯基醚失去丙烯，产物离子均是苯基硫酚离子 $PhSH^+$。反应遵循与式(3.26)相似的机理，先形成一个离子-中性（碎片）复合物，然后在复合物内部发生质子转移而逐出中性烯烃。

3. 羰基化合物

羰基化合物包括醛、酮、羧酸及其衍生物。含有 γ-氢的羰基化合物的一个重要反应是McLafferty重排。然而，自从McLafferty[39]首次报道这个反应以来，有关其机理是协同过程还是分步进行的问题长期争论不休。现在获得普遍承认的是，羰基化合物的这个重排反应分步进行，首先是 γ-位上的氢原子发生迁移，生成荷基异位的中间体离子[40]。例如，苯丁酮分子离子的 γ-氢重排反应机理如式（3.27）所示。这个机理得到了红外多光子活化解离实验的支持[41]。

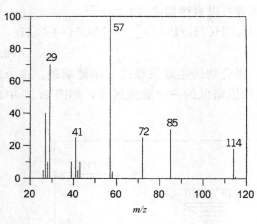

（3.27）

3-庚酮的 EI 质谱（图 3.16）中，m/z 72 离子是其分子离子经 McLafferty 重排生成的。分子轨道理论计算结果[42]表明，这个反应先经 1,5-氢迁移使分子离子异构化为荷基异位离子，后者的能量比前者低～8kcal/mol。图 3.17 是3-庚酮离子的势能图，显示了各种反应通道的产物能量和反应活化能。

C₄ 及以上的羧酸、乙醇及高级醇的羧酸酯，都能与酮一样发生 McLafferty 重排，反应遵循相

图 3.16　3-庚酮的 EI 质谱

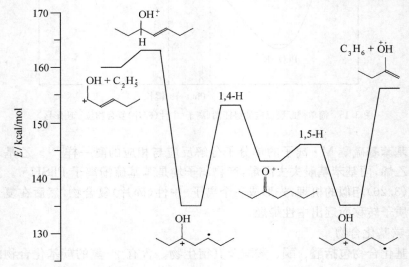

图 3.17　3-庚酮分子离子碎裂反应的势能图

似的机理。例如，丁酸的分子离子消除乙烯是主要的单分子反应。反应过程中，分子离子先经过1，5-氢迁移生成荷基异位的中间体（式3.28）[43]。

$$CH_3CH_2CH_2COOH^{+\cdot} \longrightarrow {\cdot}CH_2CH_2{-}CH_2C^+(OH)_2 \longrightarrow C_2H_4 + {\cdot}CH_2C^+(OH)_2$$
$$(3.28)$$

对于羧酸酯来说，除了 McLafferty 重排以外，另一个十分复杂的反应是其脱水反应。图 3.18(a)是甲酸乙酯的 EI 质谱，$m/z56$ 是其脱水的产物离子。同位素标记给出的信息显示，三个碳上的氢均参与了这个反应，其中甲酰基上的氢

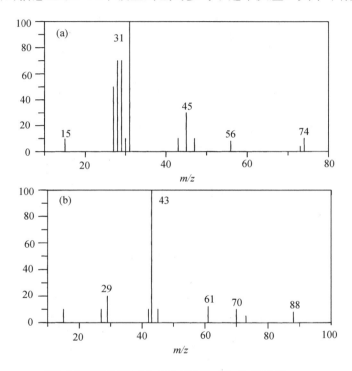

图 3.18　甲酸乙酯（a）和乙酸乙酯（b）的 EI 质谱

参与的概率高于乙基上的氢，而乙基的两个位置上的氢参与的概率相同。表 3.6 是不同位置标记的同位素异构体的脱水产物分布[44]。将由甲酸乙酯脱水产生的 $C_3H_4O^{+\cdot}$（$m/z56$）离子与另几种异构离子的 CID 谱相比较，发现其结构为 ${\cdot}CH_2CH_2CO^+$。乙酸乙酯也发生脱水反应，其 EI 质谱中可见 $m/z70$ 离子，如图 3.18 （b）所示。脱水反应是乙酸乙酯 $M^{+\cdot}$ 离子能量要求最低的反应通道。同位素标记实验指出，分子中的两个氧原子和所有的氢原子都参与这个过程。反应产物被推断为 $CH_3COCH{=}CH_2^{+\cdot}$[45]。然而，这两个酯的脱水反应机理却仍然是一个谜团。

表 3.6　氘标记的甲酸乙酯的脱水反应产物的相对比例[44]

	—H_2O	—HDO	—D_2O
$DCO_2CH_2CH_3$	80 (67)	20 (33)	
$HCO_2CD_2CH_3$	33 (40)	58 (53)	9 (7)
$HCO_2CH_2CD_3$	15 (20)	64 (60)	21 (20)

括号中的数值表示假设分子中所有的 H/D 原子均参与反应的统计值。

更简单的两个酯，甲酸甲酯和乙酸甲酯 $M^{+\cdot}$ 离子的单分了碎裂反应似乎也不那么简单。甲酸甲酯生成的 m/z 31 离子并非由简单键断裂而来的 CH_3O^+，因为标记的 DCO_2CH_3 给出的产物是 m/z 32 离子[46]。最近的分子轨道理论计算结合 ^{13}C 和 ^{18}O 标记实验揭示出，在不同的热力学能时有两个不同的反应机理，生成的产物都是 $HOCH_2^+$ 离子[47]。分子离子的热力学能较低时，反应机理如式 (3.29) 所示。首先 $M^{+\cdot}$ 离子经 1,4 -氢迁移生成荷基异位离子，随后重排为质子桥联的复合物。重排过程是速率决定步骤，其活化能比复合物的解离阈值高 4.4kcal/mol。

$$HC(=O^{+\cdot})OCH_3 \longrightarrow HC^+(OH)OCH_2\cdot \longrightarrow$$

$$[HC=O\cdots H\cdots O=CH_2]^{+\cdot} \longrightarrow HCO\cdot + HOCH_2^+ \quad (3.29)$$

在离子的热力学能较高时(相当于在 EI 离子源中所获得的)，分子离子首先直接失去一氧化碳而生成甲醇离子，后者仍然有足够的能量进一步消除碳上的一个氢原子，给出最终产物 $HOCH_2^+$ 离子。

乙酸甲酯的反应则是有关其丢失的中性碎片的结构。分子离子分解生成乙酰离子(m/z43)时，消除质量为 31 的碎片。这一碎片经碰撞诱导解离电离(CIDI)实验证实为 $\cdot CH_2OH$[48]。因此，这个反应并非简单键断裂，而是按式(3.30)所示的机理进行。反应包括异构化为荷基异位离子和进一步重排为质子桥联的复合物等步骤[49]。

$$CH_3C(=O^{+\cdot})OCH_3 \longrightarrow CH_2C^+(OH)OCH_2\cdot \longrightarrow$$

$$[CH_3CO\cdots H\cdots OCH_2]^{+\cdot} \longrightarrow CH_3CO^+ + HOCH_2\cdot \quad (3.30)$$

4. 胺

胺与醇和醚一样，也能异构化为荷基异位离子。对于较小的胺，由于 1,2 -或 1,3 -氢迁移存在一个较高的能垒，其分子离子碎裂过程中荷基异位离子较难直接观察到。但 1,4 -,1,5 -或 1,6 -氢迁移所需的能量较低，分子离子重排为荷基异位离子或不同异位离子之间的异构化通常都在其碎裂反应的能量阈值以下。因此，在长链胺的反应中，荷基异位离子的角色是非常重要的。

正烷基胺 $C_nH_{2n+1}NH_2^+$ 生成 $CH_3CH{=}NH_2^+$ 离子的反应实际上经历了多次氢重排,最后由 $2\text{-}C_nH_{2n+1}NH_2^+$ 的 α 断裂产生,如式(3.31)所示。因此,这个反应又被称为准 α 断裂[50]。

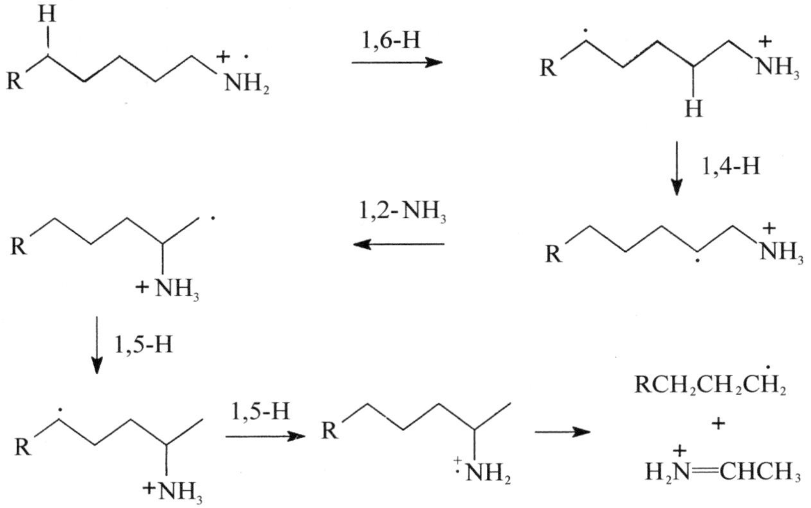

$$(3.31)$$

胺的 α-荷基异位离子虽然不能从 $M^{+\cdot}$ 离子直接异构化而来,但可以间接地从其他异位离子产生,这对有一支较长链的仲胺尤其重要。胺的 α 异位离子较少发生 α 断裂,更主要的是断裂 C—N 键。例如,α-荷基异位的乙基丙基胺离子的主要反应是丢失乙基的过程[51],如式(3.32)所示。

$$CH_3CH_2CH\cdot{-}NH_2^+{-}CD_2CH_3 \longrightarrow CH_3CH_2CH{=}NH_2^+ + \cdot CD_2CH_3$$

$$(3.32)$$

胺的 β 异位离子发生 C—N 键断裂,失去烯基 C_nH_{2n-1}。这个过程要求在 C—N 键断裂产生的离子和中性碎片之间发生质子转移。因此,反应过程中还涉及到离子-中性(碎片)复合物。最小的 β 异位的胺离子是 $\cdot CH_2CH_2NH_3^+$,其碎裂产生 NH_4^+ 离子的反应如式(3.33)所示[52]。

$$\cdot CH_2CH_2NH_3^+ \longrightarrow [CH_2CH_2^+/NH_3] \longrightarrow C_2H_3\cdot + NH_4^+ \qquad (3.33)$$

对于丙基以上的胺,从正常离子异构化到 γ-荷基异位离子是一个 1,4-氢迁移过程,这意味着其能垒较低。因此,这些胺的 $M^{+\cdot}$ 离子发生分解时先异构化为异位离子,而进一步的碎裂由自由基引发。新戊胺 $M^{+\cdot}$ 的单分子解离如式(3.34)所示。由 $M^{+\cdot}$ 经 1,4-氢迁移生成异位离子;自由基诱导 C—C 键断裂后,形成一个复合物,其中两个成员之间的氢转移导致生成 $CH_3NH_3^+$ 和 2-甲基烯丙基自由基[53]。

$$(CH_3)_3C-CH_2NH_2^{\dot{+}} \longrightarrow (\cdot CH_2)(CH_3)_2C-CH_2NH_3^{+} \longrightarrow$$

$$[(CH_3)_2C=CH_2/\cdot CH_2NH_3^{+}] \longrightarrow CH_3-C(CH_2)_2 \cdot + CH_3NH_3^{\dot{+}}$$

$$(3.34)$$

由以上实例可以看出,任何离子(包括分子离子)的碎裂反应其实比想象的要复杂得多。弄清一个反应机理往往需要很多信息。产物离子结构的推断通常是非常有力的,但不是完全的,有时还需要知道中性碎片的结构。因此,在解析化合物的质谱时,我们应当取得尽可能多的数据并对其进行深入的分析。

参 考 文 献

[1] D. H. Williams, I. Howe, Principle of Organic Mass Spectrometry, 2nd Ed. McGraw Hill, London, 1982

[2] F. P. Lossing, Can. J. Chem. , 1970, 48, 955

[3] D. W. Turner, J. Chem. Soc. (B), 1968, 22

[4] K. Levsen, Fundamental Aspects of Organic Mass Spectrometry, pp. 8~12, Verlag Chemie, Weinheim, 1978

[5] H. M. Rosenstock, K. Draxl, B. W. Steiner, J. T. Herron, J. Phys. Chem. Ref. Data, 1977, 6, Suppl. 1

[6] R. C. Dougherty, J. Am. Chem. Soc. , 1968, 90, 5780

[7] P. J. Robinson, K. A. Holbrook, Unimolecular Reactions, Wiley-Interscience, London, 1972

[8] W. Frost, Theory of Unimolecuar Reactions, Academic, New York, 1973

[9] R. G. Gilbert, S. C. Smith, Theory of Unimolecular and Recombination Reactions, Blackwell Scientific, Oxford, 1990

[10] O. K. Rice, H. C. Ramsperger, J. Am. Chem. Soc. , 1927, 49, 1617

[11] L. S. Kassel, J. Phys. Chem. , 1928, 32, 225

[12] R. A. Marcus, J. Chem. Phys. , 1952, 20, 359

[13] H. M. Rosenstock, M. B. Wallenstein, A. Warharftig, H. Eyring, Proc. Natl. Acad. Sci. , USA, 1952, 38,667

[14] T. Baer, W. L. Hase, Unimolecular Reaction Dynamics, Oxford University Press, New York, 1996

[15] D. H. Williams, R. G. Cooks, Chem. Commun. , 1968, 663

[16] J. Adams, Mass Spectrom. Rev. , 1990, 9, 141

[17] B. T. Golding, L. Radom. J. Am. Chem. Soc. , 1976, 98, 6331

[18] W. J. Bouma, R. H. Nobes, L. Radom, J. Am. Chem. Soc. , 1982, 104, 2929

[19] J. L. Holmes, F. P. Lossing, J. K. Terlouw, P. C. Burgers, J. Am. Chem. Soc. , 1982, 104, 2931

[20] S. Hammerum, Mass Spectrom. Rev. , 1988, 7, 123

[21] K. M. Stirk, L. K. M. Kiminkinen, K. I. Kentamaa, Chem. Rev. , 1992, 92, 1649

[22] S. G. Lias, J. E. Bartmess, J. F. Liebman, J. LHolmes, R. D. Levin, W. G. Mallard, J. Phys. Chem. Ref. Data, 1988, 17(Suppl. 1), 1~861

[23] T. H. Morton, Tetrahedron, 1982, 38, 3195

[24] R. D. Bowen, Acc Chem. Res. , 1991, 24, 364

[25] D. J. McAdoo, T. H. Morton, Acc. Chem. Res. , 1993, 26, 295

[26] F. W. McLafferty, F. Turecek, Interpretation of Mass Spectra, 4th Ed. University Books, Mill Valley, CA. , 1994

[27] S. Olivella, A. Sole, D. J. McAdoo, J. Am. Chem. Soc. , 1996, 118, 9368

[28] S. Olivella, A. Sole, D. J. McAdoo, J. Am. Chem. Soc. , 1994, 116, 11078

[29] J. C. Traeger, D. J. McAdoo, C. E. Hudson, J. Am. Soc. , Mass Spectrom. , 1998, 9, 21

[30] J. C. Traeger, C. E. Hudson, D. J. McAdoo, J. Am. Soc. , Mass Spectrom. , 1992, 3, 409

[31] M. S. Ahmed, D. J. McAdoo, Org. Mass Spectrom. , 1991, 26, 1089

[32] H. E. Audier, S. Hammerum, Org. Mass Spectrom. , 1990, 25, 368

[33] H. E. Audier, S. Hammerum, Org. Mass Spectrom. , 1982, 17, 382

[34] R. D. Bowen, J. K. Terlouw, Org. Mass Spectrom. , 1994, 29, 791

[35] H. W. Zappey, N. M. M. Nibbering, J. Chem. Soc. , Perkin Trans 2, 1991, 1887

[36] T. H. Morton, J. Am. Chem. Soc. , 1980, 102, 1596

[37] E. L. Chronister, T. H. Morton, J. Am. Chem. Soc. , 1990, 112, 133

[38] M. W. van Amsterdam, N. M. M. Nibbering, J. Mass Spectrom. , 1995, 30, 43

[39] F. W. McLafferty, Anal. Chem. , 1956, 28, 306; 1959, 31, 82

[40] J. H. Bowie, P. J. Derrick, Org. Mass Spectrom. , 1992, 27, 270

[41] T. H. Osterheld, J. I. Brauman, J. Am. Chem. Soc. , 1990, 112, 2014

[42] G. Bouchoux, R. Flammang, Org. Mass Spectrom. , 1993, 28, 1189

[43] D. J. McAdoo, C. E. Hudson, J. Am. Chem. Soc. , 1981, 103, 7710

[44] C. E. Hudson, D. J. McAdoo, Org. Mass Spectrom. , 1992, 27, 1384

[45] J. L. Holmes. P. C. Burger, J. K. Terlouw, Can. J. Chem. , 1981, 59, 1805

[46] A. G. Harrison, Can. J. Chem. , 1963, 41, 2054

[47] N. Heinrich, H. Schwarz, J. Am. Chem. Soc. , 1992, 114, 3776

[48] J. L. Holmes, Org. Mass Spectrom. , 1986, 21, 549; 1986. 21. 777

[49] N. Heinrich, H. Schwarz, J. Am. Chem. Soc. , 1987, 109, 1317

[50] H. E. Audier, Tetrahedron, 1986, 42, 1179

[51] T. Bjornholm, S. Hammerum, D. Kuck, J. Am. Chem. Soc. , 1988, 111, 3862

[52] S. Hammerum, D. Kuck, P. J. Derrick, Tetrahedron Lett. , 1984, 24, 893

[53] S. Hammerum, P. J. Derrick, J. Chem. Soc. , Perkin Trans. 2, 1986, 1577

第四章 化学电离质谱

4.1 分子和离子的热化学性质

在化学电离质谱中，电离过程是通过试剂气产生的反应离子与样品分子之间的离子-分子反应实现的。分子和离子的热化学性质是描述这些离子-分子反应的重要参数之一；另一方面，根据已知的分子和离子的热化学常数，通过设计适当的离子-分子反应又可以测定其他未知化合物和离子的热化学常数。

4.1.1 质子亲和势与气相碱度

质子转移反应是最常见的化学反应之一，也是化学电离中最重要的反应。分子间的质子转移反应由反应物接受质子的能力决定。分子 A 的质子亲和能力可用质子化反应（4.1）的 $-\Delta H^{\ominus}$ 或 $-\Delta G^{\ominus}$ 表示，分别称为 A 的质子亲和势（PA）和气相碱度（GB）[1]。

$$A + H^+ = AH^+ \tag{4.1}$$
$$PA(A) = -\Delta H^{\ominus} \qquad GB(A) = -\Delta G^{\ominus}$$

目前广泛使用的质子亲和势和气相碱度数据[2]主要由以下三种方法测定。

平衡常数法提供了大多数数据。对于被测物质 M 与参考样品 R 之间的气相质子转移反应（式 4.2），平衡常数 K 可由实验测定。

$$M + RH^+ = MH^+ + R \tag{4.2}$$
$$K = \frac{[MH^+][R]}{[RH^+][M]}$$

其中，$[MH^+]$ 和 $[RH^+]$ 是相应离子的丰度，$[R]$ 和 $[M]$ 是中性分子 R 和 M 的分压。而

$$\begin{aligned}\Delta G^{\ominus}_{反应} &= -RT \ln K \\ &= GB(R) - GB(M)\end{aligned} \tag{4.3}$$

根据式（4.3），平衡常数直接给出反应（4.2）的吉氏自由能变化 $-\Delta G^{\ominus}_{反应}$，即反应物 R 和 M 的气相碱度之差。因此，用平衡常数法可以建立相对气相碱度的梯度。

质子亲和势 PA 是由质子化反应（4.1）的焓变定义的。根据热力学关系

$$\Delta G^{\ominus} = \Delta H^{\ominus} - T\Delta S^{\ominus} \tag{4.4}$$

如果质子化反应（4.1）或质子交换反应（4.2）的熵变已知或可估计，则可由气

相碱度得到质子亲和势。合并式（4.3）和（4.4），得到

$$\ln K = -\Delta H^{\ominus}/RT + \Delta S^{\ominus}/R \qquad (4.5)$$

在不同温度下测定反应（4.2）的平衡常数，再以 $\ln K$ 对 $1/T$ 作图可得一直线，由其斜率和截距可分别得到反应的 $\Delta H^{\ominus}$ 和 $\Delta S^{\ominus}$。

质子转移反应平衡常数的测定[3]大多数采用离子回旋共振质谱（ICR，压力 $\sim 10^{-4}$ Pa），高压力质谱（HPMS，压力 100～1000Pa）和辉光后漂移（FA，压力 100～1000Pa）等技术；GB 或 PA 的测定可以准确到 0.2kcal/mol。

通过研究未知物 M 与一系列参考样品 R_1，R_2 等的质子转移反应，用交叉法给出 M 的气相碱度或质子亲和势的上下限[4]。当反应（4.2）正向进行时，其吉氏自由能变化为负值。如果 MH^+ 与 R_1 的质子转移反应发生，而与 R_2 的反应不发生，

$$MH^+ + R_1 \rightarrow M + R_1H^+ \qquad (4.6)$$

$$MH^+ + R_2 \rightarrow 无质子转移反应 \qquad (4.7)$$

则 $GB(M)$ 的大小介于 $GB(R_1)$ 和 $GB(R_2)$ 之间。需要注意的是，质子转移反应进行的判据是吉氏自由能变化而不是焓变。因此，交叉法直接研究的是气相碱度而不是质子亲和势。一般来说，交叉法的结果不如平衡常数法可靠。当在能量上更有利的竞争反应也能发生时，质子转移反应即使是放热反应有时也观察不到，这可能会引起误解。此外，寻找 GB 值十分接近的参考样品有时是很困难的，这在原理上意味着实验测定难以逼近其真实值。

动力学方法[5]研究经质子桥联的二聚体 $[A\cdots H^+ \cdots B]$ 的两个竞争的解离反应：

$$[A\cdots H^+ \cdots B] \begin{array}{c} \overset{k_a}{\nearrow} AH^+ + B \qquad (4.8) \\ \underset{k_b}{\searrow} BH^+ + A \qquad (4.9) \end{array}$$

当反应（4.8）和（4.9）的熵变相近时，两个反应的产物离子的丰度之比等于反应的速率常数之比，即，

$$\ln\left(\frac{[AH^+]}{[BH^+]}\right) = \ln\left(\frac{k_a}{k_b}\right) = \frac{E_b - E_a}{RT} \qquad (4.10)$$

其中，E_a 和 E_b 分别是反应（4.8）和（4.9）的活化能。若两个反应的熵变相近，则频率因子可以抵消。假设两个反应均不存在逆活化能，则 $E_b - E_a = PA(A) - PA(B) = \Delta PA_{A,B}$。代入式（4.10），可得

$$\ln\left(\frac{[AH^+]}{[BH^+]}\right) = \frac{PA(A) - PA(B)}{RT} \qquad (4.11)$$

将一系列参考物质 B_n（一般是同系物）与被测样品 A 分别组成二聚体，以式

(4.11) 左边的比值对 PA(B)作图，得到一条直线，由该直线与 PA 轴相交处得到 A 的质子亲和势。

表 4.1 收录了一些常见物质的质子亲和势和气相碱度。含氧化合物的 PA 值范围在 180～205 kcal/mol，含硫化合物在 190～210 kcal/mol，含氮化合物在 200～

表 4.1 常见物质的质子亲和势和气相碱度(kcal/mol)[1,2]

化合物	PA	GB	化合物	PA	GB
常见气体			C_2H_5CHO	188.0	180.4
H_2	101.0	94.4	$(CH_3)_2CO$	194.2	187.1
O_2	100.7	94.8	$CH_3COC_2H_5$	197.9	190.3
N_2	118.1	111.1	$(C_2H_5)_2CO$	200.2	193.1
CO(at O)	102.0	96.2	**酸、酯**		
CO_2	129.3	123.4	HCO_2H	177.6	169.9
H_2O	165.3	157.9	CH_3CO_2H	187.5	180.1
He	42.5	35.5	$C_2H_5CO_2H$	190.7	183.3
Ne	47.5	41.7	HCO_2CH_3	187.2	179.9
Ar	88.3	82.8	$HCO_2C_2H_5$	191.2	183.8
Kr	101.6	96.3	$CH_3CO_2CH_3$	196.6	189.2
Xe	119.2	114.4	$CH_3CO_2C_2H_5$	199.9	192.5
烃类			**氨及其衍生物**		
CH_4	130.0	124.5	NH_3	204.2	195.9
C_2H_2	153.4	147.5	CH_3NH_2	215.1	206.8
C_2H_4	162.8	155.9	$C_2H_5NH_2$	218.2	210.0
C_2H_6	142.6	136.3	$(CH_3)_2NH$	222.4	214.5
$CH_3CH{=}CH_2$	179.8	172.9	$n\text{-}C_3H_7NH_2$	219.6	211.5
C_3H_8	149.7	145.4	$i\text{-}C_3H_7NH_2$	221.0	212.7
$i\text{-}C_4H_{10}$	162.2	160.6	$(CH_3)_3N$	227.0	219.6
$(CH_3)_2C{=}CH_2$	191.9	185.6	$HCONH_2$	196.7	189.3
醇			CH_3CONH_2	206.7	199.2
CH_3OH	180.5	173.3	$C_2H_5CONH_2$	209.7	202.2
C_2H_5OH	185.7	178.5	$C_6H_5CONH_2$	213.4	206.0
$n\text{-}C_3H_7OH$	188.2	180.9	**取代苯**		
$i\text{-}C_3H_7OH$	189.7	182.4	$C_6H_5CH_3$	187.6	180.9
醚			$C_6H_5C_2H_5$	188.5	181.9
CH_3OCH_3	189.5	182.9	C_6H_5OH	195.5	188.1
$CH_3OC_2H_5$	193.4	186.9	$C_6H_5OCH_3$	200.9	193.1
$C_2H_5OC_2H_5$	198.2	191.6	C_6H_5CHO	191.5	191.9
硫醇(醚)			$C_6H_5COCH_3$	206.0	198.4
C_2H_5SH	188.9	181.4	$C_6H_5CO_2H$	196.4	189.0
CH_3SCH_3	198.8	191.7	$C_6H_5CO_2CH_3$	203.5	196.1
醛、酮			$C_6H_5NO_2$	191.5	184.1
$H_2C{=}O$	170.6	163.5	$C_6H_5NH_2$	211.1	209.8
CH_3CHO	183.6	176.2			

240 kcal/mol。值得特别注意的是，表中所列的值均指质子化反应发生在分子中碱性最强的部位。但是，对于多官能团分子而言，质子化反应可能在各位置上竞争。在这种情况下，确定质子化反应发生的位置对于 CI 质谱解析具有重要意义[6]。一个典型的例子是，羧酸及其酯的质子化优先发生在羰基氧上，其局域 PA 值比羟基氧或烷氧基氧大 18～25 kcal/mol[7]。酰胺的质子化也优先发生在羰基氧上[8]。关于分子的质子化位置我们将在 4.4 节中讨论。

4.1.2 氢负离子亲和势

气相正离子的氢负离子亲和势（HIA）[1]被定义为下列反应的负熵变

$$R^+ + H^- \longrightarrow RH$$

$$HIA(R^+) = -\Delta H^\ominus \tag{4.12}$$

氢负离子的标准生成热 $\Delta_f H^\ominus (H^-) = 34.6 \text{kcal/mol}$。因此，根据碳正离子 R^+ 和产物 RH 的生成热可计算 R^+ 的 HIA。氢负离子亲和势的测定可以采用与测定质子亲和势相同的方法（平衡常数法、交叉法、动力学方法等）。一些常见碳正离子的 HIA 值列于表 4.2 中。

氢负离子亲和势反映碳正离子的相对稳定性，在化学电离质谱中可用来判断其抽取氢负离子的能力。若 $HIA(R_1^+) > HIA(R_2^+)$，则氢负离子转移反应 (4.13) 是放热反应。

$$R_1^+ + R_2 H \longrightarrow R_1 H + R_2^+ \tag{4.13}$$

因此，从表 4.2 可看出，CH_3^+，CF_3^+ 等可以从大多数有机化合物中抽取氢负离子；而 CH_5^+，$C_2 H_5^+$ 抽取 H^- 的能力很弱，在 CI 质谱中主要作为质子转移试剂。

表 4.2　常见碳正离子的标准生成热和氢负离子亲和势(kcal/mol)[1]

R^+	$\Delta_f H^\ominus$	HIA
CH_3^+	261	313
CF_3^+	95	296
CH_5^+	216	269
$C_2 H_5^+$	216	271
$n\text{-}C_3 H_7^+$	211	270
$i\text{-}C_3 H_7^+$	191	250
$n\text{-}C_4 H_9^+$	203	268
$i\text{-}C_4 H_9^+$	199	266
$s\text{-}C_4 H_9^+$	183	248
$t\text{-}C_4 H_9^+$	166	233
$CH_2{=}CH{-}CH_2^+$	226	256
$C_6 H_5 CH_2^+$	215	238
$CH_3 CH^+(OH)$	139	230
$(CH_3)_2 C^+(OH)$	117	217

4.1.3 电子亲和势

负离子的重要热力学常数之一是其电子亲和势（EA）[8]。电子亲和势是使负离子失去一个电子所需的最低能量。当负离子 A^- 和对应的中性分子 A 均处于基态（包括转动、振动和电子能级）而且电子的动能和势能为零时，反应（4.14）的焓变即是离子 A^- 的电子亲和势。如果强调的是中性分子 A，上述反应的逆反应的负焓变即被定义为分子 A 的电子亲和势。这两种定义是等价的。

$$A^- \longrightarrow A + e \tag{4.14}$$

$$EA(A^-) = \Delta H^\ominus$$

电子亲和势可用两种方法测定。用光学方法使光子与负离子作用，以除去与其结合最弱的电子。采用固定频率激光的光电子谱法测定所失去的电子的能量；光致电离法则采用可调波长光源，以测定负离子失去一个热电子的能量阈值。

化学法通过研究负离子 A^- 与中性分子 B 的电子转移反应（4.15），测定电子亲和势。若反应（4.15）为放热过程，B^- 离子的产生则表明分子 B 的电子亲和势大于分子 A。若反应（4.15）为吸热过程，则需考虑反应与平动能的关系，B^- 离子的产生与 A^- 离子的平动能有关[9]。平衡常数法[10]和动力学方法[5]也可用来测定电子亲和势。

$$A^- + B \longrightarrow A + B^- \tag{4.15}$$

表 4.3 给出了一些常见负离子的电子亲和势。苯的 EA 值为负值，而六氟苯和硝基苯都较大，这表明在芳香体系中引入电负性基团可使化合物的 EA 值增加。在负化学电离中常用的试剂离子，如 O^-，Cl^-，OH^- 和 CH_3O^- 的电子亲和势都较大，因而与大多数有机分子不发生放热的电荷交换反应；而 O_2^- 的电子亲和势则很低，因此是常用的电荷交换试剂。

表 4.3　常见负离子的电子亲和势(kcal/mol)[8,10]

R^-	EA	R^-	EA
H^-	17.4	CH_3^-	11.5
O^-	33.7	$C_6H_6^-$	<0
F^-	78.4	$C_6F_6^-$	12.0
Cl^-	83.4	$CH_2{=}CH{-}CH_2^-$	12.7
Br^-	77.6	$t\text{-}C_4H_9O^-$	43.2
O_2^-	10.1	$C_6H_5O^-$	54.5
OH^-	42.2	$C_6H_5S^-$	57.1
CH_3O^-	36.2	$C_6H_5CH_2^-$	20.3
CH_3S^-	43.4	$C_6H_5NO_2^-$	23.3

4.1.4 气相酸度

中性分子异裂产生质子和负离子的反应(4.16)是最常见的反应之一。化合物经这一反应产生质子的能力是其酸性的标度。分子 AH 的气相酸度 $\Delta H_{\text{酸}}^{\ominus}$ 或 $\Delta G_{\text{酸}}^{\ominus}$ 被定义为反应(4.16)的焓变 $\Delta H^{\ominus}$ 或吉氏自由能变化 $\Delta G^{\ominus}$。

$$AH \longrightarrow H^+ + A^- \tag{4.16}$$

$$\Delta H_{\text{酸}}^{\ominus}(AH) = \Delta H^{\ominus} \qquad \Delta G_{\text{酸}}^{\ominus}(AH) = \Delta G^{\ominus}$$

$\Delta H_{\text{酸}}^{\ominus}$ 也可看成是负离子 A^- 的质子亲和势 $PA(A^-)$。分子 AH 的酸性越强，$\Delta H_{\text{酸}}^{\ominus}$ 越小，其共轭碱 A^- 的质子亲和势 $P(A^-)$ 也越小。对于大多数有机分子而言，上述反应是吸热的。

根据热化学反应的加和性，气相酸度 $\Delta H_{\text{酸}}^{\ominus}$ 可以采用下列方法进行计算。

$$AH \longrightarrow A\cdot + H\cdot \qquad\qquad \Delta H^{\ominus} = D(A-H) \tag{4.17}$$

$$A\cdot + H\cdot \longrightarrow A^- + H^+ \qquad \Delta H^{\ominus\prime} = IE(H\cdot) - EA(A\cdot) \tag{4.18}$$

$$AH \longrightarrow A^- + H^+ \qquad\qquad \Delta H^{\ominus\prime\prime} = \Delta H_{\text{酸}}^{\ominus}(AH) \tag{4.19}$$

$$\Delta H_{\text{酸}}^{\ominus}(AH) = D(A-H) + IE(H\cdot) - EA(A\cdot) \tag{4.20}$$

氢原子的电离能 $IE(H\cdot) = 313.6$ kcal/mol。根据 A—H 键的解离能 $D(A-H)$ 和 $A\cdot$ 的电子亲和势 $EA(A\cdot)$ 可得到 AH 的绝对酸度 $\Delta H_{\text{酸}}^{\ominus}$。另一方面，根据上述关系（式4.20），实验测定 $\Delta H_{\text{酸}}^{\ominus}$ 实际上又是确定键的解离能的有效方法。

测定相对 $\Delta H_{\text{酸}}^{\ominus}$（AH）的方法是基于下列质子转移反应（4.21）。

$$AH + B^- = A^- + BH \tag{4.21}$$

测定上述反应的平衡常数或正反应和逆反应的速率常数，可直接得到 $\Delta G^{\ominus}$。若已知过程的 $\Delta S^{\ominus}$，则可得到 $\Delta H^{\ominus}$。一般认为，对反应 $\Delta S^{\ominus}$ 的主要贡献是反应前后对称性改变引起的转动熵变。如果实验测定过程中，参考物质的 $\Delta H_{\text{酸}}^{\ominus}$ 已知，则所得酸度 $\Delta H_{\text{酸}}^{\ominus}$ 为绝对酸度。

与测定中性化合物的质子亲和势相似，动力学方法通过考察下列质子桥联的加合离子的解离反应（4.22）测定气相酸度（负离子的质子亲和势）。

$$[A\cdots H\cdots B]^- \longrightarrow A^- + BH \tag{4.22}$$

$$\longrightarrow AH + B^-$$

表 4.4 归纳了常见化合物的气相酸度。分子 AH 的酸性越弱，其共轭碱 A^- 的质子亲和势越大。例如，弱酸性分子 NH_3，H_2O 和 $HO\cdot$ 对应的共轭碱 NH_2^-，HO^- 和 $O^-\cdot$ 的质子亲和势较大，可以从许多有机化合物中抽取质子，在化学电离

中可用作抽取质子的试剂离子；强酸性分子 HCl，HBr 和 HI 的共轭碱 Cl^-，Br^- 和 I^- 的质子亲和势较小，它们抽取质子的能力较弱。

表 4.4　常见化合物的气相酸度 $\Delta H_{酸}^{\ominus}$（kcal/mol）[11]

化合物（AH）	$\Delta H_{酸}^{\ominus}$	化合物（AH）	$\Delta H_{酸}^{\ominus}$
HF	371.4	$n\text{-}C_3H_7SH$	353.8
HCl	333.4	$i\text{-}C_3H_7SH$	353.2
HBr	323.6	$t\text{-}C_4H_9SH$	352.6
HI	314.3	C_6H_5OH	345.7
HCN	351.1	C_6H_5SH	338.9
H_2O	390.8	HCO_2H	345.2
H_2S	351.7	CH_3CO_2H	348.5
HO·	382.2	FCH_2CO_2H	337.6
CH_3OH	378.2	CF_3CO_2H	322.7
C_2H_5OH	377.8	$C_2H_5CO_2H$	347.3
$n\text{-}C_3H_7OH$	376.4	$C_6H_5CO_2H$	338.8
$i\text{-}C_3H_7OH$	376.0	NH_3	403.6
$t\text{-}C_4H_9OH$	373.9	CH_3NH_2	403.2
CH_3SH	361.1	$C_2H_5NH_2$	399.3
C_2H_5SH	355.7	$C_6H_5NH_2$	367.1

4.1.5　结构对热化学性质的影响

在中心原子上，烷基取代基的增加使分子的质子亲和势增加。这是因为分子质子化后，中心原子上的电荷能够得到烷基的稳定化作用。从表 4.1 可以看出，从 NH_3，CH_3NH_2，$(CH_3)_2NH$ 到 $(CH_3)_3N$，分子的 PA 逐渐增大；从 H_2O，CH_3OH 到 $(CH_3)_2O$，PA 的变化趋势相似。我们还可以比较具有相同元素组成的异构体的质子亲和势。$n\text{-}C_3H_7NH_2$，$(CH_3)(C_2H_5)NH$ 和 $(CH_3)_3N$ 的 PA 也是随着取代基数目的增加而增加。

碳正离子的氢负离子亲和势是其稳定性的指标。中心碳原子上的烷基取代基能使电荷有效离域，增加碳正离子的稳定性，因而使其 HIA 值降低，甲基、乙基和异丙基的 HIA 便依次下降。表 4.2 中所列四个丁基碳正离子的 $\Delta_f H^{\ominus}$ 和 HIA 也显示出高级碳正离子的生成热小，HIA 也小；低级碳正离子的生成热大，HIA 也大。

若分子中杂原子上的孤对电子发生离域，分子的质子亲和势将降低。苯胺的 PA（211.1 kcal/mol）比环己基胺（223.5 kcal/mol）小 12 kcal/mol。烯丙基胺和苄胺的 PA 也比相应的饱和胺小，这体现了 sp^2 杂化的碳原子的吸电子性质。对于碳正离子而言，邻近不饱和基团有利于其中心电荷的分散，将导致其稳定性增加，而氢负离子亲和势下降。烯丙基正离子是典型的例子。尽管其 $\Delta_f H^\ominus$ 大于正丙基（元素组成不同），但其 HIA 却比正丙基小 14 kcal/mol（表 4.2）。

分子内氢键对质子亲和势有显著影响。双官能团分子的 PA 因此比相应的单官能团分子大很多。表 4.5 比较了几类这种分子的质子亲和势的差异。第二个官能团的引入使分子的质子亲和势大大增加。此外，表 4.5 还显示，对于单官能团分子，从 $n=2$ 到 $n=4$，PA 值的增加很小；而对于双官能团分子，从 $n=2$ 到 $n=3$ 及 $n=4$，PA 值均显著增加；但从 $n=4$ 到 $n=5$，PA 值只有微小变化。双官能团分子质子化形成的 MH^+ 离子得到分子内氢键的强稳定化作用。当 $n=2$ 时，MH^+ 离子形成一个五元环，而 $n=4$ 对应着七元环，后者更稳定。

表 4.5　双官能团分子与相应的单官能团分子的 PA(kcal/mol)[2]

	$n=2$	$n=3$	$n=4$	$n=5$
$HO—(CH_2)_n—H$	188.3	188.2	188.8	—
$HO—(CH_2)_n—OH$	195.2	209.6	219.0	—
$CH_3O—(CH_2)_n—H$	193.3	194.8	196.1	—
$CH_3O—(CH_2)_n—OCH_3$	205.1	214.6	222.6	222.8
$H_2N—(CH_2)_n—H$	217.2	218.2	218.7	220.9
$H_2N—(CH_2)_n—NH_2$	226.1	234.2	237.8	239.1
$H_2N—(CH_2)_n—OH$	221.5	228.8	234.0	—

4.2　化学电离中的离子-分子反应

在化学电离质谱中观察到的离子-分子反应种类很多。在本节中介绍的仅是与样品的电离过程有关的反应。

4.2.1　质子转移反应

在化学电离的各类离子-分子反应中，质子转移反应是最普遍的一类；只要有适当的质子给予体，任何分子都可以通过质子转移反应而电离。对于许多最常用的质子化试剂，其反应离子的产生本身也是一个质子转移反应，如式（4.23）所示。

$$A^{\cdot+} + A \longrightarrow AH^+ + [A-H]\cdot \qquad (4.23)$$

事实上，上述反应也是一些化合物在常规电子轰击质谱中产生 MH^+ 离子的原因。尽管反应（4.23）可能是由中性分子 A 转移一个氢原子给离子 A^+，或是由离子 A^+ 转移一个质子给中性分子 A，ICR 和同位素标记实验表明，在这个过程中，质子转移反应是主要的。例如，$CD_4^{\cdot+}$ 和 CH_4 之间的反应以 D^+ 转移为主。

$$CD_4^+ + CH_4 \longrightarrow CD_3 \cdot + CH_4D^+ \tag{4.24}$$

对于几种常用的 CI 试剂气（CH_4，CH_3OH，H_2O，NH_3），反应 4.23 的速率常数及理论计算给出的离子-分子碰撞速率常数列于表 4.6 的左半部；它们几乎按碰撞速率进行。这几个反应生成相应的反应离子 CH_5^+，$CH_3OH_2^+$，H_3O^+ 和 NH_4^+。

表 4.6　质子转移的反应和碰撞速率常数(cm^3 分子$^{-1}s^{-1}\times 10^9$)[12]

反应物	$k_{反应}$	$k_{碰撞}$	反应物	$k_{反应}$	$k_{碰撞}$
$CH_4^+ \cdot + CH_4$	1.11	1.35	$CH_5^+ + C_3H_8$	1.54	1.68
$CH_3OH^+ \cdot + CH_3OH$	2.53	1.78	$CH_5^+ + CH_3NH_2$	2.25	1.98
$NH_3^+ \cdot + NH_3$	1.5~2.2	2.10	$C_4H_9^+ + CH_3NH_2$	1.43	1.54
$H_2O^+ \cdot + H_2O$	2.05	2.29	$C_4H_9^+ + (CH_3)_2NH_2$	1.38	1.40

质子转移反应也是溶液相中的一个普遍反应。对于离子 AH^+ 和样品分子 M 之间的质子转移，反应包括①离子-分子复合物 [$AH^+ \cdots M$] 的形成，②质子由 A 向 M 转移，经过过渡态 [$A \cdots H^+ \cdots M$] 形成新的离子-分子复合物 [$A \cdots MH^+$]，③解离生成产物等三个步骤（反应 4.25）。

$$AH^+ + M \to [AH^+ \cdots M] \to [A \cdots H^+ \cdots M]$$
$$\to [A \cdots MH^+] \to A + MH^+ \tag{4.25}$$

在溶液中，这个过程的势能变化如图 4.1(a)所示，是一个典型的双阱势能曲线[13]。从 [$AH^+ \cdots M$] 到 [$A \cdots MH^+$] 存在一个较高的活化能。这是因为，溶剂的存在使质子授受体相互间获得最佳取向的过程受阻。在气相中，质子转移反应的情形有所不同。因没有溶剂分子存在，反应物在获得能量上最有利的反应取向时不受外部限制，两个反应物之间的距离可以更近。因此，气相质子转移反应的活化能很低，有时甚至可以忽略[14]，其典型的势能曲线如图 4.1(b)所示。量子化学计算的结果支持这个观点[15]。

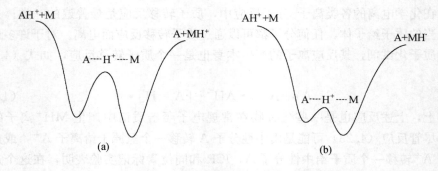

图 4.1　溶液中(a)和气相中(b)质子转移反应的势能图

动力学研究表明，气相质子转移反应几乎以碰撞速率进行。表 4.6 右栏对比了甲烷和异丁烷的反应离子（CH_5^+，$C_4H_9^+$）与几种底物的质子转移过程的反应速率常数和碰撞速率常数。热效应决定了质子转移反应的效率。放热过程的每一次碰撞都发生反应，热中性和吸热过程的反应效率明显下降。图 4.2 很好地描述了反应效率与反应热效应的关系[16]。因此，在化学电离质谱中，为了获得最高电离效率，所选择的试剂气应能提供放热的质子化反应。但是，另一方面，质子化反应放热愈多，所生成的 MH^+ 离子的碎裂也愈多。

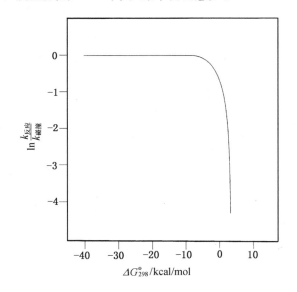

图 4.2　质子转移反应的效率与反应的 $\Delta G^{\ominus}$ 的关系

负离子与中性分子也可以发生质子转移反应，如式(4.26)所示。

$$A^- + M \longrightarrow AH^+ + [M-H]^- \qquad (4.26)$$

如果分子 M 的气相酸度 $\Delta H_{酸}^{\ominus}$ 大于分子 AH（或者说，负离子 A^- 的质子亲和势大于负离子 $[M-H]^-$ 的质子亲和势），上述质子转移反应是放热过程。对于 H^-，NH_2^-，OH^- 等负离子与一些小分子的反应，动力学研究给出的反应效率与反应焓变 $\Delta H^{\ominus}$ 的关系与图 4.2 十分相似。这表明，负离子参与的质子转移反应也是十分有效的电离反应。在化学电离质谱中，这一反应的产物离子 $[M-H]^-$ 与正离子化学电离产生的 $[M+H]^+$ 离子一样，可提供样品的分子量信息。

4.2.2　电荷交换反应

正离子与中性分子作用可以导致电荷交换反应发生，如式(4.27)所示

$$A^+ \cdot + M \longrightarrow A + M^+ \cdot$$

$$\Delta H^\ominus = IE(M) - RE(A^+ \cdot) \tag{4.27}$$

如果分子 M 的电离能 IE 低于离子 $A^+ \cdot$ 的复合能 RE，则上述反应为放热过程。离子 $A^+ \cdot$ 的复合能是其捕获一个电子所释放出的能量。对于单原子离子，RE 与相应的中性分子的电离能相同。而对于双原子或多原子离子，这两个量未必相同。因为离子捕获电子后生成的分子可能会处于振动甚至电子激发态。对于多原子分子，反应（4.27）放出的热大部分转变为产物离子 $M^+ \cdot$ 的热力学能；$M^+ \cdot$ 若获得了足够的热力学能可以发生碎裂。这与 EI 质谱中的碎裂有一定的相似性，其前体都是奇电子的分子离子。但是，这两种碎裂过程的最主要差别在于，EI 中形成的分子离子有较宽的热力学能分布，而电荷交换反应生成的分子离子的热力学能取决于反应（4.27）的热效应，范围较窄。在 $M^+ \cdot$ 的各种竞争碎裂反应中，产物离子的丰度取决于前体离子的热力学能。因此，电荷交换反应产生的 $M^+ \cdot$ 的产物的分布与分子 M 的 EI 谱不尽相同。

动力学研究表明，放热的电荷交换反应以接近离子-分子碰撞的速率进行[17]。表 4.7 选录了几种惰性气体离子分别与非极性的烷烃分子和极性的醇、醚、酮等分子反应的速率常数及相应的计算所得的碰撞速率常数。

负离子与中性分子作用也可发生电荷交换反应（式 4.28）。若分子 M 的电子亲和势 $EA(M)$ 大于 $EA(A)$，则（4.28）为放热反应。这一类反应的研究及应用都相对较少。

$$A^- \cdot + M \longrightarrow M^- \cdot + A \tag{4.28}$$

表 4.7　电荷交换的反应和碰撞速率常数（cm^3 分子$^{-1}$ $s^{-1} \times 10^9$）[12]

反应物	$k_{反应}$	$k_{碰撞}$	反应物	$k_{反应}$	$k_{碰撞}$
$Ne^+ \cdot + CH_4$	0.07	1.26	$Ne^+ \cdot + CH_3OH$	1.36	2.14
$Ar^+ \cdot + CH_4$	1.34	1.12	$Ar^+ \cdot + CH_3OH$	1.55	1.78
$Kr^+ \cdot + CH_4$	1.26	1.03	$Kr^+ \cdot + CH_3OH$	1.72	1.56
$Ne^+ \cdot + C_2H_6$	0.98	1.40	$Ne^+ \cdot + Me_2O$	1.66	1.95
$Ar^+ \cdot + C_2H_6$	1.07	1.16	$Ar^+ \cdot + Me_2O$	1.48	1.58
$Kr^+ \cdot + C_2H_6$	0.75	1.03	$Kr^+ \cdot + Me_2O$	1.43	1.34
$Xe^+ \cdot + C_2H_6$	0.84	0.98	$Ne^+ \cdot + Me_2CO$	3.15	3.06
$Ne^+ \cdot + C_3H_8$	1.21	1.55	$Ar^+ \cdot + Me_2CO$	2.56	2.43
$Ar^+ \cdot + C_3H_8$	1.20	1.25	$Kr^* \cdot + Me_2CO$	1.79	2.02

4.2.3　氢负离子转移反应

氢负离子转移反应是烃类（尤其是烷烃）化合物的 CI 质谱中的一类常见反

应，如式（4.29）所示。如果试剂离子 A^+ 的氢负离子亲和势 HIA（A^+）大于 $[M—H]^+$ 离子的 HIA，则反应（4.29）为放热过程。常见正离子的氢负离子亲和势见表 4.2。

$$A^+ + M \longrightarrow [M—H]^+ + AH \qquad (4.29)$$
$$\Delta H^\ominus = HIA([M—H]^+) - HIA(A^+)$$

$C_2H_5^+$ 和 $i\text{-}C_3H_7^+$ 离子与更高级的直链烷烃和支链烷烃的氢负离子转移反应接近碰撞速率常数；而 $C_4H_9^+$ 与正构烷烃几乎不反应，与支链烷烃反应的活性也很低，其速率常数小于碰撞速率的 6%。NO^+ 离子对正构烷烃的反应活性很低，而与支链烷烃的反应接近碰撞速率。底物分子中不同位置的氢的反应活性也不相同。例如[18]，异丁烷的伯氢和叔氢的活性对 $C_2H_5^+$ 为 68∶32，对 $C_3H_7^+$ 为 0∶100，对 CF_3^+ 为 76∶24，对 NO^+ 为 0∶100。

4.2.4　加合与缔合反应

在以甲烷等作试剂气的化学电离质谱中，除了主要的质子转移反应外，还常在更高质量区观察到 $[M+29]^+$ 和 $[M+41]^+$ 等较弱的离子。这些离子是由试剂气产生的反应（$C_2H_5^+$，$C_3H_5^+$）与样品分子加合形成的（反应 4.30）。

$$M + A^+ \longrightarrow [M+A]^+ \qquad (4.30)$$

最常遇到的加合反应发生在以 NH_3 作试剂气的化学电离中[19]。若样品分子的 PA 接近或小于氨的 PA，NH_4^+ 离子与样品分子之间的质子转移反应不发生，但它们却形成很强的加合离子 $[M+NH_4]^+$。分子中含有 N，O 等杂原子或存在不饱和基团都有利于形成这个离子。在这种情况下向 CH_4 中加入 1% 的 NH_3，可使灵敏度大为提高[20]。采用碱性更强的胺，如乙二胺或二甲胺，有时更有利于形成加合离子。

化学电离源的压力通常在 0.5～1.0 Torr 之间。在这样的源压下，许多化合物可能形成以质子桥联的二聚体甚至高聚体 $[nM+H]^+$（$n=2$，3，$\cdots$），尤其是分子中含有 OH，NH_2，CO_2H 等基团时。不仅这些离子本身会产生干扰，它们还可能发生碎裂（如脱水），产生其他干扰离子。如果采用的是极性试剂气（如甲醇），还可能产生样品与试剂气的交叉缔合产物。

4.2.5　特殊反应

有时为了特殊的分析目的，如不饱和化合物的双键位置的确定、几何异构体的区分、对映异构体的区分甚至手性化合物绝对构型的确定等，在化学电离质谱中采用特殊的试剂气。它们与样品分子的反应不是一般的电离反应而是更为特殊的反应（如加成、缩合等）。这些反应被一并归纳在"反应质谱"一章中。

4.3 化学电离试剂体系

化学电离的试剂体系多种多样。一般来说,CI 试剂气应满足以下要求。(1) 分子量小,背景干扰少;(2) 在低质量区产生尽可能少的反应离子,而且这些离子的丰度在一定的压力范围内对源压的微小变化不敏感,以保证谱图的重现性;(3) 样品分子电离后不再与试剂气进一步反应,以免形成加合或簇合离子,这些离子的丰度易随源压和源温变化;(4) 试剂气的高纯态易得。少量的杂质有时也会使样品的 CI 谱发生很大改变。

4.3.1 质子转移试剂

使用最广泛的化学电离试剂是能产生质子酸 AH^+ 作为反应离子的化合物。反应离子与样品分子 M 发生质子转移反应使其电离(反应 4.31)。因此,能被 AH^+ 电离的样品分子 M 的质子亲和势大于 A 的,即 $PA(M) > PA(A)$。

$$AH^+ + M \longrightarrow MH^+ + A \qquad (4.31)$$

典型的质子转移试剂有甲烷、异丁烷、甲醇、水和氨。表 4.8 列出了这几种试剂气的有关热力学常数。甲烷是最早也是最普遍使用的 CI 试剂,其 CI 谱也最为复杂(参见图 2.7)。在源压为 1 Torr 时,甲烷电离产生的主要反应离子是 CH_5^+ (m/z 17,48%),$C_2H_5^+$ (m/z 29,41%) 和 $C_3H_5^+$ (m/z 41,6%);次要离子有 $C_2H_4^+$ (m/z 28) 和 $C_3H_7^+$ (m/z 43)。主要反应离子 CH_5^+ 和 $C_2H_5^+$ 的生成过程如反应 (4.32) ~ (4.35) 所示。

$$CH_4 + e \longrightarrow CH_4^{+} \qquad (4.32)$$

$$CH_4^{+} \longrightarrow CH_3^+ + H \cdot \qquad (4.33)$$

$$CH_4^{+} + CH_4 \longrightarrow CH_5^+ + CH_3 \cdot \qquad (4.34)$$

$$CH_3^{+} + CH_4 \longrightarrow C_2H_5^+ + H_2 \qquad (4.35)$$

表 4.8 常用质子交换试剂的主要热力学常数(kcal/mol)[12]

试剂气	反应离子(AH^+)	$PA(A)$	$HIA(AH^+)$	$RE(AH^+)$
CH_4	CH_5^+	131.6	269	182.5
	$C_2H_5^+$	162.6	271	191.7
H_2O	H_3O^+	166.5	234	147.8
CH_3OH	$CH_3OH_2^+$	181.9	219	131.7
$i\text{-}C_4H_{10}$	$t\text{-}C_4H_9^+$	195.9	233	154.8
NH_3	NH_4^+	204.0	197	110.9

另一种重要的烷烃试剂气是异丁烷。在通常的 CI 源压力下，异丁烷的优势反应离子是叔丁基离子 $t\text{-}C_4H_9^+$ (m/z 57，92%)；其对应的共轭碱是异丁烯，即 $t\text{-}C_4H_9^+$ 可看作异丁烯的 MH^+ 离子。因此，$t\text{-}C_4H_9^+$ 只能质子化 PA 比异丁烯大的样品。

异丁烷分子被电子电离后，首先生成的分子离子碎裂产生各种碎片离子，它们与中性异丁烷分子进一步反应，攫取氢负离子，生成热力学能较低的反应离子 $t\text{-}C_4H_9^+$。乙烷和丙烷很少用作化学电离试剂。在压力较低时，丙烷产生主要反应离子 $C_3H_7^+$ 及少量 $C_3H_6^+$ 和 $C_3H_8^+$；但当压力接近 1 Torr 时，产生大量的 $C_5H_{11}^+$ 和 $C_6H_{13}^+$ 等离子，使其背景复杂化。

甲醇是一种常用的极性化学电离试剂，其初级离子 $CH_3OH^+\cdot$，CH_2OH^+，$CH_2O^+\cdot$ 和 HCO^+ 等均可与中性甲醇分子进行质子交换反应，产生优势反应离子 $CH_3OH_2^+$ (m/z 33)。但当源压较高时，簇合离子也随之产生。在 1 Torr 时，$(CH_3OH)_2H^+$ (m/z 65)，$(CH_3OH)_3H^+$ (m/z 97) 及相应的脱水离子 m/z 47，m/z 79 均成为重要的反应离子。甲醇被用作试剂气还可能是因为其氘代试剂易得。在一些反应机理研究中，将 MD^+ 离子与 MH^+ 离子的碎裂反应相比较常可得到有益的信息。但是，CD_4 十分昂贵，而 CH_3OD 和 CD_3OD 则是普通氘代试剂。但是，样品分子中的活泼氢甚至被其他基团致活的氢（如，—CH_2CO—）将全部或部分发生交换。如果这是不利的干扰反应，则可以改用丙酮/丙酮- d_6 体系。

水虽然不是十分常用的化学电离试剂，但在大气压化学电离（APCI）中以大气为载气时，主要反应离子是水化的质子 $H^+(H_2O)_n$，其中，n 与环境湿度有关。APCI 产生的初级离子主要是 $N_2^+\cdot$ 和 $O_2^+\cdot$，它们与 H_2O 经过一系列如图 4.3 所示[21]的离子-分子反应，产生 $H^+(H_2O)_n$。

在常用的化学电离试剂气中，氨是一种强碱，其优势反应离子是 NH_4^+，NH_3 的质子亲和势为 204 kcal/mol。因此，作为质子转移试剂，NH_4^+ 只能质子化 PA 更大的含氮化合物，如胺和杂环类强碱性化合物。但是，氨的一个独特的电离反应是与样品分子形成 $[M+NH_4]^+$ 离子，尤其是样品分子中含有多个 N，O 等杂原子或不饱和基团时。例如，葡萄糖的 NH_3 CI 质谱中的 m/z 198 离子是 $[M+NH_4]^+$；m/z 180 离子不是 $M^\cdot$，经高分辨证实为 $[M-H_2O+NH_4]^+$。对于这类样品，采用 CH_4 作主试剂气，加入 1% 的 NH_3 可使灵敏度大为提高[20]。

由以上看到，甲烷、水、甲醇、异丁烷和氨的优势反应离子分别是 CH_5^+，H_3O^+，$CH_3OH_2^+$，$t\text{-}C_4H_9^+$ 和 NH_4^+；对应的共轭碱 CH_4，H_2O，CH_3OH，$i\text{-}C_4H_8$ 和 NH_3 的质子亲和势分别为 131.6，166.5，181.9，195.9 和 204.0 kcal/

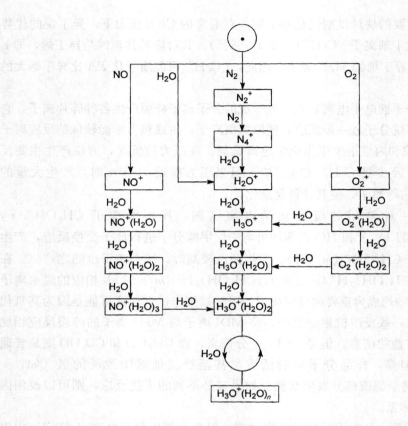

图 4.3 APCI 中 $H^+(H_2O)_n$ 离子的形成

mol。作为化学电离试剂，这些反应离子能有效质子化的化合物范围依下列次序下降，$CH_5^+ > H_3O^+ > CH_3OH_2^+ > t\text{-}C_4H_9^+ > NH_4^+$。例如，Kebarle 等[22]曾测定，只含氧一种杂原子的化合物的质子亲和势范围在 $170 \sim 200$ kcal/mol。显然，CH_5^+，H_3O^+ 能使所有这些化合物质子化，而 $t\text{-}C_4H_9^+$ 和 NH_4^+ 能质子化的化合物大为减少。

氢气也用作化学电离试剂气，H_3^+ 是其惟一的反应离子，由 $H_2^+ \cdot$ 与 H_2 的离子-分子反应生成。H_2 的质子亲和势只有 101 kcal/mol。因此，大多数有机化合物用 H_3^+ 质子化都大量放热。这使得生成的样品分子的 MH^+ 离子有过高的热力学能，从而发生进一步碎裂。对于一个被分析样品，同时取得以 H_2 和以另一种 PA 更大的试剂气的 CI 质谱，则可从后者得到分子量而从前者获得断裂反应的结构信息。若将 H_2 用另一种气体予以稀释，如 $90\%\,H_2$ 与 $10\%\,X$（$X = N_2$，CO_2，N_2O，CO），混合气通过离子-分子反应产生新的优势反应离子 XH^+。例如：

$$H_3^+ + X \rightarrow XH^+ + H_2 \qquad (4.36)$$

辅助气 X 的质子亲和势都大于 H_2。因此，XH^+ 使样品质子化的反应比 H_3^+ 直接参与的质子化反应温和，放热量降低。若选择一系列不同的辅助气，样品质子化过程的热效应不同，生成的 MH^+ 离子的热力学能也不相同，由此引起的 MH^+ 离子的碎裂反应也相应发生改变。这能获得不同反应途径的能量信息，有助于认识反应机理。例如，对一系列乙酸酯所作的分别以 H_3^+，N_2H^+，CO_2H^+，N_2OH^+ 和 COH^+ 为试剂的 CI 质谱研究，揭示了酯的 MH^+ 离子的三种碎裂反应通道的活化能差异[23]。表 4.9 列出了几种混合气的反应离子及其热力学常数。

表 4.9 H_2 及其混合气的反应离子的热力学常数(kcal/mol)[12]

反应气	反应离子(AH^+)	$PA(A)$	$HIA(AH^+)$	$RE(AH^+)$
H_2	H_3^+	101.2	300	212.5
H_2/N_2	N_2H^+	118.2	282	189.4
H_2/CO_2	CO_2H^+	130.8	270	182.5
H_2/N_2O	N_2OH^+	138.8	261	175.6
H_2/CO	COH^+	142.4	258	175.6

值得指出的是，对于以上电离试剂，除了电离反应（质子化）外，试剂气与样品分子之间有时还发生其他干扰反应。在 CH_4 的等离子体中存在着大量的 $CH_3 \cdot$，$CH_2 \cdot$ 和 $H \cdot$ 等中性活泼物种，它们使得一些样品的 CH_4CI 质谱中出现 $[M+CH_3+H]^+$，$[M+(CH_2)_n+H]^+$ （$n=1\sim4$）等离子[24]。不饱和键在 CH_4CI 中可能因与 $H \cdot$ 的反应而被还原。硝基化合物的 CH_4CI 质谱中，产生 $[MH-30]^+$ 不仅是丢失 NO，硝基被还原为 NH_2 有时也是主要贡献。用 CH_3OH 作试剂气，羧酸可生成羧酸甲酯。H_2O 与卤代烃可能发生亲核取代反应。NH_3 不仅与卤代烃作用，还能与羧基化合物发生缩合反应。这些干扰反应都是与样品分子中某些特定的官能团作用。因此，在选择试剂气时不仅要考虑质子亲和势，同时还要考虑这些可能发生的干扰反应。

4.3.2 电荷交换试剂

化学电离的另一类反应是电荷交换。电离试剂产生反应离子 $R^{+\cdot}$，与样品分子 M 发生电荷交换使其电离。

$$R^{+\cdot} + M \rightarrow M^{+\cdot} + R \qquad (4.37)$$

这一电离反应产生的是奇电子的分子离子。因此，其碎裂反应与在 EI 质谱中所观察到的相似。这两者的不同之处在于，EI 产生的 $M^{+\cdot}$ 离子的热力学能分布较宽，而电荷交换化学电离产生的 $M^{+\cdot}$ 离子的热力学能范围较窄。

常用的电荷交换试剂是惰性气体，如：N_2，CO，CO_2 和 Ar，Kr，Xe 等。表 4.10 给出了这些试剂气的反应离子及电离能。N_2 和 Ar 是最常用的两种试剂，其电离能分别为 15.3 和 15.8 eV。大多数有机化合物的电离能为 $7\sim10$ eV，因此，由 N_2 或 Ar 电离产生的 $M^{+\cdot}$ 离子有较高的热力学能（与 EI 产生的 $M^{+\cdot}$ 离子的平均热力学能相近）。这导致电荷交换 CI 谱中分子离子的强度甚至比 EI 中的低得多（因为电荷交换反应产生的分子离子热力学分布较窄，低热力学能的分子离子相对较少）。

芳香化合物也可用作电荷交换试剂。苯是一种良好的电荷交换试剂，其电离能为 9.3 eV。在 CI 条件下，苯产生的反应离子是其分子离子 $C_6H_6^{+\cdot}$。与其他一些电荷交换试剂相比，苯的优点是与样品不发生其他反应（如质子转移、氢负离子转移等）。但在一般操作条件下，苯很容易形成二聚体离子 $(C_6H_6)_2^{+\cdot}$ [25]。

表 4.10　常用电荷交换化学电离试剂

试剂	反应离子	电离能(eV)
N_2	N_2^+	15.3
Ar	Ar^+	15.8
Kr	Kr^+	14.7
Xe	Xe^+	13.4
CO	CO^+	14.0
CO_2	CO_2^+	13.8
C_6H_6	$C_6H_6^+$	9.3
$CS_2/N_2(1:9)$	CS_2^+	10.0
$COS/CO(1:9)$	COS^+	11.2

电荷交换化学电离可用以研究分子离子的碎裂反应与能量的关系。采用低能量的电荷交换化学电离，一些异构体所表现出的差异比在 EI 质谱中更加显著。例如，$C_5\sim C_7$ 酮的一些异构体的 EI 谱十分相似，难以区分；而在以 CS_2 或 COS 作试剂的 CI 条件下，这些异构体的碎裂反应迥异[26]。此外，电荷交换化学电离可用于对混合物中的某些个别成分进行选择性电离。例如，用苯作试剂，不饱和脂肪酸酯的电离不受混合物中饱和脂肪酸酯的影响，后者的电离能大于 9.3 eV，与 $C_6H_6^+$ 不发生电荷交换反应[25]。

4.4　分子的质子化位置

质子转移是化学电离质谱中广泛应用的电离反应。样品分子电离后，首先生成具有一定热力学能的 MH^+ 离子。CI 质谱中的碎片离子均是 MH^+ 离子进一步碎裂的产物，而碎裂反应是由质子化引起的。分子离子发生碎裂与质子所在的位置密切相关。应该强调的是，不仅在化学电离中发生质子化反应，在快原子轰击（FAB）和近年来迅速发展的大气压化学电离（APCI）和电喷雾电离（ESI）中，质子化反应是最主要的电离反应。因此，研究分子优先发生质子化的位置对于认识 MH^+ 离子的碎裂规律和反应机理具有十分重要的意义。

质子化反应对分子的结构和性质的影响是多方面的。与相应的中性分子相比，MH^+ 离子的电子结构和有关化学键的性质均发生显著变化，单分子和双分子反应活性也随之明显发生改变。质子本身是一个亲电体。在质子化反应中，为了与质子成键，有机分子必须提供一对电子。不同分子提供的电子对可能不同，包括杂原子（O，N，S 和卤素等）的非成键电子、不饱和化合物（烯、炔、芳烃等）的 π 电子以及饱和化合物（如 H_2，CH_4 等）的 σ 电子。一般来说，有机分子优先提供 n 电子，其次是 π 电子和 σ 电子。

4.4.1 脂肪族化合物

在 CH_4 CI 中，烷烃与 CH_5^+，$C_2H_5^+$ 等离子的主要反应是氢负离子转移，形成 $[M-H]^+$ 离子。烯、炔类可在不饱和键上发生质子化，生成 MH^+ 离子。当不饱和基团两边的取代基数目不相等时，质子化反应遵守亲电加成规律，生成更稳定的较高级碳正离子。例如，2-甲基-2-丁烯质子化生成的是一个叔碳正离子（式 4.38）。

$$CH_3-C=CH-CH_3 + H^+ \longrightarrow CH_3-C^+-CH_2-CH_3 \qquad (4.38)$$
$$\underset{CH_3}{|} \qquad\qquad\qquad \underset{CH_3}{|}$$

醇和醚在 CH_4 CI 条件下与 CH_5^+ 等离子有两个主要反应，一是在氧的 α 位上的氢负离子转移，分别生成质子化或烷基化的羰基化合物（反应 4.39），另一反应是在氧原子上质子化，生成 MH^+ 离子（反应 4.40）。其 CI 谱中的碎片离子均由 $[M-H]^+$ 和 MH^+ 离子碎裂生成。值得指出的是，这两种偶电子离子的碎裂反应受到广泛重视，在离子-中性（碎片）复合物研究中扮演了重要角色。大量的研究揭示了许多有普遍意义的离子碎裂反应机理[27]。

$$\begin{array}{c} R \\ | \\ CH-O-X \\ | \\ R' \end{array} \xrightarrow{CH_5^+} \begin{array}{c} R \\ | \\ C=O^+-X \\ | \\ R' \end{array} \qquad (4.39)$$

$$(R，R'=H/烷基；X=H/烷基)$$

$$R-O-R' + CH_5^+ \longrightarrow R-O^+(H)-R' \qquad (4.40)$$

$$(R=烷基，R'=H/烷基)$$

醛和酮的质子化反应在其羰基氧上进行。羧酸及其衍生物（包括酯、酰胺和酸酐）的优势质子化位置是其羰基氧。但是，其 MH$^+$ 解离时，质子要转移到羟基或烷氧基的氧原子（或酰胺的氮原子上），如反应 4.41 所示。后者的局域质子亲和势比前者低 18～25 kcal/mol[6]。

$$
\begin{array}{ccc}
\overset{\overset{+}{O}-H}{R-C-XR'} & \longrightarrow & \overset{O\ \ H}{R-C-\overset{+}{X}\ R'}
\end{array}
\qquad (4.41)
$$

$$(X=O,\ NH)$$

由于这个 1，3 - 氢迁移是对称性禁阻过程，反应需要克服较高的能垒。如果分子内存在另一个可以接受质子的官能团（如含 O，N 的基团），则反应（4.41）可借助这种邻基参与作用，分两步进行[28]。这种质子迁移现象在多官能团分子（如肽类[29]）中十分普遍。

胺与醇相似，在 CH$_4$ CI 条件下与 CH$_5^+$ 离子的反应有两种类型，即氨基 α 位的氢负离子转移反应和氮原子上的质子化。前者生成亚铵离子（反应 4.42），后者生成 MH$^+$ 离子。亚铵离子与由醇和醚生成的 [M—H]$^+$ 离子有十分相似的性质，其碎裂过程也形成了许多离子-中性（碎片）复合物[30]。

$$
\begin{array}{ccc}
R-CH_2-N{\overset{R'}{\underset{R''}{\big\langle}}} & \xrightarrow{\quad CH_5^+\quad} & R-CH=\overset{+}{N}{\overset{R'}{\underset{R''}{\big\langle}}}
\end{array}
\qquad (4.42)
$$

$$（R，R'，R''=H/烷基）$$

4.4.2 芳香族化合物

无取代的苯质子化生成 C$_6$H$_7^+$ 离子。这个离子实际上是最简单的芳香亲电取代反应的中间体。实验和理论计算表明，C$_6$H$_7^+$ 离子的最稳定结构是 H$^+$ 与碳原子形成的 σ 络合物，而"边上"和"面上"质子化的 π 络合物均不如其稳定，如图 4.4 所示。

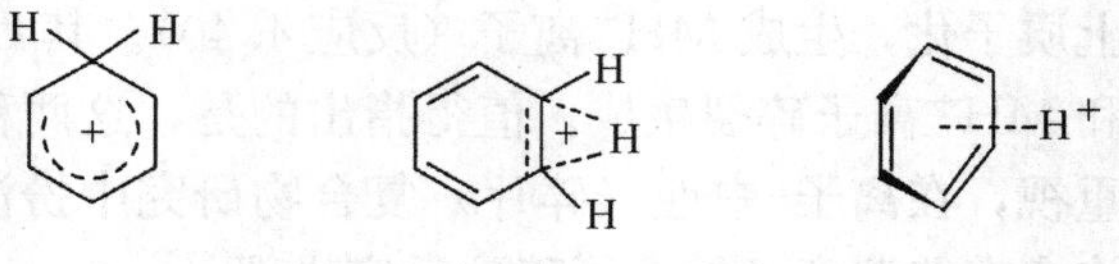

σ-加合离子　　　"边上"质子化　　　"面上"质子化

图 4.4　苯的 MH$^+$ 离子的结构

单取代苯的质子化位置随取代基的不同而异。推电子取代基使苯环上的电子密度增大，环上总的质子亲和势也增大，对环上质子化有利；吸电子取代基的作用相反。因此，甲苯的质子亲和势比苯大，其 MH$^+$ 离子的最稳定结构也是 σ 络合物。环上的六个碳均可能接受质子，但不同位置的质子亲和势不同，对位的碱性最强，其次是邻位[31]甲苯的 MH$^+$ 离子的异构体见图 4.5。

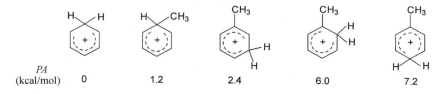

PA (kcal/mol)　0　　　1.2　　　2.4　　　6.0　　　7.2

图 4.5　甲苯的 MH$^+$ 离子及相对质子亲和势

许多推电子取代基本身也是质子的接受体。因此，对于 C_6H_5—X（X＝NH_2，OH，OMe，CHO，CN，NO_2，卤素），分子的质子化反应可以在环上和在取代基上竞争。但除了 X＝CHO，CN 和 NO_2 外，这些单取代苯的质子化反应以环上为主[32]。此外，实验还发现，质子化位置与试剂有关。例如，在以 H_2O 作试剂气时，苯酚和苯甲醚的 CI 质谱中产生〔$H_2O\cdots H^+\cdots XC_6H_5$〕（X＝OH，OMe）离子[33]。质子与两个氧原子桥联时，键能为 32 kcal/mol[34]。因此，这个加合离子的生成表明苯酚和苯甲醚的质子化反应是在氧原子上进行，MH$^+$ 离子因此通过氢键与 H_2O 分子缔合，从而得到稳定。很显然，只有在 H_2O（溶剂分子）存在的情况下，MH$^+$ 离子中的质子才可能联在取代基的氧原子上。

当取代基是 NO_2，CN 或 CHO 等强吸电子基团时，单取代苯的质子化在取代基上进行[32]。杂原子上的孤对电子使得这些取代基均可以接受质子。另一方面，环上质子化生成的 MH$^+$ 离子受到这些吸电子基团的去稳定作用，而在取代基上质子化时电荷可以有效地离域到苯环上（图 4.6）。

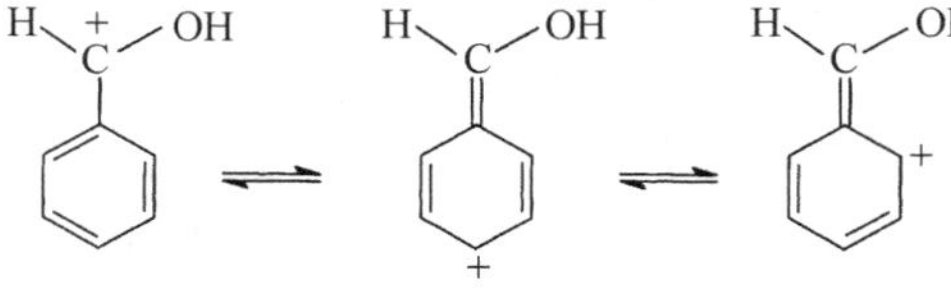

图 4.6　苯甲醛 MH$^+$ 离子中的电荷离域

卤代苯在溶液中以环上质子化为主，而在气相中质子化位置随温度而异。例如，在 30℃ 时，C_6H_5F 的 MH$^+$ 离子在 CID 谱中生成很强的〔MH—HF〕$^+$ 碎片，而在 350℃ 时这个消除反应消失[35]。这意味着在低温时取代基上的质子化有利，而在高温时以环上质子化为主。

氨基是强推电子基，又是碱性较强的基团。因此，苯胺的质子化变得比较复杂。在通常的化学电离条件下，苯胺仍以环上质子化为主，而在条件更温和的快原子轰击电离条件下，氮原子上的质子化更有利[36]。中性化-再电离质谱（NRMS）给出强有力的证据。在 CI 条件下，NRMS 谱中出现复原的 MH+ 离子的信号，而在 FAB 条件下这一信号不出现。在这个实验中，若 MH+ 被中性化后生成的 MH· 能稳定存在，并在再电离过程中给出复原的 MH+ 离子，这表明 MH+ 中的质子在环上，其对应的中性自由基是稳定物种。若质子化是在氨基上发生，由于不存在 [C₆H₅NH₃·] 这样的中性自由基，$C_6H_5NH_3^+$ 离子中性化后随即形成 $C_6H_5·+NH_3$ 或 $C_6H_5NH_2+H·$。因此，在再电离过程中观察不到复原的 MH+ 离子的信号，如图 4.7 所示。

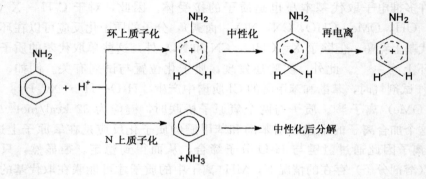

图 4.7 苯胺质子化后的中性化-再电离过程

双取代苯的质子化反应更复杂一些。对位二取代的 $O_2N—C_6H_4—X$（X=NO_2，Cl，OH 和 CH_2CN）都以硝基上的质子化为主[37]。对二硝基苯由于两个硝基的强吸电子作用，环上质子化是十分不利的。当 X=Cl，OH 和 CH_2CN 等推电子基时，对位硝基上的质子化受到这些基团的稳定化作用。相反地，在这些基团上的质子化则受到对位硝基的去稳定化作用。因此，硝基质子化占有优势。

当苯环上有两个均是吸电子的取代基时，环上质子化在能量上是不利的，反应必然在取代基上进行，其位置取决于这两个取代基的性质差异。由于硝基苯和苯甲酸的 PA 分别为 193.5 和 198.3 kcal/mol，反应（4.43）是放热反应。

$$(C_6H_5NO_2)H^+ + C_6H_5CO_2H \longrightarrow C_6H_5NO_2 + (C_6H_5CO_2H)H^+ \quad (4.43)$$

似乎可以由此预测，对硝基苯甲酸的质子化反应应在羧基上进行。然而，对硝基苯甲酸的 CH_4CI 谱中，$[MH—H_2O]^+ / [MH]^+ = 2.4\%$，而无取代的苯甲酸的这一比值为 60%。这表明，对硝基苯甲酸的质子化主要在硝基而不是在羧基上进行[38]；半经验量化计算指出，硝基上的质子化比羧基上的质子在能量上更有利，如图 4.8 所示。

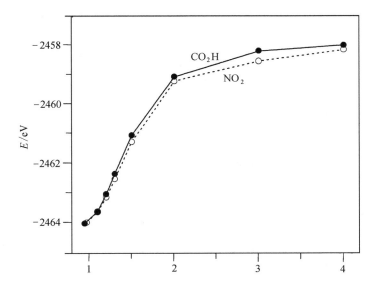

图 4.8 对硝基苯甲酸在硝基氧和羧基氧上的质子化
（横坐标是质子与氧原子之间的距离 Å）

参 考 文 献

[1] D. H. Aue, M. T. Bowers, Gas Phase Ion Chemistry, Vol. 2, Chapter 9, M. T. Bowers Ed. Academic Press, New York, 1979

[2] E. P. L. Hunter, S. G. Lias, J. Phys. Chem. Fef. Data, 1998, 27, 413

[3] P. R. Kemper, M. T. Bowers, Techniques for the Study of Ion-Molecule Reactions, J. M. Farrar, W. H. Sanders Eds. Wiley, New York, 1988, p. 1, p. 221, p. 165

[4] J. L. Beauchamp, S. E. Buttrill, J. Chem. Phys., 1968, 48, 1783

[5] R. G. Cooks, J. S. Patrick, T. Kotaho, S. A. McLuckey, Mass Spectrom. Rev., 1994, 13, 287

[6] F. M. Benoit, A. G. Harrison, J. Am. Chem. Soc., 1977, 99, 3980

[7] R. S. Brown, A. Tse, J. Am. Chem. Soc., 1980, 102, 5222

[8] B. K. Janousek, J. I. Brauman, In Gas Phase Ion Chemistry, Vol. 2, Chapter 10, M. T. Bowers Ed., Academic Press, New York, 1979

[9] C. Lifshitz, B. M. Hughes, T. O. Tiernan, Chem. Phys. Lett., 1970, 7, 469

[10] P. Kebarle, S. Chowdhury, Chem. Rev., 1987, 87, 513

[11] J. E. Bartmess, R. T. McIver, Gas Phase Ion Chemistry, Vol. 2, Chapter 11, M. T. Bowers Ed., Academic Press, New York, 1979.

[12] A. G. Harrison, Chemical Ionization Mass Spectrometry, 2nd Ed., CRC Press, Boca Raton, FL, 1992

[13] J. I. Brauman, J. Mass Spectrom., 1995, 30, 1649

[14] E. Uggerud, Mass Spectrom. Rev., 1992, 11, 389

[15] S. Scheiner, Acc. Chem. Res., 1985, 18, 174

[16] D. K. Bohme, J. Chem. Phys. , 1980, 73, 4976

[17] M. T. Bowers, D. D. Elleman, Chem. Phys. Lett. , 1972, 16, 486

[18] S. G. Lias, J. R. Eyler, P. Auloos, Anal. Chem. , 1982, 54, 492

[19] J. B. Westmore, M. M. Alauddin, Mass Spectrom. Rev. , 1986, 5, 381

[20] M. S. B. Munson, Anal. Chem. , 1986, 58, 2903

[21] P. Kebarle, J. Chem. Phys. , 1970, 52, 212; 222

[22] P. Kebarle, J. Am. Chem. Soc. , 1976, 98, 1320

[23] A. G. Harrison, Can. J. Chem. , 1981, 59, 2133

[24] C. N. McEwen, Mass Spectrom. Rev. , 1986, 5, 521

[25] S. C. Subba Rao, C. Fenselau, Anal. Chem. , 1978, 50, 511

[26] A. G. Harrison, Org. Mass Spectrom. , 1986, 21, 557

[27] R. D. Bowen, Acc Chem. Res. , 1991, 24, 364

[28] Y. P. Tu, A. G. Harrision, J. Am. Soc. Mass Spectrom. , 1998, 9, 454

[29] V. Wysocki, J. Am. Chem. Soc. , 1996, 118, 8365

[30] R. D. Bowen, Mass Spectrom. Rev. , 1991, 10, 225

[31] R. W. Taft, J. Am. Chem. Soc. , 1976, 98, 1990

第五章 质谱/质谱

5.1 质谱/质谱基础

为了解释常规 EI 质谱中分子离子和碎片离子的相对丰度，我们在 3.2 节中简要讨论了离子的单分子反应动力学，并介绍了稳定离子、不稳定离子和亚稳离子等概念。若要深入认识有机离子的性质及其反应机理，仅仅取得其常规质谱数据是远远不够的，而各种质谱/质谱技术能够提供十分有价值的信息。

5.1.1 质谱/质谱基本概念

在离子源中，样品分子 M 电离产生的 $M^+ \cdot$ 离子可能分解生成碎片离子 F^+，而 F^+ 离子在源中还可能进一步分解，生成第二代碎片离子。$M^+ \cdot$ 和 F^+ 离子的分解反应通常都有许多竞争的反应通道。因此，常规质谱记录的是所有这些连续和平行反应的总和。若要观察某一个感兴趣的离子，则需要先对源中产生的各种离子进行分离。例如，在典型的逆置双聚焦质谱中（见图 2.17），磁场作为第一级质谱可以选择所需要的离子；在第二无场区中发生的各种反应则由后面作为第二级质谱的静电场进行检测。由此可见，质谱/质谱与色谱/质谱这两种串联技术有一定的相似性，如图 5.1 所示。

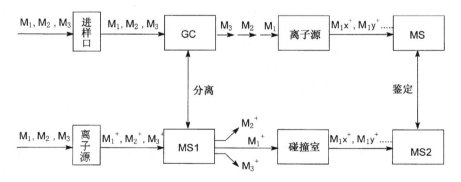

图 5.1 MS/MS 和 GC/MS 串联技术的比较

在质谱/质谱中，若发生解离反应（式 5.1）的前体离子 P^+ 不与任何粒子（包括中性分子、离子、电子或光子等）进行能量交换，则反应（5.1）是单分子过程，被称为亚稳离子（metastable ions，MI）的解离反应[1]。在观察亚稳跃迁时，发生反应的场所（如磁质谱中的第二无场区）必须处于严格的高真空状态。

$$P^+ \longrightarrow F^+ + F^\circ \tag{5.1}$$

一般来说，亚稳离子的碎裂反应通道相对较少，只有那些活化能较低的才能被观察到。为了获得更多反应的信息，在质谱/质谱中我们可以采取多种措施使稳定离子活化后发生分解。最常用的方法是向反应区引入一种惰性气体 N_2，使其与离子发生碰撞。在这个过程中，离子的部分动能被转变为热力学能。激发态的离子 P^{+*} 可能分布到许多不同能级，然后再发生单分子分解，如式（5.2）所示。这种技术被称为碰撞活化解离（collision-activated dissociation，CAD）或碰撞诱导解离（collision-induced dissociation，CID）[2]。

$$P^+ + N \longrightarrow P^{+*} + N \longrightarrow F^+ + F^\circ + N \tag{5.2}$$

离子的活化还可以通过与（激光）光子或电子束的作用来实现，并被分别称为光致解离（photodissociation，PD）[3] 和电子轰击激发（electron impact excitation of ions of organics，EIEIO）[4]。另一种较为特殊的方式是使离子直接碰撞到固体表面上。这种技术被称为表面诱导解离（surface-induced dissociation，SID）[5]。几乎所有质谱/质谱仪器都配备有 CID 附件，而另外几种活化技术则相对地只在少数实验室应用。对于一个感兴趣的离子，同时获得其亚稳谱和在不同激发能量下的碰撞诱导解离谱是很有意义的。通过比较这两种谱，通常可以得到一些有关不同反应通道活化能相对大小的信息。

在反应（5.1）和（5.2）中，产物 F^+ 是碎片离子，而 F° 是反应丢失的中性碎片。在推导反应机理的过程中，中性碎片的结构与碎片离子的结构具有完全相同的重要性[6]，但获得中性碎片的结构信息的难度更大。在扇形磁质谱中，有两种技术可用以研究中性物种。中性化-再电离法（neutralization-reionization，NR）是先将离子（通常是正离子）还原为相应的中性粒子，然后又使中性粒子再电离为离子。碰撞诱导解离电离法（collision-induced dissociative ionization，CIDI）则是在无场区中先将反应（5.1）和（5.2）的离子偏转掉，只让中性碎片进入后面的碰撞室中，在那里与具有氧化性的气体碰撞而被电离。这两种技术使得质谱也成为一种研究中性物种的有力手段[6,7]。但是，它们惟一能在磁质谱上实现，而不能在任何其他质谱上进行。

亚稳扫描和碰撞诱导解离是最常用也是最重要的质谱/质谱方法。串联质谱仪器能够提供几种不同方式进行操作，从而给出不同信息。对于反应（5.1）和（5.2），我们可以用不同方式得到前体离子 P^+ 的所有产物离子，或得到能够产生碎片离子 F^+ 的所有前体离子，甚至还可以获得能够丢失中性碎片 F° 的所有解离反应。表 5.1 小结了质谱/质谱的这些不同工作方式。

表 5.1 几种不同的质谱/质谱实验方式

扫描	P+	F+	F°
产物离子	固定	扫描	
前体离子	扫描	固定	
中性丢失	扫描	扫描	固定
单反应监测	固定	固定	固定

5.1.2 质谱/质谱仪器

除非用于单一分析任务（如常规 GC/MS，LC/MS），研究级质谱仪器几乎都是两级甚至多级串联的质谱/质谱（MS²）或质谱/质谱/质谱（MS³）系统。由于质量分析器有许多种类型（见 2.3 节），由两个分析器串联组成的质谱/质谱仪器的类型就更多。为了充分利用不同分析器的特长和满足不同研究的需要，质谱/质谱仪器的结构越来越多[8]。使用较为普遍的系统主要有以下几种：（1）双聚焦扇形磁质谱；（2）串联四极质谱；（3）磁质谱与四极质谱串联；（4）四极质谱与飞行时间质谱串联。这些被称为空间序列质谱/质谱仪[9]。由于离子阱和离子回旋共振质谱可以先选择性地储存某一 m/z 值的离子，再直接观察其反应，它们不需要与任何其他质量分析器串联，自身即可进行质谱/质谱操作。由于选择离子和观察其反应这两个过程先后发生，因此这两种仪器可被称为时间序列质谱/质谱仪。

扇形磁质谱是最有代表性的质谱/质谱系统，功能较强的是逆置双聚焦质谱仪，如图 2.17 所示。用磁场 B 将感兴趣的离子选择出来，第二无场区中反应（5.1）的产物离子由扇形静电场 E 分析。由于碎裂反应生成的产物离子 F+ 仍然保持前体离子 P+ 的运动速度，所以它们的动能与其质量成正比[1]，即

$$E_{F^+}/E_{P^+} = m_{F^+}/m_{P^+} \tag{5.3}$$

因此，静电场给出的动能可以方便地转换为产物离子的质量；扫描静电场便可得到所选前体离子的产物离子谱。当反应室没有碰撞气时（即在亚稳方式），这种技术被称为质量分析离子动能谱（mass-analyzed ion kinetic energy spectrometry，MIKES）；有碰撞气时可相应地称为 CID-MIKES。这种技术不仅能给出产物离子质谱，更重要的一点是其能够提供有关反应（5.1）的一些能量信息。MIKE 谱是动能谱，如果反应（5.1）经历一个较高能量的过渡态，则前体离子的部分热力学能将转变为产物离子的动能，使其峰宽增加。这称为反应的动能释放。在下一节中我们将讨论动能释放的意义。

与 MIKES 相关的一种技术是离子动能谱（ion kinetic energy spectrometry，IKES）。这是在反几何双聚焦仪器出现之前应用于正几何仪器上的一种方法。在

静电场-磁场（EB）结构中，在第二无场区设置一个检测器，通过扫描静电场，发生在第一无场区的各种亚稳断裂反应均可给出信号；各相应的前体离子和产物离子的动能和质量服从方程（5.3）的关系。由于离子源中所有离子的亚稳碎裂均被记录，IKES 不能用来研究个别离子的反应，但给出了所分析的样品的"指纹"结构信息。

双聚焦仪器（包括 BE 和 EB 两种几何结构）的一个重要功能是各种联动扫描。根据离子在磁场和静电场中的运动方程（见第二章），在第一和第二无场区发生碎裂时，前体离子和产物离子的质量与电场和磁场强度之间存在多种特殊关系。运用这些关系可以找出感兴趣的前体离子的所有碎片产物离子，也可以寻找能产生某一产物离子的所有前体离子。例如，在 BE 结构仪器中，锁定磁场与静电场的强度比，即按 $B/E=$ 常数同时扫描磁场和静电场，可以找到前体离子 P^+ 在第一无场区发生断裂生成的所有产物离子 F^+。表 5.2 归纳了几种常用的联动扫描方式及相应的关系式，其中，m_1 和 m_2 分别是 P^+ 和 F^+ 的质量，而 B_1、B_2 和 E_1、E_2 分别是 P^+ 和 F^+ 对应的磁场和静电场的强度。有兴趣的读者可根据离子在磁场和静电场中的基本运动方程自行推导这些关系。

表 5.2　双聚焦质谱仪的联动扫描方式

扫描类型	仪器结构	反应区	功能	基本方程
E	BE	第 2 无场区	由 P^+ 找 F^+	$m_2=(E_2/E_1)m_1$
$B/E=$ 常数	BE	第 1 无场区	由 P^+ 找 F^+	$m_2=(B_2/B_1)m_1$
	EB	第 1 无场区	由 P^+ 找 F^+	$m_2=(E_2/E_1)m_1$
$B^2/E=$ 常数	BE	第 1 无场区	由 F^+ 找 P^+	$m_2=(B_2^2/B_1^2)m_1$
	EB	第 1 无场区	由 F^+ 找 P^+	$m_2=(E_2/E_1)m_1$
$B^2E=$ 常数	BE	第 2 无场区	由 F^+ 找 P^+	$m_2=(B_2^2/B_1^2)m_1$

串联四极质谱[10]是将三个四极分析器串联起来，组成 QqQ 序列，如图 5.2 所示。Q_1 和 Q_3 是正常的质量分析器，q_2 上没有直流电压而只有射频成分，这个射频场使所有离子聚焦并允许所有离子通过。因此，q_2 相当于磁质谱的无场区，离子在其中可以发生亚稳碎裂或碰撞诱导解离。Q_1 能够从离子源中选择所感兴趣的离子，在 q_2 中发生的解离反应的产物由 Q_3 分析。更复杂的系统是将五

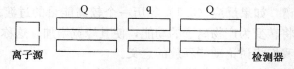

图 5.2　四极质谱/质谱仪器示意图

个四极分析器组成 QqQqQ 序列，有三个分析器和两个反应室，可以进行 MS/MS/MS 实验。

　　QqQ 仪器可以方便地改变离子的动能，这在 CID 实验中非常重要。离子在以不同的动能与靶气碰撞时所获得的热力学能也不同，这便允许能量分辨 CID 实验[11]。图 5.3 是邻硝基乙酰苯胺 MH^+ 离子的能量分辨 CID 谱。两个反应通道的能量要求清楚地显示出来。这对推导反应机理很有帮助。

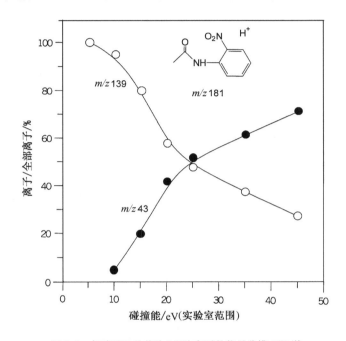

图 5.3　邻硝基乙酰苯胺 MH^+ 离子的能量分辨 CID 谱

　　四极质量分析器虽然不能进行高分辨测定，但单位质量分辨很容易实现。静电场的分辨本领通常较低，因此 MIKES 或 CID-MIKES 也就存在明显的分辨率低的问题。事实上，QqQ 能比 BE 给出分辨更好的 MS/MS 谱。作为一个实例，图 5.4 是同一个化合物分别在这两种类型的仪器上给出的质谱/质谱图。很显然，如果将扇形磁质谱与四极质谱串联起来，则这两种质量分析器的长处可以集中在一台仪器上。这就是功能很强的杂化型串联质谱仪[12]。图 5.5 显示两种典型的几何结构 BEqQ 和 EBqQ。前面的 BE 或 EB 本身可以单独用作双聚焦质谱仪，也可以只用它们选择所感兴趣的离子，将离子传输到只有射频场的四极 q 中，亚稳或 CID 产物由第二级四极分析器 Q 分析。

　　扇形磁质谱需要在 6～8 kV 的加速电压下工作，而四极仪器的特点是不需要高压，离子的传输速度较慢。杂化型仪器在 BE（或 EB）与 qQ 之间需要一套离子减速电极，将离子的动能从千电子伏级降到几十千电子伏（通常低于100eV）。因此，在这种仪器上可以方便地进行高能量和低能量CID实验。

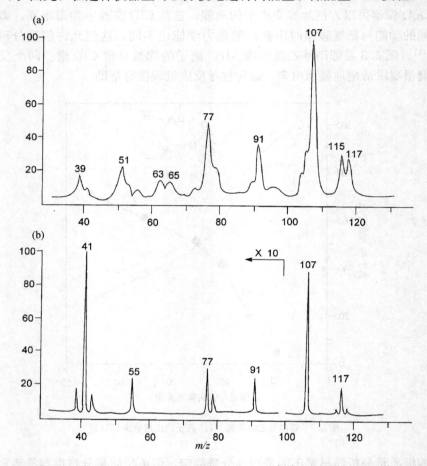

图5.4　阴丹酚MH⁺离子在（a）BE和（b）QqQ仪器上获得的MS/MS谱

四极分析器与磁质谱还可以按相反顺序串联，组成QEB序列[13]。在Q与E之间需要设置一组加速电极。在加速电极的前面和后面各置一个反应室，分别供低能量和高能量碰撞实验。这种仪器仅在极个别实验室建造。另一类杂化型仪器是将四极与飞行时间质谱仪串联[14]，组成Q-TOF序列，如图5.6所示。与包含磁质谱的杂化仪器相比，Q-TOF的主要优点是MS/MS数据采集速度快和灵敏度高。用TOF作为第二级，产物离子的分析可以在几百微秒内完成，而且所有的产物离子均能到达检测器。扫描型分析器因不能同时收集所有离子，灵敏度比TOF大约低一个数量级。

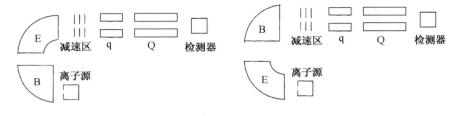

图 5.5　杂化型 BEqQ 和 EBqQ 质谱/质谱仪的结构

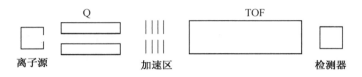

图 5.6　Q-TOF 质谱/质谱仪的结构

　　以上将不同质量分析器按不同顺序串联起来的仪器是空间序列的质谱/质谱仪。傅里叶变换离子回旋共振（FT-ICR）和离子阱（IT）是两种特殊的仪器，它们用同一个质量分析器可以在不同时间顺序进行质谱/质谱实验[15,16]，因而被称为时间序列 MS/MS 仪器。虽然这两种仪器的工作原理并不相同，但进行 MS/MS 实验的程序颇多相似，都包括以下步骤：电离、选择离子、激发前体离子、最后检测产物离子。图 5.7 是 FT-ICR 进行质谱/质谱实验的典型时间脉冲序列。

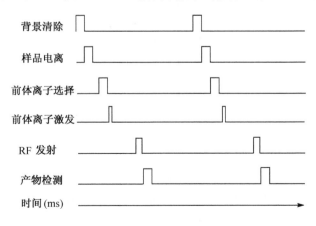

图 5.7　FT-ICR 的 MS/MS 时间脉冲序列

5.1.3 碎裂与重排反应热力学

在质谱中，离子的碎裂与重排是一对竞争反应。在通常情况下，碎裂反应是否发生可以从质谱图直接判断；但是，重排反应是否发生则较难作出正确判断，这是因为碎裂反应产物具有不同质量，而重排反应产物的质量没有变化。在 3.2 节中我们从动力学的角度讨论了离子的这两种反应；在这一节中我们将从热力学的角度对离子的这两种反应进行分析。

离子的结构与其热力学能有关。在用不同技术研究离子的碎裂反应时，选取的离子往往具有不同的热力学能。因此，在不同条件下观察到的反应可能对应于不同的离子结构。碎裂和重排反应的竞争取决于这两个反应活化能的相对大小。图 5.8 是离子反应的一个典型的势能面。离子 A^+ 碎裂和异构化的活化能分别为 E_a 和 E_i。当热力学能小于 E_i 时，离子是稳定的，既不发生碎裂也不发生重排；当热力学能大于 E_i 而小于 E_a 时，离子不可能碎裂，但能够异构化为 B^+。只有当热力学能大于 E_a 时，离子的碎裂反应才可能被观察到。因此，在图 5.8 中，Ⅰ区的是稳定离子，在Ⅱ区的是可以异构化但不分解的离子，而在Ⅲ区的是发生分解的亚稳离子。

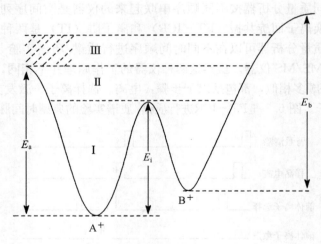

图 5.8　离子的反应及其活化能

亚稳离子的碎裂反应速率常数 $k = 10^5 \sim 10^6 \mathrm{s}^{-1}$，其热力学能宽度约为 0.5eV，对应于图 5.8 中斜线阴影区所示的一个很窄的范围。在这个能量范围内的离子不一定具有与初始态离子相同的结构。因此，MI 谱给出的是分解离子的终态结构。亚稳碎裂是所有质谱技术中惟一较好地限定离子热力学能的技术。碰撞诱导解离技术则使热力学能较低的稳定离子（图 5.8 中Ⅰ区和Ⅱ区）受激跃迁到各种高能级。在碰撞活化以后发生解离的终态离子所具有的热力学能范围很宽，可达 3～4 eV。尽管如此，CID 谱给出的是 Ⅰ 和 Ⅱ 区的稳定离子的结构。了解这一点对于解析实验数据是十分重要的，因为离子的碎裂和重排反应的活化能可以构成多种不同的反应势能面，如图 5.9 所示。

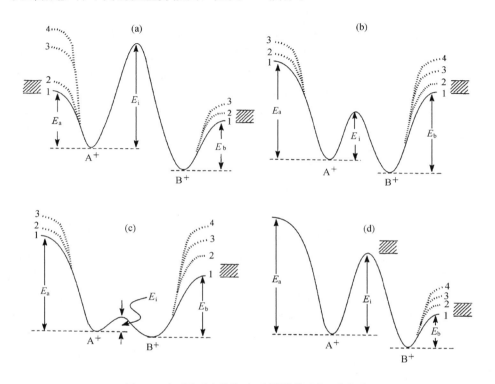

图 5.9　离子的反应势能面（斜线阴影区为亚稳离子）

在讨论图 5.9 中四种不同情形的反应时，A^+ 均是初始离子，而 B^+ 则是其异构体。在图 5.9(a) 中，A^+ 离子异构化反应的活化能远大于其能量要求最低的碎裂反应（通道 1）的活化能。当发生分解的离子热力学能较低时（如在亚稳离子区域），异构化反应不能进行；当离子在发生分解反应时所具有的热力学能较高时（如经碰撞活化后），异构化反应可能发生，但其反应过渡态的态密度相对较低，反应发生的速率较小。因此，A^+ 和 B^+ 两种异构离子的 MI 和 CID 谱是可以区分的。在图 5.9(b) 中，E_i 低于 A^+ 和 B^+ 两者的碎裂反应临界能。因此，离子在发生碎裂的过程中不可避免地要经历异构化反应，其终态结构是 A^+ 和 B^+ 的混合物，MI 谱和 CID 谱在一定程度上包含两个异构体的贡献。在这种情况下，A^+ 和 B^+ 各自所占的比例则取决于离子在发生分解时所具有的热力学能。由于

B^+ 的碎裂反应的最低临界能比 A^+ 的低，在 MI 谱中，B^+ 的反应占一定优势；而在 CID 谱中，初始离子 A^+ 的反应所占比例将明显增加。这是因为 CID 过程观察的是处于势能阱中的稳定离子。如果 E_i 不是太小，在质谱反应所需的时间范围内，A^+ 和 B^+ 之间不可能达到平衡。因此，这两个离子的 MI 和 CID 谱都有一定区别。但如果 E_i 微不足道，如图 5.9(c) 所示，则 A^+ 和 B^+ 离子无法区分。图 5.9(d) 所示的是一种颇为特殊的反应势能面。离子 A^+ 碎裂的最低临界能远高于其重排活化能，而重排的活化能又高于异构体 B^+ 的碎裂反应临界能。A^+ 必须先重排为 B^+ 再从 B^+ 发生断裂，而 B^+ 重排为 A^+ 的逆过程不发生。在这种情况下，重排过程由于有较高的活化能，是速率控制步骤。亚稳的 A^+ 离子重排为 B^+ 后，高能量的碎裂通道（如通道 4）可以观察到，而起始结构即是 B^+ 的亚稳离子只能通过低能量通道碎裂。 $CH_3CH{=\!=}O^+CH_3$ 和 $C_2H_5O{=\!=}CH_2^+$ 这一对异构体的分解是这种情形的最典型例子[17]。

5.2 质谱/质谱研究方法

鉴定离子结构的一个重要途径是就其碎裂反应与结构已知的离子进行比较。但是，离子在碎裂之前可能发生各种各样的重排。因此，在用任何质谱/质谱方法研究离子的结构时，我们需要回答以下这样的问题：(1) 如果两个离子具有相同的结构，它们是否具有相同的质谱行为；如果两个离子具有不同的结构，它们是否具有不同的质谱行为。(2) 质谱反应相同的离子是否具有相同结构；质谱反应不同的离子是否具有不同结构。

5.2.1 亚稳离子与动能释放

亚稳离子的热力学能在分解反应临界能以上一个很窄的范围内，因而 MI 谱反映的是离子的终态结构，而这个结构不一定是其初始结构。亚稳离子的碎裂反应是单分子反应；发生分解的离子与其他粒子不发生能量交换。根据离子的单分子反应动力学，产物离子的丰度是其前体离子的热力学能分布和反应速率常数 k 的函数，而 k 则取决于反应的活化能及相关的振动频率。两个结构不同的离子不仅可能具有不同的反应通道，反应活化能和振动频率也有差异；后者将导致不同的反应速率。因此，结构不同的离子具有不同的质谱行为。相同结构的离子具有相同的反应通道和速率，惟一影响碎裂产物丰度的因数是其热力学能分布。如果两个离子的热力学能分布一致，则相同结构的离子必然给出相同的亚稳谱，不同的亚稳谱必然意味着不同的结构。但是，如果离子的热力学能分布不同，即使结构相同的离子也可能给出不同的亚稳谱，产物丰度之比可能相差 2～5 倍。这个比例通常被认为是认定结构的上限。

例如，从不同的前体化合物产生的 $C_2H_5O^+$ 离子有两个主要反应通道，分别丢失 C_2H_2 和 CH_4。如表 5.3 所列，这两个通道的比例表明有两个不同的 $C_2H_5O^+$ 离子[18]；由 CH_3OCH_2Y 生成的 $C_2H_5O^+$ 离子是 $CH_3OCH_2^+$，失去 CH_4 是其占绝对优势的碎裂反应；而由其他化合物生成的 $C_2H_5O^+$ 离子则是 $CH_3CH{=}OH^+$，其丢失 C_2H_2 的碎裂反应占有较大优势。另一个例子则显示，

表 5.3　从不同前体产生的 $C_2H_5O^+$ 离子的 MI 谱[18]

前体化合物	$C_2H_5O^+$ 离子结构	$-C_2H_2/-CH_4$
CH_3OCH_2Y	$CH_3OCH_2^+$	<0.01
$HOCH_2CH_2Y$	$CH_3CH{=}OH^+$	1.8
$CH_3CH(OH)Y$	$CH_3CH{=}OH^+$	1.9
CH_3CH_2OY	$CH_3CH{=}OH^+$	2.0

相同结构的离子由于热力学能不同而给出不同亚稳谱。由不同前体化合物 $CH_3NHR(R{=}C_2H_5,C_4H_9,C_8H_{17})$ 生成的同一离子 $CH_3NH^+{=}CH_2$ 给出有很大差异的亚稳谱[19]。尽管我们认为，产物离子丰度比之差在 $2\sim5$ 倍之内时确认离子结构比较有把握，但是，由表 5.4 看出，这些 $CH_3NH^+{=}CH_2$ 离子的 MI 谱中，m/z 43 与 m/z 18 的比例从 0.1 到 2.8，相差约 30 倍。

表 5.4　从不同前体产生的 $CH_3NH^+{=}CH_2$ 离子的 MI 谱[19]

前体化合物	产物离子，m/z（相对丰度，%）		
$CH_3NHC_2H_5$	43(10)	42(40)	18(100)
$CH_3NHC_4H_9$	43(38)	42(43)	18(100)
$CH_3NHC_8H_{17}$	43(100)	42(32)	18(35)

由上面两个例子可以看到，如果两个离子的 MI 谱相同，则这两个离子一定具有相同结构。但是，如果认为两个 MI 谱不同的离子必然具有不同结构则有时未必正确。因此，在确认两个离子具有相同结构时，我们从多种不同前体化合物分别制备这两个离子；若它们均给出相同的 MI 谱，我们可以得出可靠的结论，认为它们的结构相同。而在区分两个异构离子时，仅仅依靠其碎片离子的丰度比的差异是不够的；如果这两个异构体同时还有不同的碎裂通道，由此认为其结构不同则更可信。热力学能对产物离子丰度的影响尚不能准确描述，而 MI 谱中离子的碎裂通道相对较少，而且重排反应十分普遍。因此，用 MI 谱研究离子结构就面临上述这种问题。但是，从离子的单分子反应动力学的讨论（3.2 节）中已

经看出，MI 谱是质谱中惟一能够较好地限定离子热力学能（在最低分解阈值以上 0～0.5 eV）和寿命（1～10 μs）的技术，因而是最重要的质谱/质谱方法之一。

从亚稳谱中还能得到的一个重要结构信息是离子在碎裂过程中的动能释放（kinetic energy release，T）对于前体离子 M_p^+ 的碎裂过程，

$$M_p^+ \longrightarrow M_f^+ + M_n^\circ \tag{5.4}$$

若反应经历一个能量较高的过渡态，离子的部分热力学能将被释放出来，导致产物离子的动能展宽。在质心坐标上，产物离子的溅射是各向同性的。当这种溅射方向与离子的质心运动方向一致时，产物离子获得一些额外动能 ΔE；当方向相反时，产物离子的动能则减少 ΔE。这样，离子的动能范围增加了 $2\Delta E$。动能释放来源于两个方面，如图 5.10 所示，一是高出反应活化能的那部分非固定化能 $E^{\neq}$，另一方面则来自反应的逆活化能 E_r°，即 $T = T^{\neq} + T^\circ$。从产物离子动能谱的峰宽能够计算出碎裂过程释放出来的能量。采用不同的仪器方法时，计算 T 的方法稍有不同[1]。尽管 CID 谱也可用以测定动能释放，更普遍的则是使用亚稳谱。当采用 MIKE 谱分析单电荷离子的解离反应（式 5.4）时，用峰的半高宽计算 $T_{0.5}$（eV）的方法如式（5.5）所示：

$$T_{0.5} = \frac{m_p^2(w_f^2 - w_p^2)}{16 m_f m_n V} \tag{5.5}$$

其中，w_f 和 w_p 分别是产物离子 M_f^+ 和主束离子 M_p^+ 在半峰高处的峰宽度；m_p，m_f 和 m_n 分别是主束离子 M_p^+、产物离子 M_f^+ 和中性碎片 M_n° 的质量；V 是加速电压（V）。

动能释放不仅影响峰宽，有时还使峰形改变。当 T 很小时，峰形接近高斯型；

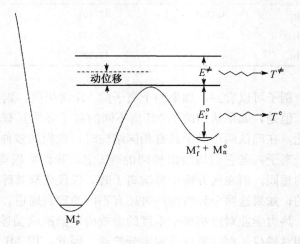

图 5.10 动能释放的来源

而当 T 很大时,典型的峰形有平顶峰和碟形峰,如图 5.11 所示。一般来说,简单键断裂被认为没有逆活化能;非固定化能是动能释放的惟一来源,T 通常小于 0.05 eV。在大多数情况下,重排反应有较大的逆活化能;相应地,反应的动能释放也较大。因此,在推测离子结构和反应机理时,动能释放能够提供极有说服力的证据。例如,C_6H_5—CH=N—OH 的分子离子丢失 HCN 的高分辨能量谱(图 5.12)是由两个不同形状的峰叠加起来的,其中高斯形峰的 $T=0.05$ eV,而碟形峰的 $T=0.67$ eV。这表明反应同时通过两个途径进行,如式(5.6)所示。一个经历四元环过渡态,另一个经历五元环过渡态;前者由于明显的环张力可能形成碟形峰,而后者则可能对应于高斯形峰。将苯环上的两个邻位以氯取代后,高斯形峰消失了,这表明上述推测是正确的。因此,通过动能释放测定,这个复杂的反应机理清楚地建立起来[20]。

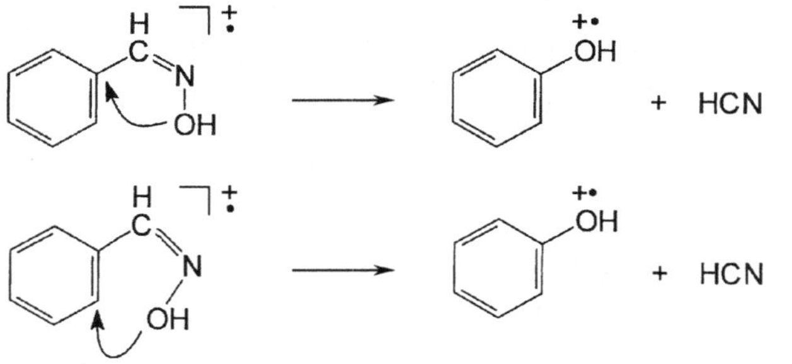

$$(5.6)$$

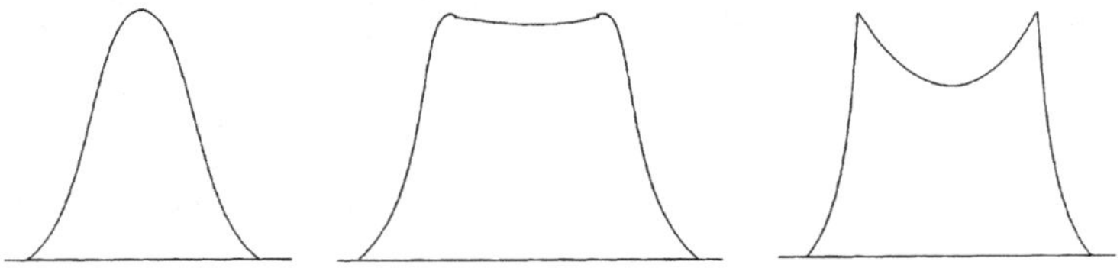

图 5.11　三种典型的亚稳峰形

对于两个离子,若其碎裂反应的动能释放值相同,则其具有相同结构。由于动能释放来源于反应的逆活化能和非固定能两部分,当两个离子具有相同结构时,反应的逆活化能和由反应速率决定的动位移都是相同的。动位移只是非固定化能的一部分,另一部分与离子的热力学能分布有关。当反应有较大逆活化能时,热力学能分布对动能释放的影响可以忽略。因此,相同结构的离子也应具有相同的动能释放;若两个离子的动能释放相差两倍以上,则表明它们一定具有不

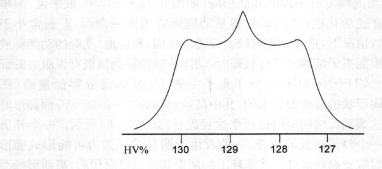

图 5.12 C_6H_5—CH=N—OH$\dot{}$ 消除 HCN 的
亚稳峰

同结构。动能释放由于直接反映过渡态与产物的能量差,曾被称为过渡态探针[21],在推测反应机理的过程中具有重要意义。运能释放一般是在亚稳过程中测定的。因此,动能释放与亚稳谱一样,给出的不一定是离子的初始结构。

5.2.2   碰撞诱导解离

从图 5.8 可以看出,势能阱中的离子由于热力学能低不发生碎裂反应。与热力学能较高的亚稳离子相比,当 E_i 不是很小时,大部分稳定离子能保持其初始结构,CID 技术通过碰撞将离子的平动能部分转变为其热力学能,使稳定离子被活化后发生碎裂反应。如式(5.2)所示,碰撞诱导解离反应包括离子的活化和激发态离子的单分子分解两个过程。我们在此主要讨论前者,即离子的碰撞活化过程。

具有一定平动能的主束离子被选择以后,在碰撞室中与静态的靶气碰撞。在非弹性碰撞过程中,离子的部分动能被转换成热力学能。根据所转换的能量大小,前体离子被不同程度地活化,从而发生各种碎裂反应。因所用仪器的不同,主束离子有两个典型的动能范围。在扇形磁质谱中,离子被几千伏的电压加速,其动能在 keV 级;在四极质谱中,离子的动能通常小于 100 eV。在这两种情况下,相应的 CID 过程被分别称为高能量和低能量碰撞诱导解离。碰撞过程遵守能量和动量守恒定则;决定能量转换大小的并不是在这个实验室坐标的能量 E_{lab},而是在发生碰撞的离子与靶气的质心坐标的能量 E_{cm}。它们的关系如式(5.7)所示。

$$E_{cm} = E_{lab} \frac{m_g}{m_g + m_p} \tag{5.7}$$

其中,m_g 和 m_p 分别是碰撞气和前体离子的质量。在 keV 级的高能量 CID 中,由于离子的动能大，碰撞气通常采用质量较小的气体，如 He；在 eV 级的低能量 CID 中，离子的动能相对较小，需要用质量较大的气体（如 N_2，Ar）作碰撞气才能有效地使所选择的离子活化。例如，在磁质谱中，质量为 200 的离子经 6 kV 的电压加速后与 He 碰撞时，$E_{cm}=59$ eV；在四极质谱中，同样质量的离子在动能（即实验室坐标的碰撞能量）为 100 eV 时，与 Ar 碰撞的 $E_{cm}=16$ eV。电子轰击电离反应则是一种特殊的碰撞过程。静态的样品分子与运动的电子（如 70 eV）碰撞；电子的质量 m_p 与分子的质量相比可以忽略不计。因此，E_{lab} 与 E_{cm} 几乎相等。

在碰撞过程中，大部分 E_{cm} 能够容易地转换为离子的热力学能，这可以清楚地从图 5.13 中看到[22,23]。图(a)是正丁基苯分子离子 CID 谱中产物离子 m/z 91 和 m/z 92 的丰度比随碰撞能量的变化；图(b)则是在电荷交换化学电离质谱中

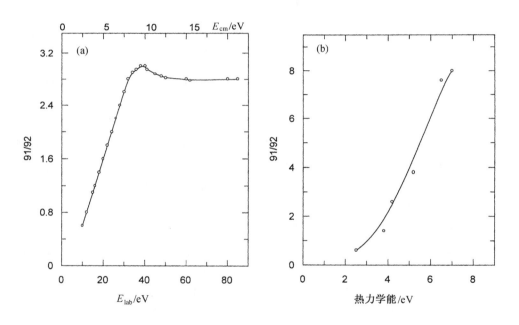

图 5.13　(a) 正丁基苯分子离子的 CID 谱中 m/z 91 与 m/z 92 的比值随碰撞能量的变化。(b) 同一比值随电荷交换生成的分子离子的热力学能的变化

这两个离子的丰度比。当采用不同的化学电离试剂时，由电荷交换反应生成的分子离子的热力学能是已知的。通过比较在两种条件下这两个产物离子的丰度比，可以推测经碰撞活化后分子离子的热力学能。例如，在图(a)中，碰撞能 $E_{cm}=37$ eV 时所对应的丰度比为 1.4；由图(b)可知，这个比值对应的热力学能为 3.2

eV。这表明 E_{cm} 约有 86% 转变为热力学能。同样地，$E_{cm}=9$ eV 时的丰度比为 2.7，由图（b）可知，其对应的热力学能为 4.6eV，转变率为 50%。这清楚地显示，在高碰撞能量下离子获得的热力学能也高，但是，碰撞能转变为热力学能的效率随能量的升高而下降。

有效的能量转换保证了产物离子的产率。对于质量较大或非常稳定的离子，进一步提高反应产率的途径是增加碰撞靶气的压力。在相同的碰撞能量下，靶气压力升高将使发生碰撞的离子数量以及发生多次碰撞的可能性增加，从而使产物离子尤其是活化能较高的反应的产物离子增加。高压力下的 CID 过程有两种机理。一是前体离子在碎裂之前发生多次碰撞，每一次碰撞都使部分动能转换为其热力学能（式 5.8）。在经历多次碰撞后，离子所积累的热力学能可以满足活化能较高的反应的能量要求。另一种机理是，前体离子分解后，其产物离子再与靶气进行碰撞，从而生成第二级产物，如反应（5.9）所示。

$$M_p^+ \xrightarrow{N} M_p^{+*} \xrightarrow{N} M_p^{+**} \longrightarrow 产物 \tag{5.8}$$

$$M_p^+ \xrightarrow{N} M_{d_1}^+ \xrightarrow{N} M_{d_2}^+ \longrightarrow \cdots \tag{5.9}$$

在不同的碰撞气压力下，碎片离子的产率与靶气密度、碰撞截面和碰撞室的长度的关系如式（5.10）所示[24,25]。

$$I_f = I_p e^{-n_D \sigma L} \tag{5.10}$$

式中，I_f 是产物离子的强度，I_p 是进入碰撞室的前体离子的强度，即在没有碰撞气时主束离子的强度，n_D 是碰撞气的数密度，σ 是碰撞截面，L 则是碰撞室的长度。由此可以测出离子的碰撞截面，这是一个重要的结构参数。例如，环状和线性结构的碰撞截面有很大差别。

CID 谱反映的是稳定离子（图 5.8）的结构。虽然碰撞过程将其在碎裂之前激发到较高振动能级，只要异构化的活化能 E_i 不是太小，离子直接从初始结构发生分解的反应速度将明显比异构化反应快。因此，在图 5.9（a），（b）和（d）三种情况下的 A^+ 和 B^+ 离子都有不同的 CID 谱。相反地，结构相同的离子一定具有相同的 CID 谱，而相同的 CID 谱一般也意味着相同的离子结构。

与 MI 谱相比，CID 谱中离子的反应通道更多。事实上，分子离子的 CID 谱与该分子的常规 EI 质谱十分相似。在同时用 MI 和 CID 谱研究离子结构时，若两个离子的结构相同，则其 MI 和 CID 谱均应相同；若两个离子的结构不同，其 CID 谱很可能不同，但其 MI 谱不一定不同。这是因为 MI 谱中分解离子的热力学能较高，在碎裂之前有可能异构化，而 CID 谱选取的则是热力学能较低的稳定离子，大部分离子保持其初始结构。

5.2.3 中性化-再电离和碰撞诱导解离电离

在研究反应机理的过程中，中性碎片实际上与碎片离子具有同等重要的意义。但是，常规质谱仪无法研究中性物种。中性化-再电离（NR）技术采用两次碰撞使离子先还原为中性物种，然后再电离为离子；碰撞诱导解离电离（CIDI）技术则使亚稳碎裂产生的中性碎片也电离为离子。这两种技术不仅弥补了常规质谱不能提供的信息[6,26]，还为广泛研究通过其他手段无法制备的中性物种带来了极大的便利[7,27]。

进行 NR 实验的典型仪器结构如图 5.14 所示。在两个质量分析器之间的无场区中，设置两个碰撞室。主束离子被选择后，在碰撞室 1 中与具有还原性的气体 N 碰撞而被还原为中性粒子。在两个碰撞室之间有一个偏转电极，它使从碰撞室 1 出来的残余离子偏转掉。被还原的中性粒子以原来离子的动能和运动方向进入碰撞室 2，在其中与具有氧化性的气体 R 碰撞而重新被电离为离子，其碎裂产物由第二个质量（或能量）分析器分析。CIDI 实验的惟一差别是在碰撞室 1 中没有碰撞气。

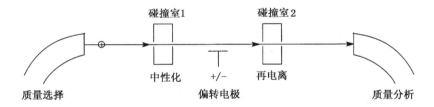

图 5.14　中性化-再电离实验的仪器结构

NR 实验有两个过程，先是离子被中性化（式 5.11），然后是中性粒子被重新电离为离子（式 5.12）。具有 keV 级平动能的离子 $M_1^{+\cdot}$ 与静态的碰撞气 N 作用

$$M_1^{+\cdot} + N \longrightarrow M_1^\circ + N^{+\cdot} \tag{5.11}$$

$$M_1^\circ + R \longrightarrow M_1^{+\cdot} + R + e \tag{5.12}$$

的时间约为 10^{-15} s[6]。因此，中性化反应（5.11）可被认为是垂直的 Franck-Condon 过程。如果只考虑离子及其对应的中性粒子的基态，两种极端的中性化反应如图 5.15 所示。在图(a)中离子及中性粒子的几何结构相似，离子被中性化后能够生成稳定的中性分子。在这种情况下，NR 实验将观察到复原的 $M_1^{+\cdot}$ 信号。在图 (b)中两者的几何结构相差很大，离子被还原后生成的是振动激发态的中性粒子，其能量已达到中性粒子 M_1° 的碎裂反应临界能。在这种情况下，NR 谱中将不出现复原的 $M_1^{+\cdot}$ 信号。对于图 5.15(a)那样的中性化过程，反应的效率及生成的

$M_1°$是否稳定还取决于反应(5.11)的反应热 ΔH,

$$\Delta H = IE(N) - NE_v(M_1^{\dot{+}}) \tag{5.13}$$

其中,$IE(N)$是碰撞气 N 的电离能,$NE_v(M_1^{\dot{+}})$是离子 $M_1^{\dot{+}}$的垂直中性化能。最常用的中性化试剂是惰性气体,如 Xe,Kr;复杂体系中有时还使用金属蒸气,如 Hg,Na,K,Zn 等[6]。

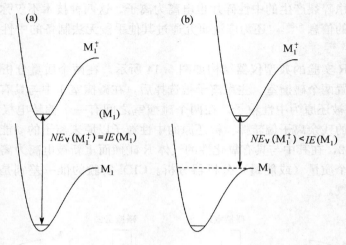

图 5.15　离子中性化反应的两种势能图

再电离反应 (5.12) 中通常使用的靶气是 O_2,NO_2,有时也使用惰性气体,如 Xe,Kr,He。当采用 O_2 或 NO_2 为电离气时,由于其电子亲和势较大,反应 (5.12) 变成了电子转移反应,如式 (5.14),这个过程更温和。当电离气是惰性气体 (如 He) 时,生成的离子热力学能较高,可以观察到更多的碎裂反应。所以,如果复原的 $M_1^{\dot{+}}$信号很重要但强度却不足,则需要采用温和的再电离试剂。

$$M_1° + NO_2 \longrightarrow M_1^{\dot{+}} + NO_2^- \tag{5.14}$$

5.3　质谱/质谱的应用

质谱/质谱的主要研究对象是气相中的有机离子化学。与溶液化学相比,在气相中不存在溶剂效应,离子所表现的是其"真实"的化学性质。质谱/质谱技术可用以确定前体离子和产物离子的结构,并进而推测反应机理。对中小分子量($<m/z\,500$)的有机分子的质谱研究极大地丰富了有机化学的知识。近 10 年来,随着新电离技术的出现,生物大分子也已成为质谱/质谱的重要研究对象。在本节中我们给出几个例子,以说明质谱/质谱的应用。

5.3.1 离子结构的确定

在 EI 条件下，1,3-二羟基丙酮丢失一分子甲醛，生成 $C_2H_4O_2^{+\cdot}$（$m/z\ 60$）离子，如式（5.15）所示。这个产物离子的 MI 谱和 CID 谱与所有其他具有相同元素组成的离子都不一致；表 5.5 列出了它们的 CID 谱。由反应（5.15）生成的这个 $C_2H_4O_2^{+\cdot}$ 离子的显著特点是，它的失水峰（$m/z\ 42$）不仅是基峰，而且很窄，其动能释放极小，$T_{0.5}=0.2$ meV；$m/z\ 42$ 离子出现能的测定预示其结构可能为乙烯酮。

$$HOCH_2-CO-CH_2OH^{+\cdot} \longrightarrow [C_2H_4O_2]^{+\cdot} + CH_2O \qquad (5.15)$$

表 5.5　几种 $C_2H_4O_2^{+\cdot}$（$m/z\ 60$）离子的 CID 谱[m/z（相对丰度/%）][28]

离　子	45^+	43^+	42^+	41^+	32^+	31^+	30^+	29^+
$CH_3CO_2H^{+\cdot}$	53	100	7.7	4.5	0	0.8	0	3.7
$CH_2=C(OH)_2^{+\cdot}$	47	36	100	10	0	10	1.3	18
$HCO_2CH_3^{+\cdot}$	3.5	0	0.8	2	100	54	9.5	27
$HOCH_2CHO^{+\cdot}$	0.3	0.5	1.2	0.4	100	30	2.7	12
$C_2H_4O_2^{+\cdot}$（未知）	2.0	2.2	100	4.0	3.0	3.6	1.1	3.7

根据以上实验事实，反应（5.15）生成的 $C_2H_4O_2^{+\cdot}$ 离子的最可能结构被认为是乙烯酮的分子离子与中性水分子形成的复合物 $[CH_2=C=O^{+\cdot}/H_2O]$[28]。$C_2H_4O_2^{+\cdot}$ 离子的这个结构得到了分子轨道理论计算的支持[29]。在本书第三章中曾提到，离子-中性（碎片）复合物是一种非经典结构，其中两个成员之间通过离子-偶极作用维系。当复合物丢失其中的中性碎片时，离子的动能几乎不受其影响，因此反应的动能释放极小。

1,3-丙二醇的分子离子消除一分子甲醛生成 $C_2H_6O^{+\cdot}$ 离子。这个离子与乙醇和二甲醚的分子离子具有不同的 MI 和 CID 谱；最重要的区别在于，前者有一个很强而且尖锐的脱水峰而后两者均没有[30]。实际上，这个离子具有另一种非经典结构，为 $\cdot C_2H_2OH_2^+$（式 5.16）。这就是早期被证实的荷基异位离子之一，其生成热为 175 kcal/mol，而乙醇和二甲醚的正常分子离子的生成热分别为 185 和 186 kcal/mol[31,32]。乙醇的另一个异构体离子（$CH_3\cdot CHOH_2^+$）也被发现[33]。在随后的几年中，大量的荷基异位离子被质谱/质谱技术证实。

$$HOCH_2CH_2CH_2OH^{+\cdot} \longrightarrow \cdot CH_2CH_2-OH_2^+ + CH_2O \qquad (5.16)$$

从另一方面来看，质谱/质谱技术不仅在经典气相离子化学中发挥主要作用，也在与生物分子有关的研究中扮演重要角色。多肽的 MH^+ 离子的碎裂反应是用质谱法测定肽的氨基酸序列的基础；以四肽为例，当电荷留在 N 端时，产物离

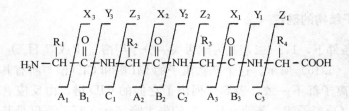

图 5.16 肽的主链断裂产物及其名称

子分别是 A_n，B_n 和 C_n，而电荷留在 C 端时分别是 X_n，Y_n'' 和 Z_n。最重要的是酰胺的 C—N 键断裂的产物 B_n 和 Y_n''，其中 B_n 离子的表现结构是一个酰基离子。在肽的质谱中，B_n 离子通常较强。但是，所有氨基酸本身的质谱中均观察不到酰基离子信号，因为这个离子失去 CO 是一个放热反应[34]。因此，肽的 B_n 离子的结构值得研究。Harrison 等[35]对一系列小肽产生的 B_2 离子进行仔细考察后发现，所有 B_2 离子消除 CO 时都给出一个平顶峰，反应有很大的动能释放；如表 5.6 所列，$T_{0.5}$ 为 0.3~0.5 eV。这意味着，B_2 离子的这个碎裂反应必然经历一个能量较高的过渡态，而且反应的逆活化能较高（参考图 5.10）。

表 5.6 B_2 离子失去 CO 的动能释放[35]

肽或其衍生物	中性丢失	B_2 离子组成	$T_{0.5}$/eV
H-Gly-Leu-Gly-OH	H-Gly-OH	H-Gly-Leu-	0.49
H-Gly-Leu-NH$_2$	NH$_3$	H-Gly-Leu-	0.48
H-Ala-Ala-Gly-OH	H-Gly-OH	H-Ala-Ala-	0.57
H-Ala-Ala-Ala-OMe	H-Ala-OMe	H-Ala-Ala-	0.54
H-Ala-Ala-Ala-OH	H-Ala-OH	H-Ala-Ala-	0.51
H-Gly-Ala-Ala-OH	H-Ala-OH	H-Gly-Ala-	0.50
H-Gly-Ala-Gly-OH	H-Gly-OH	H-Gly-Ala-	0.50
H-Gly-Ala-NH$_2$	NH$_3$	H-Gly-Ala-	0.53
H-Leu-Gly-Gly-OH	H-Gly-OH	H-Leu-Gly-	0.34
H-Leu-Gly-NH$_2$	NH$_3$	H-Leu-Gly-	0.38

如果 B_2 离子只是开环的酰基离子，失去 CO 则是简单键断裂反应，$T_{0.5}$ 应很小（<0.05 eV）。通过与已知样品的 CID 谱相比较，B_2 离子的真正结构被成功地鉴定为噁唑酮[35]。对最简单的模型分子的分子轨道理论计算指出，开环的酰基离子是其消除 CO 反应的过渡态，其能量比环状的噁唑酮高 1.5 eV，比分解产物高 0.88 eV，如图 5.17 所示。这个逆活化能是动能释放的来源。

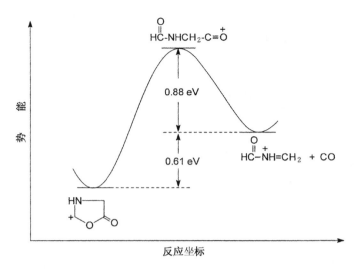

图 5.17 B 离子的碎裂反应势能面

5.3.2 反应机理的推测

关于质子化乙醇及其他类似离子（如醚和胺的 MH^+ 离子）的结构曾进行过大量实验和理论计算研究。以乙醇为例，其 MH^+ 离子的主要碎裂产物是 $C_2H_5^+$ 和 H_3O^+。同位素标记实验表明，这两个反应途径均经历复杂的 H/D 交换，如表 5.7 所示（计算值是假设所有的 H/D 等同）；其中最右面一栏的前体离子是 $C_2H_5^+$ 离子与 D_2O 加合形成的复合物。虽然不是所有的 H/D 原子在反应过程中完全混乱，但是第一栏的 $C_2H_5OD_2^+$ 离子与最后一栏的 $C_2H_5^+/D_2O$ 加合离子的 CID 谱几乎完全一致。因此，乙醇的 MH^+ 离子的碎裂反应被认为经历一个 $[C_2H_5^+/H_2O]$ 这样的复合物中间体[36]。这个复合物能够异构化为另一个复合物 $[C_2H_4/H_3O^+]$；它们之间存在一个质子桥联的过渡态 $C_2H_4\cdots H^+\cdots H_2O$，如式 5.17 所示。反应产物 $C_2H_5^+$ 和 H_3O^+ 的丰度取决于 C_2H_4 和 H_2O 的质子亲和势。

$$C_2H_5OH_2^+ \longrightarrow [C_2H_5^+/H_2O] \longrightarrow C_2H_5^+ + H_2O$$
$$\downarrow$$
$$C_2H_4\cdots H^+\cdots H_2O \qquad\qquad (5.17)$$
$$\downarrow$$
$$[C_2H_4/H_3O^+] \longrightarrow C_2H_4 + H_3O^+$$

在这两个复合物中间体互相转变的过程中，氧和两个碳原子上的氢便在一定程度上丧失其位置区别。可以预见的是，这个互相转变过程的活化能一定低于生成 $C_2H_5^+$ 和 H_3O^+ 的临界能，即反应具有与图 5.9(b) 相似的势能面。但是，质谱所检测的反应都是在微秒时间量级的（第三章）。在这个时间范围内，以上两个中间体之间未能达到平衡，因而观察到的产物的同位素分布与平衡状态（计算值）的不同。

表 5.7　同位素标记的乙醇的 MH⁺离子的 CID 谱（实验值/计算值）[36]

产物	$C_2H_5OD_2^+$	$C_2D_5OH_2^+$	$CH_3CD_2OH_2^+$	$CH_3CD_2OHD^+$	$C_2H_5^+/D_2O$
H_3O^+	21/29		35/29	16/11	18/29
H_2DO^+	48/57	28/14	52/57	49/51	47/57
HD_2O^+	32/14	48/57	12/14	32/34	35/14
D_3O^+		24/29		3/3	
$C_2H_5^+$	48/5		4/5		42/5
$C_2H_4D^+$	29/48		27/48	8/14	35/48
$C_2H_3D_2^+$	23/48		70/48	65/57	24/48
$C_2H_2D_3$		19/48		26/29	
$C_2HD_4^+$		27/48			
$C_2D_5^+$		55/5			

计算值是假设所有的 H/D 等同；水和乙基离子各自归一化。

在研究甾族衍生物的质谱时，Longevialle 等[37]注意到一些特殊的碎裂反应。3,20-二氨基孕甾烷在常规 EI 质谱中发生侧链断裂，生成质子化乙基亚胺离子 $CH_3CH=NH_2^+$ （m/z 44）；其分子离子的单分子碎裂反应则丢失侧链，生成 $[M-CH_3CH=NH]^+$ 离子。有兴趣的是这个 $[M-CH_3CH=NH]^+$ 离子进一步消除 NH_3 的反应。当 3 和 20 位的氨基均被氘代后，从相应的离子消除的氨是 ND_3 而不是 ND_2H。这意味着 $C_{17}\sim C_{20}$ 键断开后，侧链碎片从 17 位迁移到 3 位以形成一个离子-中性（碎片）复合物中间体；这个中间体将两个原来相距 10Å 的氨基桥联起来，并允许它们之间发生质子转移。因此，3,20-二氨基孕甾烷相继丢失 $CH_3CH=NH$ 和 NH_3 的反应机理可以表述如图 5.18 所示。

一系列甾族氨基衍生物均发生类似反应，包括其中的 B 和 C 环含有双键的衍生物[38]。甾环的不饱和化可进一步排除这些分子内基团之间存在某种程度的相互作用的可能性，从而进一步支持了上述反应机理。这是离子-中性（碎片）复合物这个概念刚被提出时发现的一个反应，也是对反应经历这种松弛结构的中间体的最有说服力的实例之一。它表明，在离子-中性（碎片）复合物中，两个成员在维持弱作用的同时还具有一定的自由度，可以在反应之前发生迁移。这被称为 Longevialle 标准。

气相有机离子单分子碎裂反应经历的另一类反应中间体是荷基异位离子。这

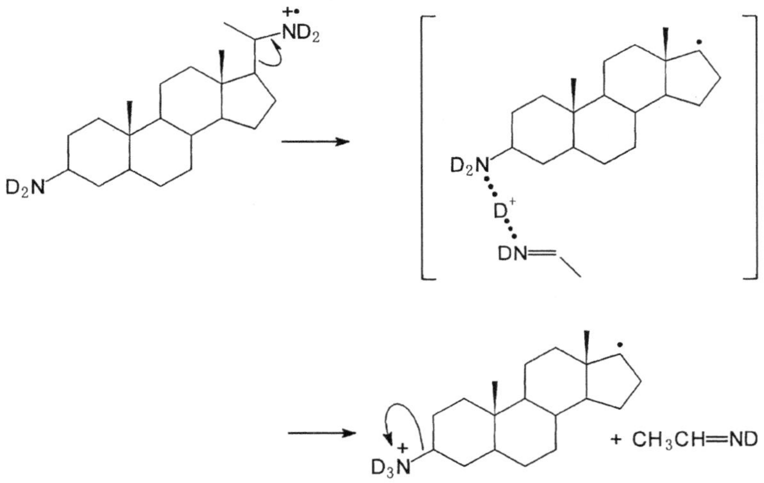

图 5.18 氘代 3,20 -二氨基孕甾烷消除 $CH_3CH=ND$ 和 ND_3 的反应机理

也是一种非经典离子，其生成热通常比相应的正常离子低[39]。在第三章中我们曾讨论羰基化合物的 McLafferty 重排反应。现已被广泛接受的反应机理是，分子离子先经氢迁移生成荷基异位离子中间体，然后再消除一个小分子[40]。这种反应中间体是如此普遍，以至于像二甲醚这样小的分子离子在丢失甲基的反应中也涉及荷基异位离子。理论计算[41]指出，二甲醚的分子离子先重排为 $\cdot CH_2O^+$ $(H)CH_3$，然后再消除甲基。质谱/质谱实验对此提供了有力证据。氘标记的二甲醚 $CH_3OCD_3^+ \cdot$ 表现出有利于消除 $\cdot CD_3$ 而不是有利于消除 $\cdot CH_3$ 的动力学同位素效应[42]。这有力地支持了式（5.18）所述的反应机理，动力学同位素效应来自反应的第一步。

$$CH_3OCD_3^+ \cdot \longrightarrow \cdot CH_2O^+ (H)CD_3 \longrightarrow CH_2OH^+ + \cdot CD_3 \qquad (5.18)$$

参 考 文 献

[1] R. G. Cooks, J. H. Beynon, R. M. Caprioli, G. R. Lester, Metastable Ions, Elsevier, Amsterdam, 1973

[2] F. W. McLafferty, J. Am. Chem. Soc. , 1973, 95, 2120

[3] R. C. Dunbar, in Gas Phase Ion Chemistry, Vol. 2, Chapter 14, M. T. Bowers Ed. Academic, New York, 1979

[4] R. B. Cody, B. S. Freiser, Anal. Chem. , 1979, 51, 547

[5] R. G. Cooks, T. Ast, T. Pradeep, Acc. Chem. Res. , 1994, 27, 316

[6] J. L. Holmes, Mass Spectrom. Rev. , 1989, 8, 513

[7] C. A. Schally, G. Hornung, D. Schroder, H. Schwarz, Chem. Soc. Rev. , 1998, 27, 91

[8] K. L. Busch, G. L. Glish, S. A. McLuckey, Mass Spectrometry/Mass Spectrometry: Techniques and

Applications of Tandem Mass Spectrometry, VCH, New York, 1998

[9] R. K. Boyd, Mass Spectrom. Rev. , 1994, 13, 359

[10] R. A. Yost, C. G. Enke, J. Am. Chem. Soc. , 1978, 100, 2274

[11] R. A. Yost, C. G. Enke, Anal. Chem. , 1979, 51, 1251A

[12] J. N. Louris, L. G. Wright, R. G. Cooks, Anal. Chem. , 1985, 57, 2918

[13] G. L. Glish, S. A. McLuckey, Int. J. Mass Spectrom. Ion Processes, 1986, 70, 321

[14] G. L. Glish, D. E. Goeringer, Anal. Chem. 1984, 56, 2291

[15] R. B. Cody, B. S. Freiser, Int. J. Mass Spectrom. Ion Phys. , 1982, 41, 199

[16] J. N. Louris, R. G. Cooks, Anal. Chem. , 1987, 59, 1677

[17] G. Hvistendahl, D. H. Williams, J. Am. Chem. Soc. , 1975, 97, 3097

[18] T. W. Shannon, F. W. McLafferty, J. Am. Chem. Soc. , 1966, 88, 5021

[19] K. Levsen, F. W. McLafferty, J. Am. Chem. Soc. , 1974, 96, 139

[20] P. C. Vijfhuizen, W. Heerma, G. Dijester, Org. Mass Spectrom. , 1975, 10, 919

[21] D. H. Williams, Acc. Chem. Res. , 1977, 10, 280

[22] S. Nacson, A. G. Harrison, Int. J. Mass Spectrom. Ion Processes, 1985, 63, 325

[23] A. G. Harrison, M. S. Lin, Int. J. Mass Spectrom. Ion Phys. , 1983, 51, 353

[24] M. S. Kim, Int. J. Mass Spectrom. Ion Processes, 1983, 50, 189

[25] P. H. Dawson, D. J. Douglas, in Tandem Mass Spectrometry, F. W. McLafferty Ed. , Chapter 6, Wiley-Interscience, New York, 1983

[26] C. Wesdemiotis, F. W. McLafferty, Chem. , Rev. , 1987, 87, 485

[27] J. K. Terlouw, H. Schwarz, Angew, Chem. Int. Ed. Engl. , 1987, 26, 805

[28] J. K. Terlouw, J. L. Holmes, Org. Mass Spectrom. , 1983, 18, 222

[29] R. Postma, P. J. A. Ruttink, J. Chem. Soc. , Chem. Commun. , 1986, 683

[30] J. K. Terlouw, W. Heerma, G. Dijkstra, Org. Mass Spectrom. , 1981, 16, 326

[31] J. L. Holmes, F. P. Lossing, J. Am. Chem. Soc. , 1982, 104, 2931

[32] R. Postma, P. J. A. Ruttink, Chem. Phys. Lett. , 1986, 123, 409

[33] P. C. Burgers, J. L. Holmes, Org. Mass Spectrom. , 1985, 20, 202

[34] C. W. Tsang, A. G. Harrison, J. Am. Chem. Soc. , 1976, 98, 1301

[35] T. Yalcin, A. G. Harrison, J. Am. Soc. Mass Spectrom. , 1985, 6, 1165

[36] A. G. Harrison, Org. Mass Spectrom. , 1987, 22, 637

[37] P. Longevialle, R. Botter, J. Chem. Soc. , Chem. Commun. , 1980, 823

[38] P. Longevialle, Mass Spectrom. Rev. , 1992, 11, 157

[39] S. Hammerum, Mass Spectrom. Rev. , 1988, 7, 123

[40] J. H. Bowie, P. J. Derrick, Org. Mass Spectrom. , 1992, 27, 270

[41] W. J. Bouma, R. H. Nobes, L. Radom, Org. Mass Spectrom. , 1982, 17, 315

[42] K. Eckart, W. Zummack, H. Schwarz, Org. Mass Spectrom. , 1984, 19, 642

第六章　反应质谱

6.1　概　　述

　　质谱中发生的分子(离子)反应,如裂解、氢转移重排、碳骨架重排以及双键移位等反应都是质谱化学反应。但是这些质谱反应所涉及的内容与本章所讨论的反应质谱不同。所谓反应质谱(reaction mass spectrometry,RMS)是指在质谱仪的离子源或碰撞室中引入反应试剂使发生分子–离子或离子–离子反应产生特征离子。由这些离子的质量数、元素组成、结构和相对丰度可获得样品分子的结构信息。这样的信息是一般常规质谱所不能提供的。所以 RMS 扩展了质谱的应用范围。

　　通常的化学电离质谱(CIMS)也是在离子源中引入试剂(反应气)与样品发生反应产生准分子离子。严格说来,CIMS 也应该是 RMS,但是不将 CIMS 列为RMS,这是因为 CIMS 中所用的反应气一般活性较低(如甲烷、异丁烷),所发生的反应通常只是电荷转移、质子化或形成加合离子以产生准分子离子,所以 CIMS 只是一种软电离技术,与 RMS 的功能有别。

　　RMS 的应用起始于 20 世纪 70 年代初期。Burrey 等人[1]曾在离子回旋共振质谱仪(ICRMS)的离子源中引入丁二酮作为试剂以分析双环化合物的构型,Ferrer-Correia 等[2]在离子源中引入甲基乙烯基醚(MEV)作为试剂以测定烯类中双键位置。这些都是早期的 RMS 工作,虽然他们当时并没有提出反应质谱一词。

　　1982 年,Rose 等人[3]曾用芳基硼酸作为试剂以快原子轰击质谱(FABMS)分析糖和核苷。他们首次提出质谱中的"原位反应"(in situ reaction)。因此,"离线"的(off-line)化学反应,如事先进行化学衍生化而后进行质谱分析当然不能认为是RMS。"反应质谱"一词在 80 年代中期才被提出。1988 年,Cooks 等[4]在串联质谱仪的碰撞室中引入 MVE 以鉴别天然产物的结构,而不从离子源中引入反应试剂。这是 RMS 的另一种方式,即所谓的"反应碰撞"(reactive collision,RC)。

　　下面将按反应试剂引入的方式不同,分别说明反应质谱的原理和应用。

6.2　反应质谱在立体化学分析及苯环位置异构体区分中的应用

6.2.1　糖的立体化学分析[9~14]

　　硼酸三甲酯(以下用简称 T 表示)在 CI(CH_4,H_2O 或 NH_3)源中能与顺式环邻二醇反应生成环形硼酸酯离子,而与反式环邻二醇发生此反应则很困难,这是因为后者构型中的两个羟基在空间排布距离较远之故,如式(6.1)。

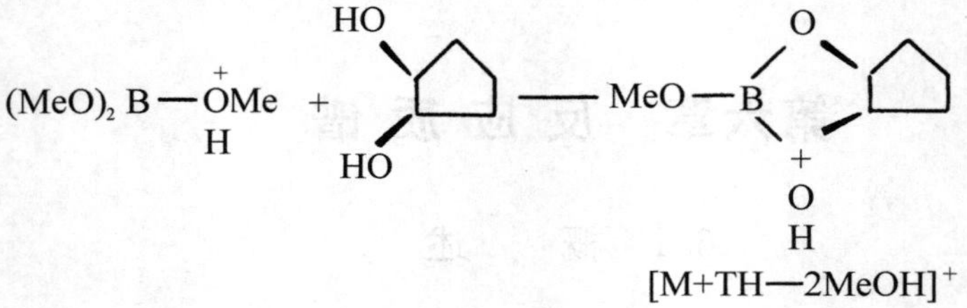

$$(MeO)_2 B \xrightarrow[H]{+} OMe \; + \quad \text{(顺式环戊二醇)} \longrightarrow \text{MeO—B（环状硼酸酯）} \tag{6.1}$$

$$[M+TH—2MeOH]^+$$

单糖差向异构体分子中所含顺式邻二醇(呋喃型或吡喃型)数目各不相同,因此可以利用这一立体选择反应鉴别它们,即在 CI 源中引入 T,使发生分子-离子反应,产生特征离子,由这些离子的相对丰度,即可鉴别单糖差向异构体,同理也可鉴别双糖(表 6.1)。

表 6.1 硼酸三甲酯 RMS 法鉴别环二醇、单糖和双糖几何异构体*

特征离子	相对丰度/%					
	1 (顺)	2 (反)	3 (顺)	4 (反)	5	6
$[M+TA—MeOH]^+$	10.9	19.5	5.9	3.6	100	100
$[M+TA—2MeOH]^+$	32.0	<2	19.0	2.2	15.4	43.8
特征离子	相对丰度%					
	7	8	9	10	11	12
$[M+TA—MeOH]^+$	100	100	100	100	100	100
$[M+TA—2MeOH]^+$	39.7	54.4	42.5	14.6	246	389

* T:硼酸三甲酯;A:对化合物 1~10 为 H,对化合物 11 和 12 为 NH_4;1:1,2-顺环戊二醇;2:1,2-反环戊二醇;3:1,2-顺环己二醇;4:1,2-反环己二醇;5:葡萄糖;6:半乳糖;7:甘露糖;8:果糖;9:阿拉伯糖;10:木糖;11:麦芽糖;12:蔗糖。

用挥发度较高的二甲基缩甲醛 (F) 作试剂引入 CI 源更为方便。该试剂与硼酸三甲酯一样,与环邻二醇发生立体选择反应形成环状缩醛、顺式邻二醇反应顺利,反式者困难。不过在这里是糖的脱水离子与 F 反应,而不是 M^+ 与之反应,如式 (6.2)。由生成特征离子的相对丰度可以鉴别单糖(表 6.2)。

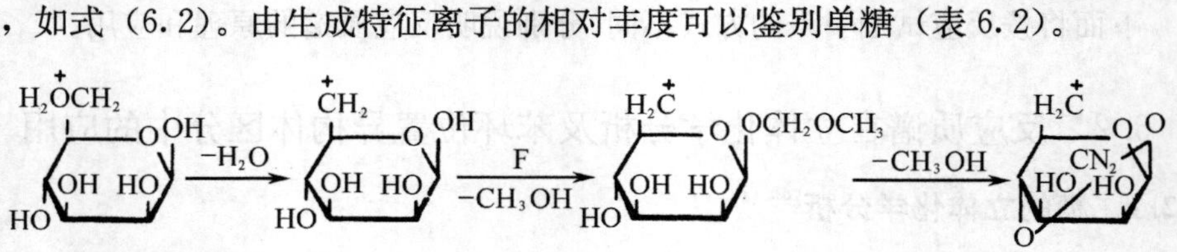

$$\text{质子化甘露糖} \xrightarrow{-H_2O} \quad \xrightarrow[F]{} \quad \xrightarrow{-CH_3OH} \tag{6.2}$$

表 6.2　二甲基缩甲醛 RMS 法鉴别单糖

糖	D′	相对丰度* /%	
		D^- +F−2CH_3OH	D^+ +F−CH_3OH
D-(−)核糖	100.0	42.5	7.4
D-(−)阿拉伯糖	100.0	26.2	8.3
D-(+)葡萄糖	100.0	41.8	3.7
D-(+)甘露糖	100.0	36.2	8.2
D-(+)半乳糖	100.0	29.2	9.2
D-(−)果糖	100.0	49.9	5.7
L-(−)山梨糖	100.0	25.9	7.2

* D′:单糖失水离子[MH−H_2O]$^+$；F:二甲基缩甲醛。

二甲基缩甲醛因挥发度高，也可以自 TSQ 质谱仪的碰撞活化室引入。

用苯基硼酸（以下用 P 表示），采用 FAB 源则更适合分析高极性、热不稳定和难挥发的糖类。最低进样量为 3μg。糖分子中邻位顺式羟基能与苯基硼酸反应生成笼状的苯基硼酸酯负离子，可借负离子 FABMS 检测，如葡萄糖与苯基硼酸反应在 RMS 谱中出现了很强（基峰）的 *m*/*z* 265 [M+P−H−2H_2O]$^-$ 及 *m*/*z* 351 [M+2P−H−4H_2O]$^-$ 峰。这些特征离子的形成过程可能如式（6.3）所示。

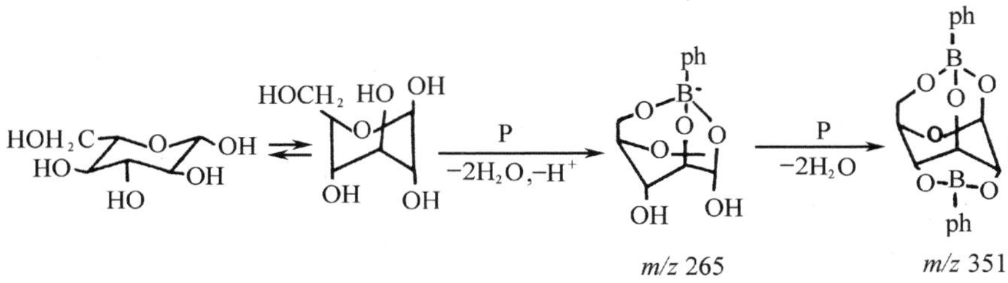

(6.3)

这些特征离子的结构曾用 MIKES 谱或 CA 谱（MS/MS）确证。单糖各差向异构体因分子中羟基构型不同，形成这些特征离子的丰度不同，从而可鉴别它们（表 6.3），同理可鉴别双糖（表 6.4）。

表 6.4 数据示出：凡是以 α-苷键连接的双糖（如乳糖、麦芽糖和特里哈糖）均可在 RMS 谱中观察到明显的双糖分子和两分子苯基硼酸作用的特征离子 [M+2P−H−4H_2O]$^-$；而当两个糖基以 β-苷键相连时，则 RMS 谱中不出现这种特征离子（如纤维二糖、蔗糖）。这一规则可以用来推断皂苷的苷键构型，如下列（Ⅰ）和（Ⅱ）两皂苷的苷键不同，RMS 谱中特征离子峰丰度不同。

表 6.3　单糖用苯基硼酸作试剂的 NFAB-RMS 中特征离子丰度比较

化合物	[M−H]⁻ m/z/%	特征离子峰/(m/z)及相对丰度*/%		比值 B/A
		[M+P−H−2H₂O]⁻ (A)	[M+2P−H−4H₂O]⁻ (B)	
葡萄糖	179(—)	265(100)	351(70)	0.7
半乳糖	179(—)	265(100)	351(20)	0.2
甘露糖	179(25)	265(100)	351(35)	0.35
果　糖	179(30)	265(100)	351(10)	0.1
鼠李糖	163(15)	249(100)	335(—)	0

* M：糖分子；P：苯基硼酸。

表 6.4　双糖用苯基硼酸作试剂的 NFAB‑RMS 中特征离子丰度比较

化合物	[M−H]⁻ m/z/%	特征离子峰(m/z)及相对丰度*/%	
		[M+P−H−2H₂O]⁻	[M+2P−H−4H₂O]⁻
纤维糖	341(22)	427(16)	513(—)
蔗　糖	341(100)	427(44)	513(—)
乳　糖	341(15)	427(70)	513(25)
麦芽糖	341(20)	427(10)	513(14)
特里哈糖	341(20)	427(25)	513(35)

* M：双糖分子；P：苯基硼酸。

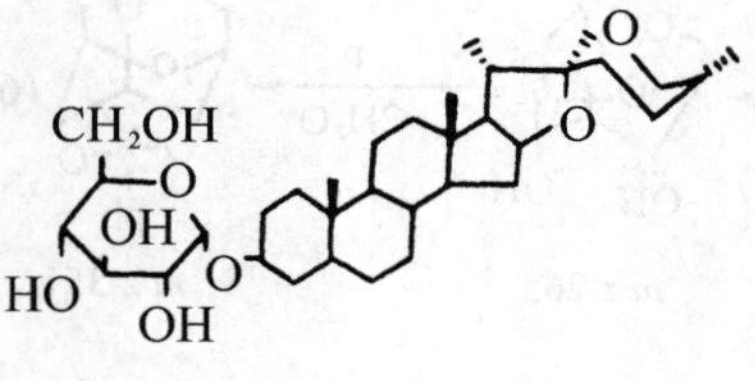

（Ⅰ） 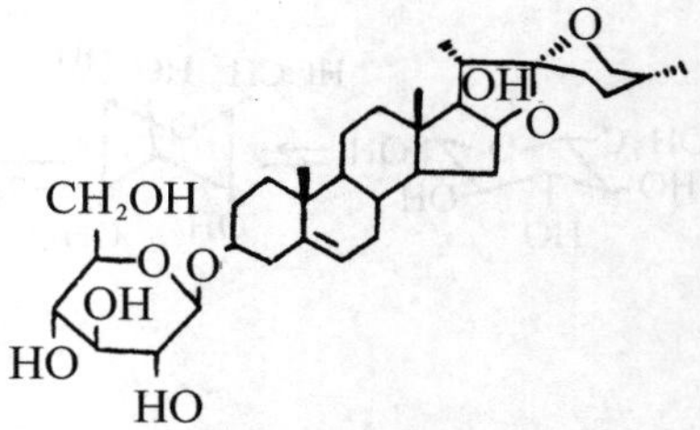　　　　　　　　　　　　（Ⅱ）

（Ⅰ）分子中葡萄糖基与苷元的连接为 α 构型，其 RMS 谱中出现 m/z 661 [M+P−H−2H₂O]⁻ 峰，相对丰度约 15%。（Ⅱ）分子中葡萄糖基与苷元的连接为 β 构型，其 RMS 谱中不出现 [M+P−H−2H₂O]⁻。

下列二试剂萘基硼酸 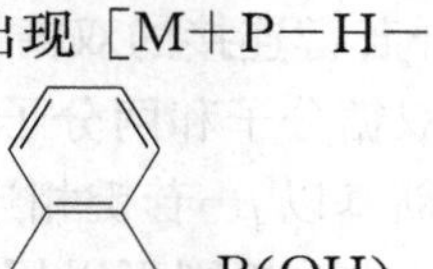　　　　　　　和 2，4‑二甲基苯基硼酸

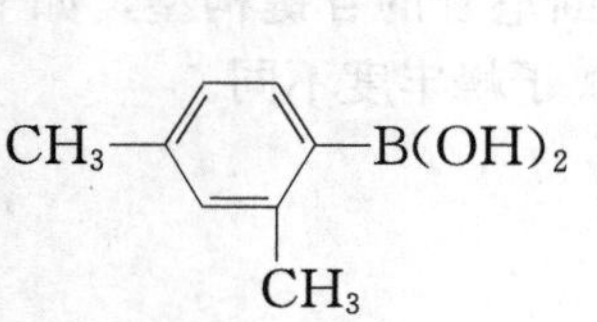

CH_3—〔〕—$B(OH)_2$　较苯基硼酸有较大的空间障碍效应，因而有较好的立

体选择性，曾用它们作试剂，以 NFAB-RMS 法鉴别单糖和双糖立体异构体。

6.2.2　直链邻二羟基物的立体化学分析[15]

一些重要天然产物含直链邻二羟基，它们的构型有苏式和赤式之分。如上所述，用 RMS 区分环邻二醇立体异构已获成功，用质谱法来分析直链邻二醇化合物的构型同样可行。

在溶液中所进行的硼酸与邻二醇的反应受立体化学的影响显著。如苏式构型的 2,3-丁二醇容易与硼酸反应，见式（6.4）。

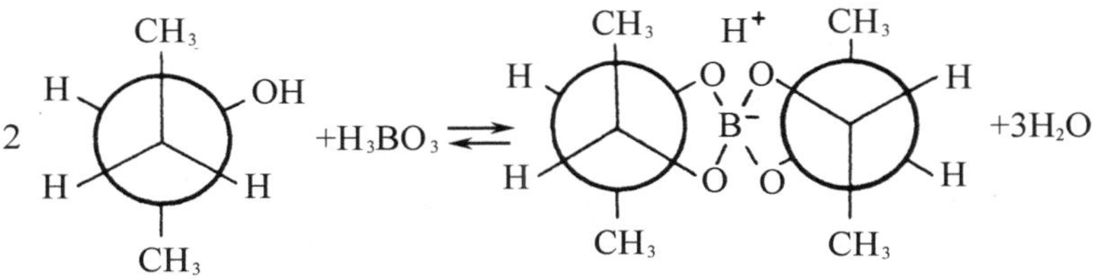

$$2 \quad \text{（结构式）} + H_3BO_3 \rightleftharpoons \text{（结构式）} + 3H_2O \qquad (6.4)$$

赤式构型的 2,3-丁二醇则不易发生如上的反应。因为在苏式构型中，两个甲基处于对位反式位置，比较稳定；而在赤式构型中，两个甲基处于邻位交叉位置，排斥力大，不稳定，因此，它们与硼酸形成络合物时，赤式所需活化能大于苏式，反应也就困难且慢得多。在反质谱中也应该存在此情况。曾用硼酸三甲酯作反应试剂研究了五对开链邻二醇化合物（共 10 个）：赤式和苏式 2,3-辛二醇、赤式和苏式 3,4-庚二醇、内消旋酒石酸（赤式）和左旋（天然）酒石酸（苏式）、（一）麻黄碱（赤式）和（十）伪麻黄碱（苏式）、赤式和苏式 1,2-二苯基乙二醇。发现在它们的 RMS 谱中，没有一个例外，全部苏式能与硼酸三甲酯反应生成特征的环硼酸酯离子，而赤式异构体则反应困难，特征离子丰度微弱。如苏式和赤式异构的 2,3-辛二醇与硼酸三甲酯反应，在 RMS 谱中的特征离子 m/z 187 丰度相差很大，见式（6.5）。因此，用这一 RMS 技术可预测直链邻二醇的构型。

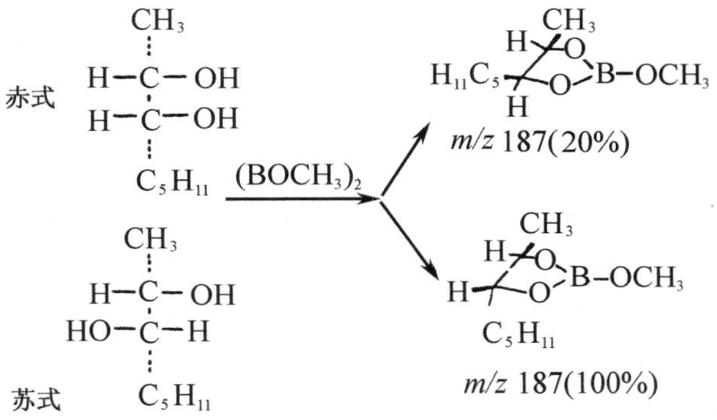

$$\text{（结构式）} \qquad (6.5)$$

赤式　m/z 187(20%)

苏式　m/z 187(100%)

6.2.3　取代烯的立体化学分析[16]

取代烯的构型有顺式（Z 型）和反式（E 型）之分。虽然顺式烯与反式烯的 CIMS 谱有差别，但是至今尚无一预测顺反异构烯的 RMS 法。曾观察到三氯乙酸钠在 CIMS 离子源中形成质子化二氯卡宾离子（protonated dichlorocarbene ion）$HCCl_2^+$，它与烯能发生立体选择的双键加成反应生成对应的 1，1-二氯环丙烷衍生物，见式（6.6）。

该取代环丙烷在质谱中裂解，形成两个特征离子 $[M+CCl_2-Cl]^+$ 和 $[M+CCl_2-2Cl]^+$，见式（6.7）。由这些特征离子相对丰度的差别可以预测取代烯的构型，现以二苯乙烯和丁烯二酸为例，列举数据于表 6.5。

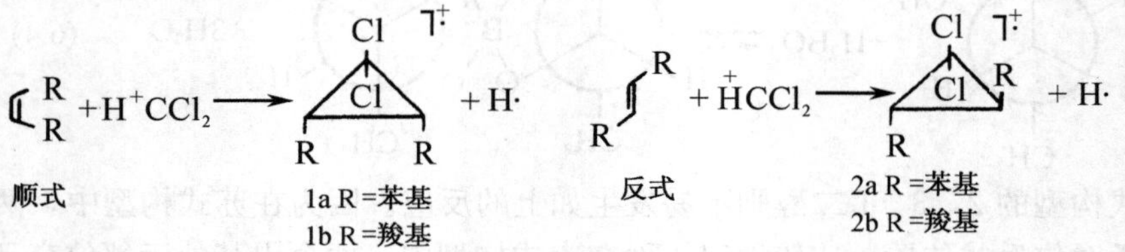

$$（6.6）$$

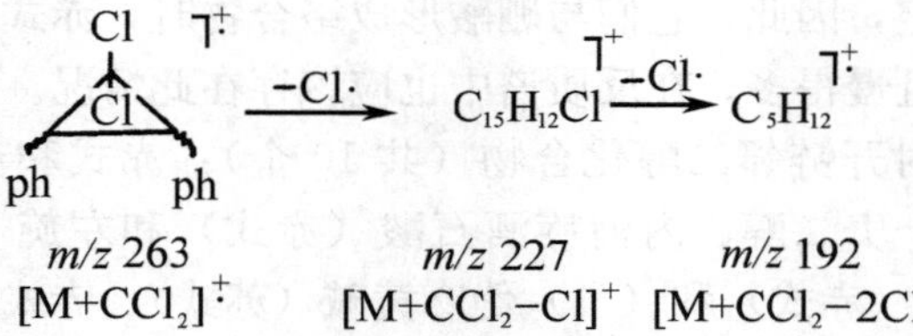

顺式　　1a R＝苯基　　1b R＝羧基　　反式　　2a R＝苯基　　2b R＝羧基

$$（6.7）$$

m/z 263　　　　　m/z 227　　　　m/z 192
$[M+CCl_2]^+$　　$[M+CCl_2-Cl]^+$　　$[M+CCl_2-2Cl]^+$

表 6.5　以二氯卡宾离子作试剂取代烯的 RMS 谱中特征离子相对丰度/%

化合物	构　型	$[m/z\ 262]^+$	$[m/z\ 227]^+$	$[m/z\ 192]^+$	$[m/z\ 180]^+$
1，2-二苯乙烯	顺式（Z）	<1	66	<1	100
1，2-二苯乙烯	反式（E）	7	4	5	100
化合物	构　型	$[m/z\ 199]^+$	$[m/z\ 163]^+$	$[m/z\ 127]^+$	$[m/z\ 117]^-$
马来酸	顺式（Z）	<1	32.8		100
富马酸	反式（E）	9.4	8.5		100

6.2.4　甾体化合物的立体化学分析[17]

甾体化合物是天然产物中一类十分重要的成分，具有强的生理活性。立体化学结构（构型和构象）的差异往往严重影响其生理活性。因此甾体化合物的立体化学分析早已为人们所重视，质谱是研究此课题的手段之一。如用 EI 或 CI 谱中失去 CH_3 或失去 H_2O 时的动能释放差别来区分异构体是前人所采用的方法。

1968 年，Weisz 等观察到甾醇的三甲基硅醚化反应是一个立体选择性反应：

在溶液中，常温下（4～8h）Me_3SiNEt_2 可以定量地与甾醇分子中平键（e 键）羟基形成硅醚，而与竖键（a 键）羟基则无反应，曾利用此反应确定羟基的构象。若用同样试剂进行 RMS 分析，反应可在数分钟内获得结果，样品取量可低到 10^{-12} mol。

采用下列五对异构体，同时测定了它们的 RMS 的 EI 谱和 CI 谱（表 6.6，6.7）。

1. 17β-丙酰氧基-5α，雄甾烷-3α 醇　　6. 5α-孕甾烷-3α，20α-二醇

2. 17β-丙酰氧基-5α-雄甾烷-3β-醇　　7. 5α-孕甾烷-3β-醇-20-酮

3. 5β-孕甾烷-3α，20α-二醇　　8. 5α-孕甾烷-3α-醇-20-酮

4. 5β 孕甾烷-3β，20α-二醇　　9. 5β-孕甾烷-3α-醇-20-酮

5. 5α-孕甾烷-3β，20α-二醇　　10. 5α-孕甾烷-3β-醇-20-酮

表 6.6　化合物 1～10 的 EI‐RMS 谱差别

化合物	3—OH 构象	A 环/B 环（构　型）	离子相对丰度 /%			
			$M^+\cdot$	$[M-18]^+\cdot$	$[M+72]^+\cdot$	$[M+72-CH_3]^+$
1	a	反式	—	35		
2	e	反式	3	8	3	10
3	e	顺式	—	22		
4	a	顺式	—	22		
5	e	反式	—	12	3	10
6	a	反式	3	16		
7	e	反式	18	18	3	18
8	a	反式	50	45	—	
9	e	顺式	10	90		
10	a	顺式	25	65		6

表 6.7　化合物 1～10 的 CI‐RMS 谱差别

化合物	3—OH 构象	A 环/B 环（构　型）	离子相对丰度 /%			
			$M^+\cdot$	$[M-18]^+\cdot$	$[M+72]^+\cdot$	$[M+72-CH_3]^+$
1	a	反式	—	100	—	—
2	e	反式	12	42	10	100
3	e	顺式	—	35		8
4	a	顺式	—	28		
5	e	反式	—	25	3	18
6	a	反式	3	20		
7	e	反式	80	62	3	10
8	a	反式	75	100		
9	e	顺式	16	100		3
10	a	顺式	32	90	—	—

特征离子形成的反应以化合物 **2** 为例可表示于式（6.8）。

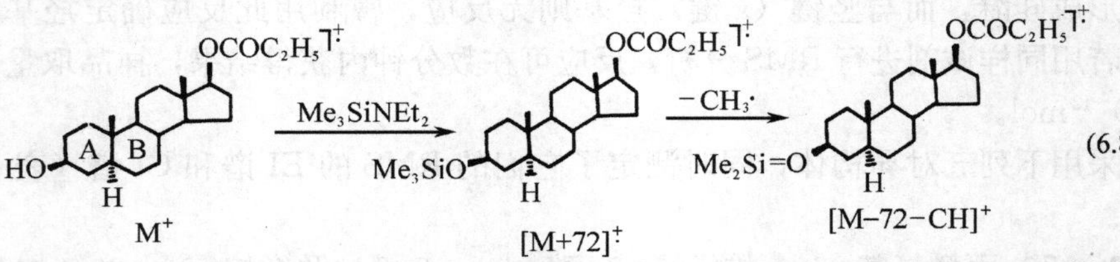

$$(6.8)$$

由表 6.7 的 EI-RMS 谱数据示出 A/B 环以反式构型稠合时，平伏键羟基（e—OH）能与试剂反应生成特征离子（化合物 **2**，**5**，**7**），而竖立键羟基（a—OH）则无此类离子形成（化合物 **1**，**6**，**8**）。当 A/B 环以顺式稠合时，则 e—OH 或 a—OH 均不与试剂反应（化合物 **3**，**9** 及 **4**，**10**）。这可能因为在电子轰击条件下，空间排布有利于 C_3—OH 与 C_9—H 发生脱水反应，此脱水反应比硅醚化反应占优势之故，见式（6.9）。

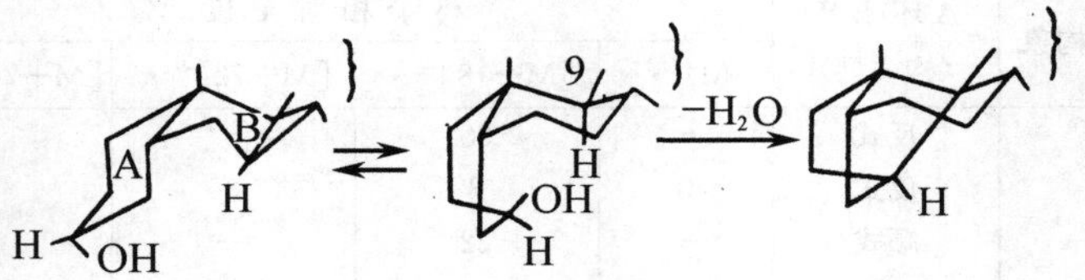

$$(6.9)$$

在 CI-RMS 谱中，无论 A/B 环以顺式或反式稠合，e—OH 总是能与试剂反应产生特征离子，而 a—OH 则不能。所以，由 CI-RMS 谱可以推断 C_3—OH 的构象，若将 CI 谱与 EI 谱联合考虑，还可借 RMS 法推断 A/B 环的构型。

6.2.5 氨基酸的手性检测[18~21]

在常规质谱中不能区分旋光对映体，然而在手性条件下，对映体将会显示差异。当用 1-戊醇作试剂引入 CI 源（H_2O/CH_4）中，可以有趣地观察到旋光异构的氨基酸和羟基酸将产生丰度不同的特征离子，借此可以区分旋光异构体。

在离子源中发生的分子-离子反应主要有下列三种：

（1）质子转移反应，如

$$C_6H_5CH_2\underset{\underset{+}{\overset{|}{NH_3}}}{CH}COO^- + YH^+ \rightarrow C_6H_5CH_2\underset{\underset{+}{\overset{|}{NH_3}}}{CH}COOH + Y \qquad (6.10)$$

$$m/z\ 166$$

$$(YH^+ = C_5H_{11}\overset{+}{O}H_2,\ C_5H_{11}\overset{+}{O}H_2 \cdot C_5H_{11}OH\ 等)$$

（2）缔合反应，如

$$C_6H_5CH_2\underset{\overset{|}{\underset{\overset{NH_3}{+}}{NH_3}}}{CH}COO^- + C_5H_{11}\overset{+}{O}H_2 \rightarrow [C_6H_5CH_2\underset{\overset{|}{NH_3}}{CH}COO\cdot C_5H_{11}OH_2]^+ \qquad (6.11)$$

$$m/z\ 254$$

$$C_6H_5CH_2\underset{\overset{|}{\underset{\overset{NH_3}{+}}{NH_3}}}{CH}COO^- + [C_5H_{11}OH\cdot C_5H_{11}]^+ \rightarrow \qquad (6.12)$$

$$\rightarrow [C_6H_5CH_2\underset{\overset{|}{\underset{\overset{NH_3}{+}}{NH_3}}}{CH}COO\cdot C_5H_{11}\cdot C_5H_{11}OH]^+$$

$$m/z\ 324$$

（3）取代反应，如

$$C_6H_5CH_2\underset{\overset{|}{\underset{\overset{NH_3}{+}}{NH_3}}}{CH}COO^- + [C_6H_5CH_2\underset{\overset{|}{\underset{\overset{NH_3}{+}}{NH_3}}}{CH}COO\cdot C_5H_{11}OH_2]^+ \rightarrow \qquad (6.13)$$

$$\rightarrow [C_6H_5CH_2\underset{\overset{|}{\underset{\overset{NH_3}{+}}{NH_3}}}{CH}COO\cdot C_6H_5CH_2\underset{\overset{|}{\underset{\overset{NH_3}{+}}{NH_3}}}{CH}COOH] + C_5H_{11}OH$$

$$m/z\ 331$$

D 型和 L 型氨基酸在同样条件下所测 CI-RMS 谱中，这些特征离子的相对丰度不同，并且总是 D 型者丰度较高，示例见表 6.8。

表 6.8 D-和 L-苯丙氨酸的 CI-RMS 谱中特征离子丰度比较

m/z	相 对 丰 度		D/L
	$D(+)$-苯丙氨酸	$L(-)$-苯丙氨酸	
166	67.4	48.1	1.4
254	41.0	17.8	2.30
324	3.5	<2	>1.8
331	36.1	11.6	3.11

6.2.6 有机化合物绝对构型测定[22～24]

天然产物的结构分析和不对称合成反应产物的结构鉴定均要求测定有机分子的绝对构型，可采用 X 光单晶衍射法。但当样品不能培养成单晶时，则此方法不能适用。根据 Horeau 部分拆分法（partial resolution）的反应，我们建立了测有机化合物绝对构型的 RMS 法。其原理是：样品与试剂构型相同时，有利于反应发生；两者构型相异时，反应进行不顺利。例如，R 构型的苯基丁酸酐易与 R 构型的不对称仲醇反应生成相应的酯，而与 S 构型的仲醇则反应困难：

$$\begin{array}{ccc} \underset{\underset{H}{|}}{\overset{\overset{R}{|}}{R'-C-OH}} + [C_6H_5-\underset{}{\overset{\overset{C_2H_5}{|}}{CH}}-CO]_2O \longrightarrow & \underset{\underset{H}{|}}{\overset{\overset{R}{|}}{R'-C-OCOCH}}-\overset{\overset{C_2H_5}{|}}{C_6H_5} & (6.14) \end{array}$$

$$R\text{-仲醇} \qquad\qquad R\text{-酸酐} \qquad\qquad\qquad 酯$$

因此，将一对试剂（R 和 S）分别与待测样品反应，观察相应 RMS 谱。若样品与 R 试剂反应所生成的特征离子丰度高于与 S 试剂所产生者，则样品的绝对构型为 R 型。

表 6.9 中列出了 RMS 数据。由表 6.9 最后一栏数据可以看出，凡 r_R/r_S 比值大于 1 时，样品为 R 构型；小于 1 时，为 S 构型。

上述原理是一般规则，并不限于酯化反应。如用一对 R - 和 S - 苦杏仁酸，一对 R - 和 S - 2 - 甲基丁酸或一对 R - 和 S - 苯基乙胺作试剂，用 CI（异丁烷）MS，可测出氨基酸的绝对构型，所包括的立体选择反应是缔合反应。

表 6.9　CI - RMS 谱中不对称仲醇与 R - 和 S - 苯基丁酸酐反应所产生特征离子相对丰度

化合物	样品构型	试剂构型	相对丰度* m/z/%		比　值 (B/A×100)	r_R/r_S
			$[M_S+H]^+$ (A)	$[M_S+M_R+H-phCHE+CO_2H]^+$ (B)		
辛可宁	S	R	295(22)	441(14)	r_R:64	0.45
	S	S	295(14)	441(20)	r_S:143	
辛可尼丁	R	R	295(39)	441(20)	r_R:51.3	8.84
	R	S	295(33)	441(1.9)	r_S:5.8	
（-）麻黄素	R	R	166(15)	312(100)	r_R:667	1.54
	R	S	166(15)	312(65)	r_S:433	
（+）伪麻黄素	S	R	166(55)	312(7)	r_R:12.7	0.22
	S	S	166(22)	312(12)	r_S:54.5	
喹宁	R	R	325(8)	471(12)	r_R:150	25
	R	S	325(20)	471(1.2)	r_S:6	
（+）苦杏仁甲酯	S	R	167(10)	313(-)	r_R:0	0
	S	S	167(12)	313(6)	r_S:50	

* M_S:样品分子量；M_R:试剂分子量。

曾观察到用下述试剂：

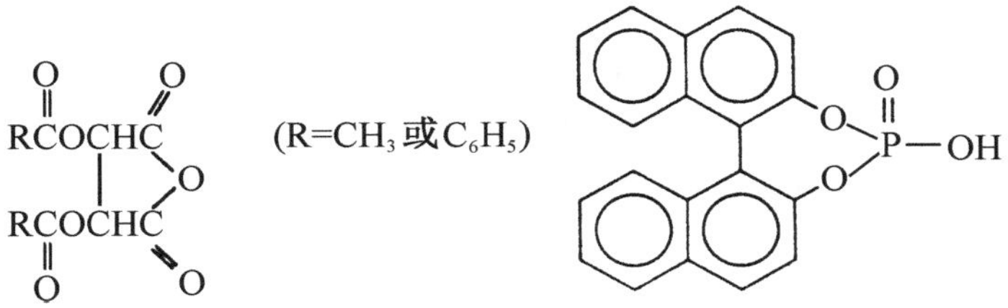

（R=CH₃ 或 C₆H₅）

较上述苯基丁酸酐稳定，易制成旋光纯，且可用于 FAB 源，适合于测高极性难挥发热不稳定的天然产物的绝对构型。

以上所述质谱中各特征离子的相对丰度均为连续 8 次扫描的平均值，在严格控制实验条件下，其重视性偏差小于 10%。EI 源和 CI 源为 5%～6%，而 FAB 源为 10%。在反应试剂过量情况下，试样用量对特征离子丰度无影响。

6.2.7　二元取代苯异构体的区分[25]

苯环邻位二元取代基团与合适的试剂能发生成环缩合反应，而对位及间位异构体因两基团相距太远，不能发生类似的反应。因此，利用反应质谱法可以区分它们。

例如，在 EIMS 离子源中以苯基硼酸（PBA）为试剂，使之与邻二羟基苯或邻二氨基苯或邻氨基羟基苯发生下列缩合成环反应，失去两分子水，形成缩合产物特征离子 $(M_S+M_R-2H_2O)^+$，M_S，M_R 分别为样品和试剂分子：

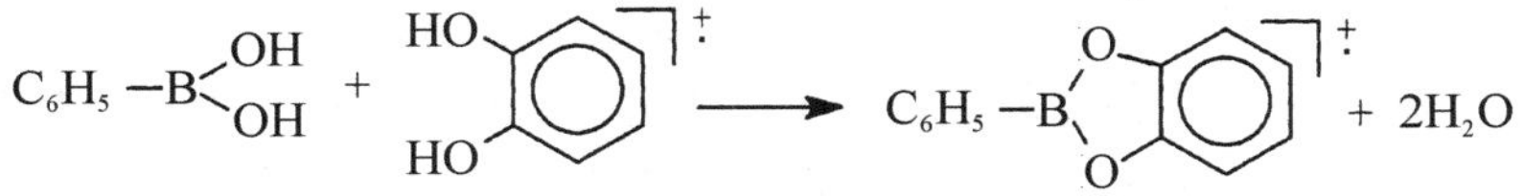

$$(6.15)$$

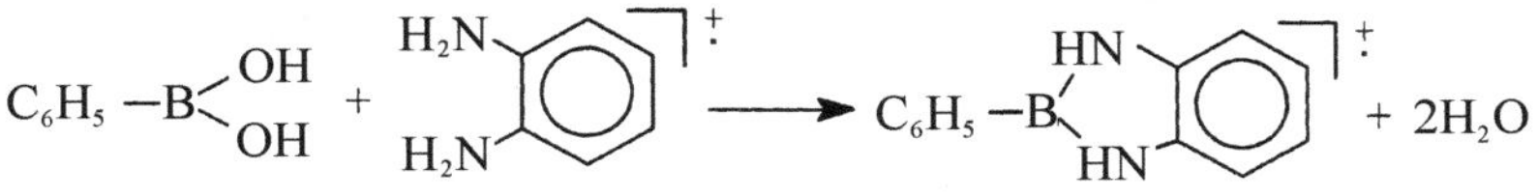

$$(6.16)$$

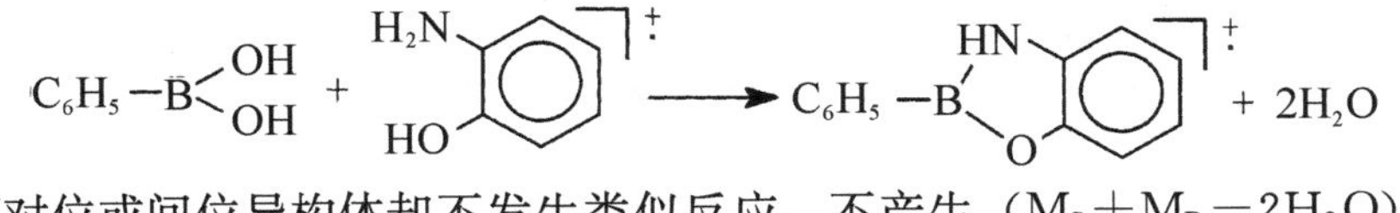

$$(6.17)$$

而对位或间位异构体却不发生类似反应，不产生 $(M_S+M_R-2H_2O)^+$ 特征离子（见表 6.10）。

表 6.10　二元取代苯的 EI 质谱数据

化合物	相对丰度			
	无 PBA		加 PBA	
	$(M_S)^+$	$(M_S-RH)^+$	$(M_S)^+$	$(M_S+M_R-2H_2O)^+$
邻苯二酚	110(100)	92(8)	110(100)	196(75)
间苯二酚	110(100)	92(—)	110(100)	196(—)
对苯二酚	110(100)	92(—)	110(100)	196(—)
邻苯二胺	108(100)	90(—)	108(100)	194(30)
对苯二胺	108(100)	90(—)	108(100)	194(—)
邻氨基酚	109(100)	91(—)	109(—)	195(100)
间氨基酚	109(100)	91(—)	109(100)	195(—)
对氨基酚	109(100)	91(—)	109(100)	195(—)

6.2.8　双键位置的测定[2,26]

在化学电离质谱仪离子源中引入改进的甲基乙烯基醚（MVE）反应试剂系统——$N_2/CS_2/MVE$，使之与烯类反应，能给出清晰、简单、具有双键特征的质谱图，从而可测定双键位置。在这个反应体系中，N_2：CS_2：MVE 的最佳比例为 75：20：5。N_2 为电荷交换试剂，二硫化碳则起着缓冲试剂的作用。由于二硫化碳的低复合能（约 10 eV），它能减少甲基乙烯基醚和样品分子的碎裂程度，简化谱图，使指示双键位置的特征离子易于辨认。在反应体系中，甲基乙烯基醚是主要反应试剂，它的分子离子（游离基）能够打开烯化合物的双键，形成一短寿命的四中心复合物（four center complex）。后者开裂，产生指示双键位置

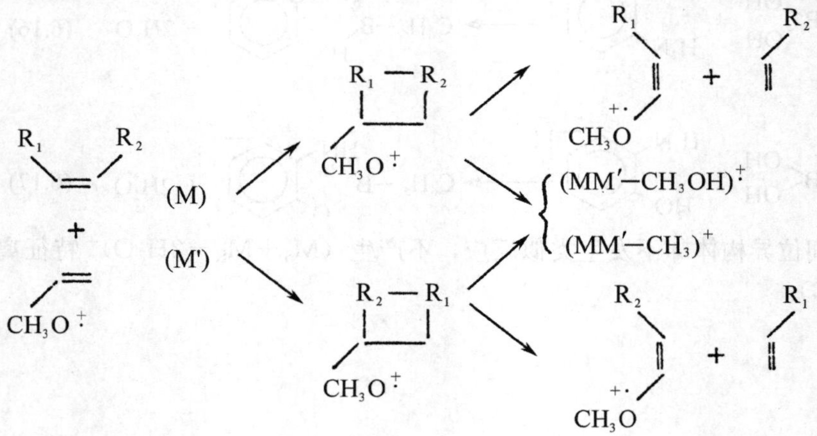

$$(6.18)$$

的特征离子（图6.1）。用这个方法也能测定不饱和脂肪酸酯，如昆虫激素的双键位置（图6.2）。

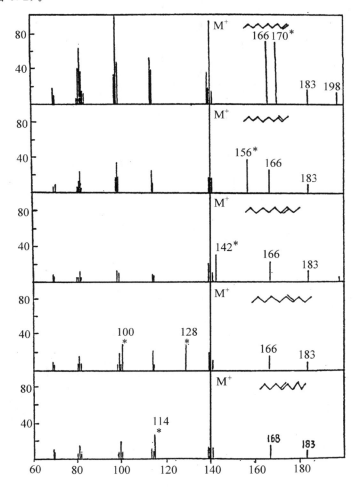

图6.1 异构癸烯的 $N_2/CS_2/MVE$ 化学电离谱

（ * 表示能够指示双键位置的特征峰）

上述反应是通过与双键的加成，所以一般不适用于空间位阻较大的、在双键位置上有取代基的烯类化合物。至于在双键上无取代基的烯烃，则端烯在谱图上的双键特征比内烯强，顺式异构体比反式异构体强。

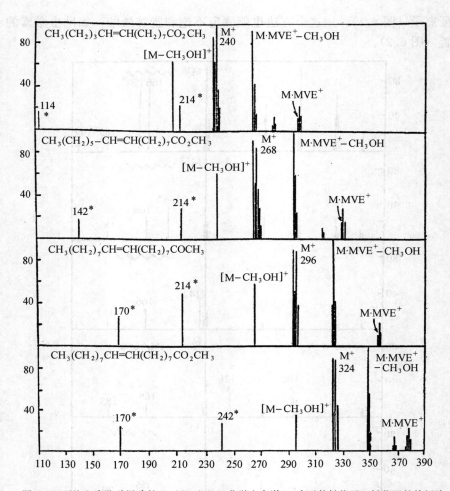

图 6.2　不饱和脂肪酸甲酯的 $N_2/CS_2/MVE$ 化学电离谱（＊表示能够指示双键位置的特征峰）

$$CH_3(CH_2)_xCH\!=\!CH(CH_2)_yCO_2CH_3$$
$$+\!\cdot$$
$$CH_2\!=\!CH\!-\!OCH_3$$

$$\longrightarrow CH_3(CH_2)_xCH\!-\!CH(CH_2)_yCO_2CH_3\ \rceil^{\cdot}_+$$
$$\qquad\qquad\qquad\ \ \overset{|}{CH}\!-\!CH_2$$
$$CH_3O\longrightarrow CH_3(CH_2)_xCH\!=\!CHOCH_3\ \rceil^{\cdot}_+ \qquad (6.19)$$
$$x=3\quad m/z\ 114$$
$$x=5\quad m/z\ 142$$
$$x=7\quad m/z\ 170$$

$$\longrightarrow CH_3(CH_2)_xCH\!-\!CH(CH_2)_yCO_2CH_3\ \rceil^{\cdot}_+$$
$$\qquad\qquad\quad\ CH_2\!-\!\overset{|}{CH}$$
$$\qquad\qquad\qquad\qquad\ \overset{|}{OCH_3}$$
$$\longrightarrow CH_3OCH\!=\!CH(CH_2)_yCO_2\ CH_3\ \rceil^{\cdot}_+$$
$$y=7\ m/z\ 214；\qquad y=9\ m/z\ 242$$

6.3 自碰撞室引入试剂的反应质谱

前节中所述的反应质谱是将反应试剂在离子源中引入。本节所讨论的反应质谱是将反应试剂自串联质谱仪的碰撞室中作为碰撞气引入,称为反应碰撞(reactive collision,RC)。一般串联质谱中,第一台质谱器(MS-I)产生离子,经过滤选择,将质量选择(mass selected)离子引入碰撞室与惰性气体(He,N_2 或 Ar)碰撞获得能量,此离子进一步裂解,这一过程称为碰撞活化解离(collisional activated dissociation,CAD)。所产生的碎片离子进入第二台质谱仪(MS-II)被检测记录下来,所得的质谱图称为 CAD 谱。这 CAD 谱能提供离子的结构信息。而在 RC 中发生气相分子-离子反应,产生一些特征离子,而不只是裂解碎片离子。这些特征离子能提供更多的结构特征信息。

RC 一般是在三级四极杆(triple stage quadrapole,TSQ 以 q 表示中间的碰撞室)的碰撞室中进行。这样,有可能将射入离子的能量降低,使之能与室中反应试剂分子发生化学反应。若离子能量太高,则主要只会发生离子本身的裂解反应,而不会发生这一分子-离子反应。RC 可用于研究气相离子-分子反应、离子结构测定和异构体区分、有机物结构鉴定、金属离子与有机物反应以及 HID 交换反应等。现分别叙述如下。

6.3.1 气相离子/分子反应机理研究

在三级四极杆质谱仪中,用同位素标记,研究了在甲醇气相中$(CH_3)_2OH^+$ 形成的机理。实验结果示出此二甲基镁离子的形成是通过 S_N2 置换反应[27]:

$$CH_3OH_2^+ + CH_3OH \longrightarrow [CH_3\text{—}O(H)\cdots CH_3\text{—}OH_2]^+ \qquad (6.20)$$
$$\longrightarrow (CH_3)_2OH^+ + H_2O$$

在四极杆质谱仪中,酰基离子 $R\text{—}CO^+$ 与一些,1,3-双烯发生[$4+2^+$]环化加成反应[28],如:

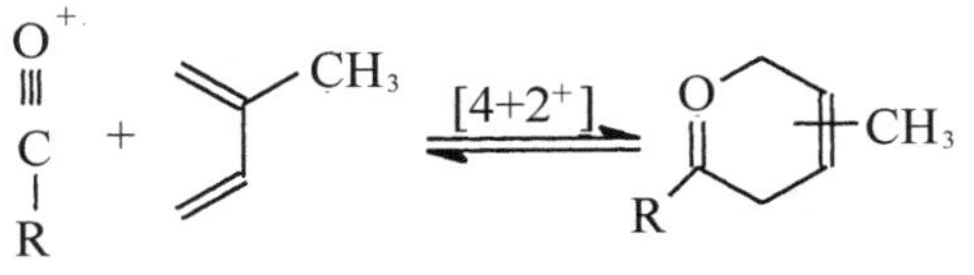

$$(6.21)$$

酰基离子与 1,3-二氧环戊烷反应,产生环状共振致稳的镁离子,用 MS^3 核证了这些离子的结构:

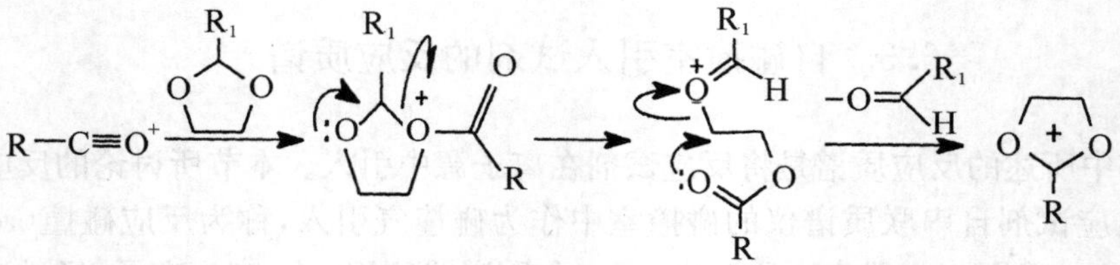

$$R-C\equiv O^+ \longrightarrow \cdots \longrightarrow \cdots \longrightarrow \cdots \qquad (6.22)$$

在四极杆碰撞室中,自由基离子 $^+CH_2OCH_2\cdot$ 中的亚甲基离子迁移,与羰基发生[3+2]1,3-环化加成反应。

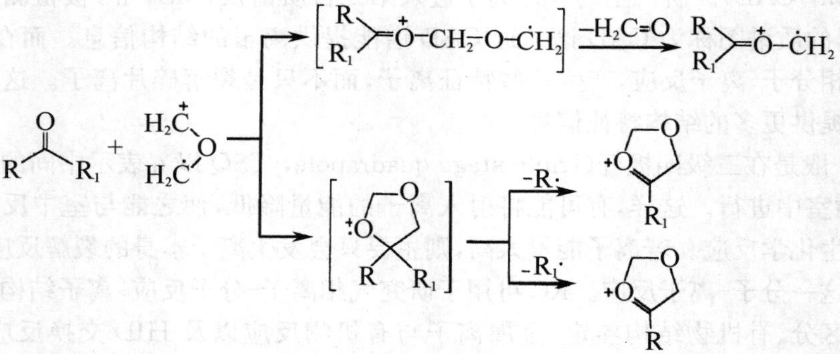

$$\qquad (6.23)$$

此环化加成反应与 CH_2^+ 迁移至羰基物上的反应相互竞争,羰基物上吸电子取代基促进了环化加成反应[29]。

6.3.2 离子结构测定和异构体区分

曾用反应碰撞技术来鉴别离子异构体的结构。如异构的离子 $CH_3CH=OH^+$ 和 $CH_3OCH_2^+$ 能借它们与丁二烯或苯的特征反应来加以区别[30]。在四极杆碰撞室中与苯的反应质谱图见图 6.3 所示。 $CH_3CH=OH^+$ 发生了质子转移反应,而 $CH_3OCH_2^+$ 只是反应产生 $C_7H_7^+$ 离子(m/z 91)。此离子是由反应离子先与苯加成,然后失去 CH_3OH 而形成。这两种异构的 $C_2H_5O^+$ 离子也可以借与甲基乙烯基醚(MVE)反应或与氨反应加以区分。

为了区分乙酰离子 $CH_3-C\equiv O^+$ 和质子化乙烯酮离子 $CH_2=C=OH^+$,将它们与异戊烯反应[31]。前者发生环化加成反应,产生 m/z 111 离子(见反应式 21,R=CH_3),而后者只发生质子转移反应,生成 $C_5H_9^+$ 离子。此离子在重复碰撞下,与异戊烯进一步反应,产生烃基离子 $C_6H_9^+$ (m/z 81),这一反应是非常特征的。当与二氧环戊烷反应时,乙酰离子只产生加成/消除产物 m/z 87(见反应式 1,R=CH_3),而质子化乙烯酮离子反应后主要产生 $[M-H]^+$ 和 $[M+H]^+$ (m/z 73 和 m/z 75)离子。曾利用反应碰撞技术确定甲烷/氧火焰中产生的是乙酰离子而不

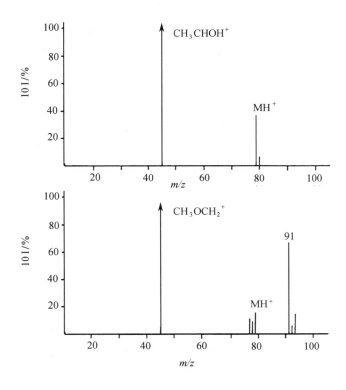

图 6.3 $CH_3CH{=}OH^+$ 和 $CH_3OCH_2^+$ 与苯的 RMS 谱图

是质子化乙烯酮离子。

为了区分质子化乙腈离子 CH_3CNH^+ 和质子化异腈离子 CH_3NCH^+,使它们分别与异戊烯反应[11],反应产物质谱图见图 6.4。图中示出质子化异腈只发生[4 $+2^+$]环化加成反应,产生 m/z 110 离子,而质子化乙腈离子却发生质子转移反应,产生 $C_5H_9^+$ 离子 m/z 69,后者进一步反应可产生高质量烃离子。可以用 RC 技术区分立体异构离子。如发现质子化反式 1,2-环戊二醇离子在低碰撞能量下能转移一个质子给氨,而质子化顺式异构体不发生此反应。在较高碰撞能下观察到顺式异构体质子转移反应是一个吸热反应[34]。又如质子化的四环萜的 exo 异构体离子(含缩醛基和环丁醇基)能与三甲胺在四极杆碰撞室中反应,转移一个质子给反应气(即氨),而质子化 endo 异构体则不发生此反应。

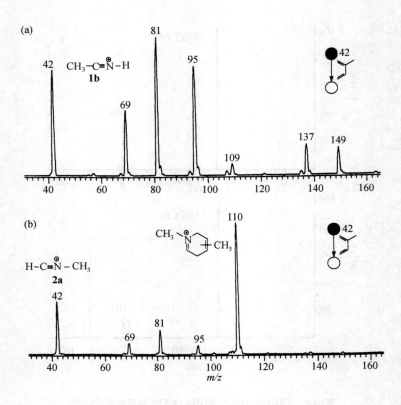

图 6.4　CH_3CNH^+ 和 CH_3NCH^+ 的 RC 质谱

6.3.3　有机物结构测定

　　$(CH_3)_3Si^+$ 在四极杆碰撞室中能选择性地与顺-环戊二醇在低碰撞能下反应，产生 $(CH_3)_3SiOH_2^+$ 离子；反式异构体的这个反应是吸热反应，在低碰撞能下不发生，只有在较高碰撞能下才发生，因此可以区分二者。

　　曾利用金属离子做反应试剂来区分烃的异构体：在 BE‑q‑Q 质谱仪中，用快原子轰击源以合适的金属盐作样品产生金属离子。在双聚焦质谱仪（BE）中进行质量选择过滤，减速进入四极杆碰撞室（q），与中性有机物反应。每一异构体都可获得反应后所产生的特征离子，由四极杆质谱仪（Q）测出质谱图。如以 Ti^+ 作反应离子，C_5H_8 的各异构体的碰撞反应谱见图 6.5，由此可以区分它们。而这些离子的常规 EI 谱几乎无区别[33]。

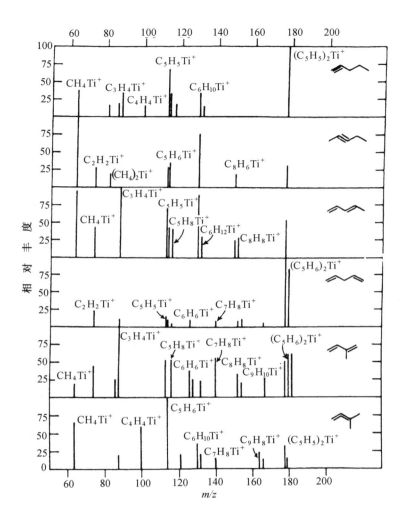

图 6.5 Ti$^+$ - C$_5$H$_8$ 的 RC 质谱图

用甲基乙烯基醚(以下用 N 表示)作试剂,与一系列结构差别细微的天然产物在 TSQ 质谱仪的碰撞室中反应,由反应产物的不同而区别它们[4]。例如化合物 **1,2** 和 **3** 的 RC 质谱如图6.6所示。由图中可以看出,**1** 产生[M+C$_2$H$_3$]$^+$ 离子强峰和[M+C$_2$H$_3$+N]$^+$ 峰;由 **2** 产生[M+H+N]峰;由 **3** 产生[N+C$_2$H$_5$]$^+$ 强峰。**1** 的反应过程可表示为图6.7所示。

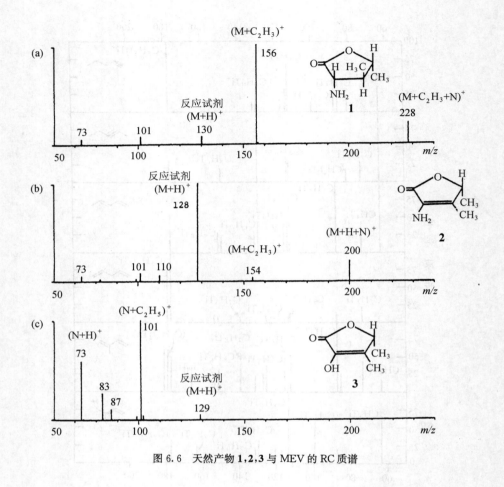

图 6.6　天然产物 1,2,3 与 MEV 的 RC 质谱

6.3.4　金属离子反应

　　金属离子在气相中的反应性能往往可为凝固相(液相或固相)金属的催化过程机理提供依据,所以金属离子与有机分子在气相中反应的研究一直为人们所关注。而反应碰撞质谱是进行类研究的一种有用手段。例如,将过渡金属盐在快原子轰击电离源中产生单电荷离子,将这些离子在四极杆碰撞室中与 2-甲基丙烷反应,可观察到各金属离子活性各异的碰撞反应谱[35];又如 Fe(CO)$_5$ 在电子电离源中产生 Fe(CO)$_n^+$ ($n=1\sim5$)一系列离子。将它们在串联四极杆质谱仪中的碰撞室内与丙烯氯反应,以观察各离子的反应活性[36]以及 Fe(CO)$_n^+$ 与氢和氮原子反应,发现有 HFe(CO)$_{n-1}^+$ 和 NFe(CO)$_{n-1}^+$ 新品种离子的形成。研究过渡金属与环戊烯在 BE-q-Q 仪中四极杆碰撞室内的反应,发现活泼金属的主要反应产物是离子

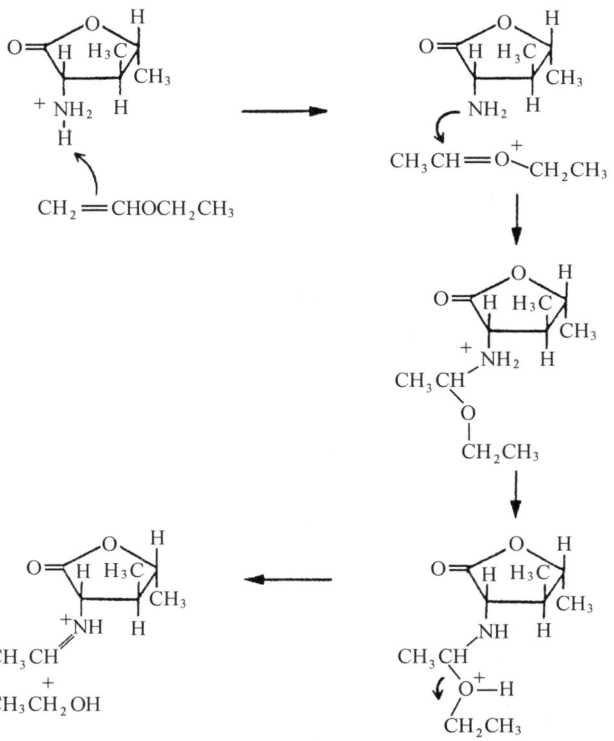

$$(6.24)$$

图 6.7　化合物 1 与 MEV 的 RC 反应过程

化的 metallocene，$M(C_5H_5)_2^+$，而 Cr^+ 和 Cu^+ 则主要产生 $M(C_5H_8)_2^+$，Ni^+ 主要产生 $M(C_5H_6)(C_5H_8)^{+[37]}$。

6.3.5　检测气相中 H/D 交换反应

对质量选择离子与氘试剂发生的 H/D 交换反应的研究引起人们广泛的兴趣。曾在三级四极杆质谱仪的四极杆碰撞室中研究了各种芳香化合物的奇电子 M^+ 和偶电子 MH^+ 离子与 CH_3OD 和 ND_3 的 H/D 交换反应。发现当以 ND_3 作试剂时，MH^+ 离子的所有活泼氢均发生交换，而以 CH_3OD 作试剂时，交换反应较专属（特别），与酚氢和羧酸氢能发生交换，而氨基氢则不能。曾较仔细地研究了芳香胺与 ND_3 在 BEqQ 质谱仪中的四极杆碰撞室中的反应[38]。图 6.8 示出 1,2 -苯二胺的 MH^+ 离子在三种不同入射离子能量的条件下的反应质谱图。MH^+ 全部五个活泼氢均发生了交换，并产生离子簇 $[MH^+], d_x(ND_3)$ 和 $[MH^+], d_x(ND_3)_2$。随着入射离子能量增加，成簇程度减小，制备 MH^+ 的方法不同，会影响交换发生的程度。

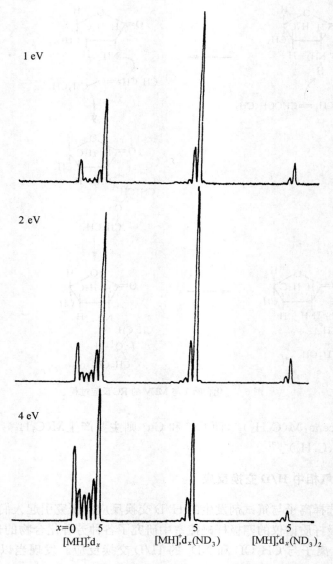

图 6.8   1,2-苯二胺的 MH$^+$ 在三种不同入射离子能量下的
H/D 交换反应质谱图

质子化氨基酸和质子化小肽与氘试剂的交换反应以 D_2O，CH_3OD 和 ND_3 作
试剂，发现 ND_3 的交换效率最高。大多数质子化氨基酸和质子化二肽或三肽与
ND_3 的交换反应非常迅速，可以由质谱讯号计算质子化离子中活泼氢的数目，如
图 6.9 所示。但是某些结构较复杂一些的氨基酸和含这类氨基酸的肽却不发生

MH$^+$与 ND$_3$ 的交换反应。例如,质子化的含精氨酸的肽不发生交换反应,可能是因为精氨酸与氨对质子的亲和力差别太大的缘故。可见气相 H/D 交换反应不适于用来计算未知肽中的活泼氢数目。

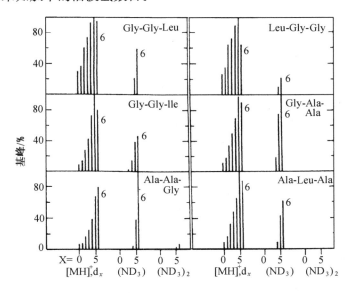

图 6.9　寡肽与 NO$_3$ 的 H/D 交换反应质谱图

用 D$_2$O,CH$_3$OD 和 C$_2$H$_5$OD 作试剂在 BEqQ 质谱仪中四极杆碰撞室内研究了质子化烃基苯的 H/D 交换反应[39]。与 CH$_3$OD 或 C$_2$H$_5$OD 交换时,氘与质子化烃基苯结合程度达 40%～70%[39]。在大多数情况中,相应于结合氢及芳氢的交换讯号可明显看出。因此这种方法可用来计算烃基苯中的芳氢数。

烯醇离子与 CH$_3$OD 或 C$_2$H$_5$OD 在 BEqQ 仪的四极杆碰撞室中发生 H/D 交换,负离子质谱显示出全部烯醇质子都发生交换(只有 2,4 -戊二酮和丙二酸二甲酯的烯醇式例外)。所以这个方法(特别是用 C$_2$H$_5$OD 作试剂时)可用来测量分子中烯醇氢的数目[40]。

参 考 文 献

[1] M. M. Bursey et al. , J. Am. Chem. Soc. , 1992,94:1024

[2] A. J. V. Ferrer-Correia et al. , Org. Mass Spectrom. , 1976,11:867

[3] M. E. Rose et al. , Biomed. Mass Spectrom. , 1982,10:512

[4] R. G. Cooks et al. , Org. Mass Spectrom. , 1988,23:10

[5] 陈耀祖,李宏等,质量分析(日),1987,35:320

[6] 陈耀祖,涂亚平,陈绍农,Prog. Nat. Sci. ,1991,1(6):526

[7] 杨厚俊,陈耀祖,Prog. Nat. Sci. ,1993,3(1):1

［8］陈耀祖,涂亚平,陈绍农,中国科学技术库,院士卷(朱光亚,周光召主编),945页,科学技术文献出版社, 1998

［9］华苏明,陈耀祖等,Org. Mass Spectrom. ,1985,20:719

［10］涂亚平,陈耀祖等,Org. Mass Spectrom. ,1990,25:9

［11］涂亚平,陈耀祖等,Org. Mass Spectrom. ,1991,23:645

［12］李宏,陈耀祖等,Chin. J. Chem. ,10(4):137

［13］杨厚俊,陈耀祖等,Chem. Res. Chin. Univ. ,1992,8(3):237

［14］杨厚俊,陈耀祖,J. Carbohydr. Chem. ,1993,12:19

［15］华苏明,陈耀祖等,高等学校化学学报,1988,9(11):1226

［16］杨厚俊,陈耀祖等,Org. Mass Spectrom. ,1992,27:1381

［17］李宏,陈耀祖等,Org. Mass Spectrom. ,1986,21:726

［18］陈耀祖,华苏明等,Org. Mass Spectrom. ,1986,21:7

［19］陈耀祖等,Kexue Tongbao,1988,33(17)1439

［20］潘远江,陈耀祖等,高等学校化学学报,1994,15(12):1810

［21］陈耀祖,吴亿南,分析化学,1998,26(6):787

［22］陈耀祖,李宏等,Org. Mass Spectrom. , 1988,23:821

［23］杨厚俊,陈耀祖,Org. Mass Spectrom. , 1992,27:736

［24］吴亿南,陈耀祖等,Anal. Letts. ,1997,30(7):1399

［25］陈耀祖等,质谱学报,1998,9(2):7

［26］A. G. Harrison et al. , Anal. Chem. ,1981,53:34

［27］J. M. Tedder et al. ,J. Chem. Soc. Perkin Trans. ,1991,2:317

［28］M. N. Eberlin et al. ,R. G. Cooks, J. Am. Chem. Soc. ,1993,115:9226

［29］M. N. Eberlin et al. ,J. Am. Chem. Soc. ,1997,119:3550

［30］J. Jalonen, J. Chem. Soc. ,Chem. Commun. ,1985:872

［31］M. N. Eberlin, R. G. Cooks, Org. Mass Spectrom. , 1993,28:679

［32］R. B. Cole et al. ,J. Mass Spectrom. ,1997,32:413

［33］A. G. Harrison et al. , Rapid Commun. Mass Spectrom. ,1996,10:220

［34］W. J. Meyerhoffer et al. ,Org. Mass Spectrom. ,1989,24:169

［35］H. Mestdagh et al. ,Tetrahed. Letts,1986,27:33

［36］H. Mestdagh et al. ,J. Am. Chem. Soc. ,1989,111:3476

［37］A. G. Harrison, Int. J. Mass Spectrom. Ion Processes,1995,146/147:251

［38］A. G. Harrison et al. ,J. Am. Soc. Mass Spectrom. ,1995,6:19

［39］A. G. Harrison et al. ,Can. J. Chem. ,1995,73:1779

［40］A. G. Harrison et al. ,J. Am. Soc. Mass Spectrom. , 1992,3:853

第七章 质谱法测定分子结构 （Ⅰ）原理

7.1 概　述

有机质谱提供的分子结构信息主要包括三个方面:1. 分子量;2. 元素组成;3. 由质谱裂解碎片检测官能团,辨认化合物类型,推导碳骨架。现分别叙述于下。

必须注意,虽然质谱能提供结构信息,有时甚至是主要的关键信息,但是单凭质谱数据来确定一个有机分子的结构是很少见的。推导结构时,往往须综合运用其他波谱数据,特别是核磁共振谱,此外如红外光谱的 X 光单晶衍射数据等[1~3]。

若样品是已知化合物,则根据 EI 质谱图,运用电脑自谱图库中检索(确定谱图库中已有该化合物谱图),对照相应谱图可鉴定该化合物。

7.1.1　分子量的测定

用 EI 质谱法研究过的有机化合物中,几乎有 75％可以直接由谱图上读出其分子量。若样品化合物所产生的分子离子足够稳定,能正常达到检测器,则只要读出其质谱图中分子离子峰的质量即其分子量。

不过由于下列几个原因,使确认分子离子峰会遇到困难:

(1)分子离子不够稳定,在质谱上不出现分子离子峰。各类化合物 EI 质谱中 M^+ 稳定性次序大致为:

芳香环(包括芳香杂环)＞脂环＞硫醚、硫酮＞共轭烯＞直链烷烃＞酰胺＞酮＞醛＞胺＞脂＞醚＞羧酸＞支链烃＞腈＞伯醇＞仲醇＞叔醇＞缩醛

胺、醇等化合物的 EI 质谱中往往见不到分子离子峰。所以在测 EI 谱之后,最好能再测软电离质谱,以确证分子量。

(2) 有时在质谱中不形成分子离子而产生加合离子,如在 CI 谱和 FAB 谱中形成 $(M+1)^+$ 的准分子离子 （quasimolecular ion）,这样,所测质量数减去一才是样品的分子量。在负离子质谱图 （如负离子 FAB 质谱图）中会出现 $(M-H)^+$ 准分子离子,则测出的质量数加一才是分子量。在测 CI 质谱时,若采用 NH_3 作反应气,则可能出现 $(M+NH_3)^+$ 加合离子;在 FAB 质谱中有时可能出现金属加合离子,如 $(M+Na)^+$ 等。

(3) 质谱中有时出现多电荷离子,尤其在 SEI 谱中更是如此。遇到这种情况,实际分子量应该是质谱表观分子量的 n 倍,n 为电荷数。

要判断质谱中高质量区的离子峰是否是分子离子峰可根据下列几点来考虑:

（1）看是否符合氮素规则　有机化合物主要由 C，H，O，N，F，Cl，Br，I，S 等元素组成。凡不含氮原子或含偶数个氮原子的分子，其分子量必为偶数（以最丰同位素原子质量数计算）；而含奇数个氮原子的分子，其分子量必为奇数。这就是氮素规则。该规则对于判断分子离子很有用。对这个规则的解释是：C，O，S 等元素的最丰同位素质量数及化合价均为偶数，而 H 及卤素等原子的最丰同位素及化合价均为奇数，只有 N 的最丰同位素的质量数为偶数而其化合价却为奇数（3 或 5 价）。由 C，H，O，S，卤素等原子组成的分子或含有偶数个或不含 N 原子的分子，其 H 和卤素原子总数必为偶数，所以它的分子量也必是偶数，而含奇数个 N 原子的分子，其 H 和卤素原子数之和必为奇数，所以分子量也必为奇数。

（2）看丢失是否合理　分子峰的质量数与其相邻的次一个峰质量数之差 Δm 是丢失碎片的质量。如 $\Delta m=15$ 为丢失甲基的峰 $(M-CH_3)^+$，$\Delta m=17$ 为丢失羟基的峰 $(M-OH)^+$，$\Delta m=18$ 为丢失水分子的峰，$\Delta m=30$ 为丢失 CH_2O 或 NO 的峰 $(M-CH_2O)^+$ 或 $(M-NO)^+$ 等，这些丢失都是合理的。表 7.1 中列出了在质谱中从分子"一般丢失"的数据。

表 7.1　从分子离子丢失的中性裂片

离　子	中性裂片	可　能　的　推　断
M−1	H	醛（某些酯和胺）
M−2	H_2	—
M−14	—	同系物
M−15	CH_3	高度分支的碳链,在分支处甲基裂解,醛、酮、酯
M−16	CH_3+H	高度分支的碳链,在分支处裂解
M−16	O	硝基、亚砜、吡啶 N-氧化物、环氧、醌等
M−16	NH_2	$ArSO_2NH_2$,—$CONH_2$
M−17	OH	醇 R+OH,羧酸 RCO+OH
M−17	NH_3	—
M−18	H_2O,NH_4	醇、醛、酮、胺等
M−19	F	氟化物
M−20	HF	氟化物
M−26	C_2H_2	芳烃
M−26	C≡N	腈
M−27	CH_2=CH	酯、R_2CHOH
M−27	HCN	氮杂环
M−28	CO,N_2	醌、甲酸酯等
M−28	C_2H_4	芳香乙醚乙酯,正丙基酮($R\overset{O}{\overset{\|}{C}}$—$CH_2C_2H_5$)→($R$—$\overset{O}{\overset{\|}{C}}$—$CH_2$)$^+$+$C_2$,环烷烃、烯烃
M−29	C_2H_5	高度分支的碳链,在分支处乙基裂解;环烷烃
M−29	CHO	醛

离　　子	中 性 裂 片	可 能 的 推 断
M－30	C₂H₆	高度分支的碳链,在分支处裂解
M－30	CH₂O	芳香甲醚
M－30	NO	Ar—NO₂
M－30	NH₂CH₂	伯胺类
M－31	OCH₃	甲酯,甲醚
M－31	CH₂OH	醇
M－31	CH₃NH₂	胺
M－32	CH₃OH	甲酯
M－32	S	—
M－33	H₂O＋CH₃	—
M－33	CH₂F	氟化物
M－33	HS	硫醇
M－34	H₂S	硫醇
M－35	Cl	氯化物(注意³⁷Cl同位素峰)
M－36	HCl	氯化物
M－37	H₂Cl	氯化物
M－39	C₃H₃	丙烯酯
M－40	C₃H₄	芳香化合物
M－41	C₃H₅	烯烃(烯丙基裂解),丙基酯,醇
M－42	C₃H₆	丁基酮,芳香醚,正丁基芳烃,烯,丁基环烷
M－42	CH₂CO	甲基酮,芳香乙酸酯,ArNHCOCH₃
M－43	C₃H₃	高度分支碳链分支处有丙基,丙基酮,醛,酯,正丁基芳烃
M－43	NHCO	环酰胺
M－43	CH₃CO	甲基酮
M－44	CO₂	酯(碳架重排),酐
M－44	C₃H₈	高度分支的碳链
M－44	CONH₂	酰胺
M－44	CH₂CHOH	醛
M－45	CO₂H	羧酸
M－45	C₂H₅O	乙基醚,乙基酯
M－46	C₂H₅OH	乙酯
M－46	NO₂	Ar—NO₂
M－47	C₂H₄F	氟化物
M－48	SO	芳香亚砜
M－49	CH₂Cl	氯化物(注意³⁷Cl同位素峰)
M－53	C₄H₅	丁烯酯
M－55	C₄H₇	丁酯,烯
M－56	C₄H₈	Ar—n-C₅H₁₁,ArO—n-C₄H₉,Ar—i-CH₁₁,Ar—O—i-C₄H₉ 成基酮,戊酯
M－57	C₄H₉	丁基酮,高度分支碳链
M－57	C₂H₅CO	乙基酮
M－58	C₄H₁₀	高度分支碳链

离　　子	中 性 裂 片	可 能 的 推 断
M-59	C_3H_7O	丙基醚,丙基酯
M-59	$COOCH_3$	$R + \overset{\overset{\displaystyle O}{\displaystyle \parallel}}{C}OCH_3$
M-60	CH_3COOH	乙酸酯
M-63	C_2H_4Cl	氯化物
M-67	C_5H_7	戊烯酯
M-69	C_5H_9	酯,烯
M-71	C_5H_{11}	高度分支碳链,醛,酮,酯
M-72	C_5H_{12}	高度分支碳链
M-73	$COOC_2H_5$	酯
M-74	$C_3H_6O_2$	一元羧酸甲酯
M-77	C_6H_5	芳香化合物
M-79	Br	溴化物(注意 ^{81}Br 同位素峰)
M-127	I	碘化物

若 $\Delta m = 14$ 则为丢失一个氮原子或亚甲基。从分子中丢失一个氮原子，需要断裂三根键，丢失一个亚甲基要断裂两根键，从能量上看，显然是不合理的。这些情况在质谱中几乎没有被发现过。此外，在只含有 C，H，O，N，卤素的化合物中，丢失 5～13u 实际上也是不可能的。因为要丢失许多氢原子（或氢分子）需要很高的能量，丢失 3～5 个氢的概率是很小的。例如二峰之间的 $\Delta m = 3$ 时，则表示是分子量应该比该最大峰高 15，比次大峰高 18，很可能是由于一个支链醇分子丢失一个甲基和丢失一个水分子所形成的两个峰，这两个峰质量差刚好为 3，而真正的分子离子峰在质谱中并未出现。

（3）注意加合离子峰　某些化合物（如醚、酯、胺、酰胺、腈、氨基酸酯和胺醇等）的 EI 质谱上分子离子峰往往很弱，或者基本上不出现，而 $(M+H)^+$ 峰却相当明显。在 CI 谱或 FAB 谱中经常出现的是 $(M+H)^+$ 准分子离子峰。

在 FAB 质谱中金属离子与有机物结合所形成的加合离子往往有较强的丰度，可用来判断分子离子。最常用的金属离子是碱金属离子，如 K^+，Na^+ 和 Li^+。若在样品中同时混入 NaCl 和 LiCl，会产生一对 $(M+Na)^+$ 和 $(M+Li)^+$ 加合分子，$\Delta m = 16$，这种质量差很独特，有利于辨认这一对准分子离子而确定试样分子量。有趣的是：在 FAB 质谱中，只有分子离子形成这种碱金属加合离子，碎片离子不形成这种加合离子。如皂苷的 FAB 质谱即如此。因此，在混合皂苷样品中加入 NaCl 和 LiCl，则谱图中相应于每一种皂苷出现一对 $(M+Na)^+$ 和 $(M+Li)^+$ 峰，因此，混合皂苷毋需经过事先分离即可由质谱中出现的各个这样的相应离子峰对测出各皂苷分子量。糖苷的负离子 FAB 质谱出现 $(M-H)^-$ 准分子离子的丰度比相应正离子 FAB 谱出现的 $(M+H)^+$ 准分子离子丰度要强，易于辨认。

7.1.2 元素组成的确定

过去运用质谱测定化合物元素组成，即它的分子式或实验式，是用同位素峰 $(M+1)^+$ 和 $(M+2)^+$ 的相对丰度比法。目前已少用这种方法，因为同位素峰一般很弱，很难精确量出其丰度值。目前主要用高分辨质谱法。

用高分解质谱仪测定有机化合物元素组成是基于这样的事实：当以 $^{12}C=12.000000$ 为基准，各元素原子质量严格说来不是整数。例如，根据这一标准，氢原子 ^1H 的精确质量数不是刚好为 1 个原子质量单位（u），而是 1.007823，氧原子 ^{16}O 的精确质量数不是整数 16，而是 15.994914，几种常见元素的精确质量数列于表 7.2。这种非整数值是由于每个原子的"核敛集率"（nuclear packing fraction）所引起。用高分辨质谱仪可测得小数点后 4～6 位数字，实验误差为 ±0.006 的精确数值。符合这一精确数值的可能分子式数目大为减少，若再配合其他信息，遂可确定试样化合物的元素组成。

有人将 C、H、O、N 各种组合构成的分子式的精确质量数排列成表（J. H. Beynon，A. E. Williams，mass and abundance table for use in mass spectrometry（质谱用质量与丰度表），Elsevier，Amsterdam，1963）。将实测精确分子峰质量数与该数据表核对，即可很方便地推定分子式，兹举例说明如下：

例：用高分辨质谱测得试样分子离子峰的质量数为 150.1045。这个化合物的红外光谱上出现明显的羰基吸收峰（1730cm^{-1}），求它的分子式。

解：如果质谱测定分子离子质量数的误差是 ±0.006，小数部分的波动范围将是 0.0985～0.1105。查上述质谱用质量与丰度表中，质量数为 150，小数部分在这个范围的式子有下列 4 个：

表 7.2 有机化合物常见元素同位素及其丰度

元素	同位素	质量数	天然丰度/%	同位素	质量数	天然丰度/%	同位素	质量数	天然丰度/%
氢	^1H	1.007825	99.9855	^2H	2.01410	0.0145	—	—	—
碳	^{12}C	12.000000	98.8920	^{13}C	13.00335	1.1080	—	—	—
氮	^{14}N	14.00307	99.635	^{15}N	15.00011	0.865	—	—	—
氧	^{16}O	15.99491	99.759	^{17}O	16.99914	0.037	^{18}O	17.99916	0.204
氟	^{19}F	18.99840	100	—	—	—	—	—	—
硅	^{28}Si	27.97693	92.20	^{29}Si	28.97649	4.70	^{30}Si	29.97376	3.10
磷	^{31}P	30.97376	100	—	—	—	—	—	—
硫	^{32}S	31.97207	95.018	^{33}S	32.97146	0.750	^{34}S	33.96786	4.215
氯	^{35}Cl	34.96885	75.557	^{37}Cl	36.96590	24.463	—	—	—
溴	^{79}Br	78.9183	50.52	^{81}Br	80.9163	49.48	—	—	—
碘	^{127}I	126.9044	100	—	—	—	—	—	—

分子式	分子量
$C_3H_{12}N_5O_2$	150.099093
$C_5H_{14}N_2O_3$	150.100435
$C_8H_{12}N_3$	150.103117
$C_{10}H_{14}O$	150.104459

其中,第 1 和第 3 式含奇数个 N 原子与试样分子量为偶数这一事实违反"氮素规则",因此应排除。第 2 式 $C_5H_{14}N_2O_3$ 的相当烃为 $C_{20}H_{22}$,刚好是饱和化合物,并且不含氧原子,这些与红外光谱数据不符,也应排除。因此所求的分子式只可能是第 4 式,即 $C_{10}H_{14}O$。

目前的质谱仪的电脑软件可以根据所测得的高分辨质量数据直接示出可能分子式及其可能率,以供选定,不必查上述数据表。

若高分辨质谱测出分子量数据与按推测的分子式计算出的分子量数据相差很小(一般小于 0.003),则推测可信。例如,自翠雀属植物中分离得到一种植物碱,高分辨质谱测得其分子量为 449.2776,而按 $C_{25}H_{39}NO_6$ 计算出的分子量为 449.2777,则此分子式可信。

7.1.3 测定官能团和碳骨架

从质谱裂解产生的碎片离子可以推测分子中所含的官能团或各类化合物的特征结构片断,例如质谱中出现 m/z 17 离子,提示分子中很可能含有羟基 (OH);出现 m/z 26 离子,提示分子中含有腈基等。表 7.3 列出了这些常见特征碎片离子。

从丢失的中性碎片也可推断分子中含有某种官能团。如出现 $(M-18)^+$ 峰丢失质量为 18 的中性碎片可能是水,样品中可能含 OH 基;出现 $(M-29)^+$ 峰丢失质量为 29 中性碎片是 CHO,样品中可能含醛基等。常见的这些中性丢失碎片与可能的结构见表 7.3。

表 7.3 有机化合物质谱中一些常见裂片离子*(正电荷未标出)

m/z	裂片离子	m/z	裂片离子
14	CH_2	28	C_2H_4,CO,N_2
15	CH_3	29	C_2H_5,CHO
16	O	30	CH_2NH_2,NO
17	OH	31	CH_2OH,OCH_3
18	H_2O,NH_4	33	SH
19	F	34	H_2S
20	HF	35	Cl
26	$C\equiv N$	36	HCl
27	C_2H_3	39	C_2H_5

m/z	裂片离子	m/z	裂片离子
40	$CH_2C\equiv N$	81	呋喃-CH_2
41	$C_3H_5(CH_2C\equiv N+H)$		
42	C_3H_6	82	$(CH_2)_4C\equiv N$
43	C_3H_7, $CH_3C=O$	83	C_6H_{11}
44	CO_2, (CH_2CHO+H), CH_2CHNH_2	85	C_6H_{13}, $C_4H_9C=O$
45	CH_3CHOH, CH_2CH_2OH, CH_2OCH_3, $COOH(CH_3CH{-}O+H)$	86	$(C_5H_7COCH_2+H)$, $C_4H_9CHNH_2$
		87	$COOC_3H_7$
46	NO_2	88	$(CH_2COOC_2H_5+H)$
47	CH_2SH, CH_3S	89	$(COOC_3H_7+2H)$, 苯-C
48	CH_3S+H	90	CH_3CHONO_2, 苯-CH
54	$CH_2CH_2C\equiv N$	91	苯-CH_2, (苯-CH +H),
55	C_4H_7		(苯-C +2H)
56	C_4H_8	92	(苯-CH_2 +H), 吡啶-CH_2
57	C_4H_9, $C_2H_5C=O$		
58	(CH_3COCH_2+H), $C_2H_5CHNH_2$, $(CH_3)_2NCH_2$, $C_2H_5CH_2NH$	94	(苯-O +H), 吡咯-$C=O$
59	$(CH_3)_2COH$, $CH_2OC_2H_5$, $COOCH_3(NH_2COCH_2+H)$	95	呋喃-$C=O$
60	$(CH_2COOH+H)$, CH_2ONO	96	$(CH_2)_5C\equiv N$
61	$\left(\begin{smallmatrix}O\\ \|\\ COCH_3\end{smallmatrix}+2H\right)$, CH_2CH_2SH, CH_2, SCH_3	97	C_7H_{13}, 噻吩-CH_2
68	$(CH_2)_3C\equiv N$	98	(呋喃-CH_2O +H)
69	C_5H_9, CF_3, C_3H_6CO	99	C_7H_{15}
70	C_5H_{10}, (C_3H_5CO+H)	100	$(C_4H_9COCH_2+H)$, $C_5H_{11}CHNH_2$
71	C_5H_{11}, $C_3H_7C=O$	101	$COOC_4H_9$
72	$\left(C_2H_5\overset{O}{\overset{\|}{C}}{-}CH_2+H\right)$, $C_3H_7CHNH_2$	102	$(CH_2COOC_3H_7+H)$
73	$\overset{O}{\overset{\|}{C}}{-}OC_2H_5$, $C_3H_7OCH_2$	103	$(COOC_4H_9+2H)$
74	$\left(CH_2{-}\overset{O}{\overset{\|}{C}}{-}OCH_3+H\right)$	104	$C_2H_5CHONO_2$
75	$(COOC_2H_5+2H)$, $CH_2SC_2H_5$	105	苯-$C=O$, 苯-CH_2CH_2,
77	C_6H_5		苯-$CHCH_3$
78	(C_6H_5+H)		
79	(C_6H_5+2H), Br		
80	吡咯(NH)-CH_2, (CH_3SS+H), HBr		

m/z	裂片离子	m/z	裂片离子
107	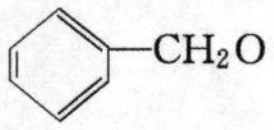 ⟨苯⟩—CH₂O	121	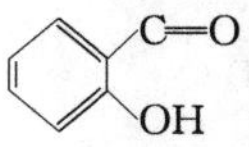 ⟨苯⟩(—C=O, —OH)
108	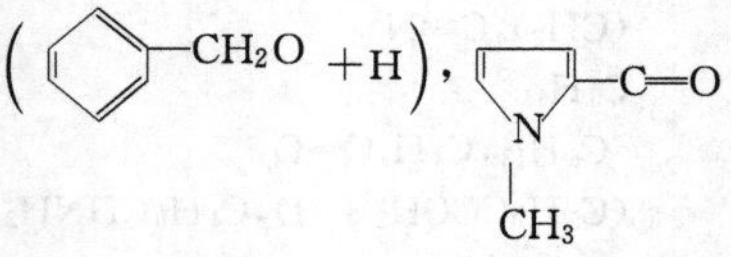 (⟨苯⟩—CH₂O +H), ⟨吡咯⟩—C=O (N—CH₃)	123	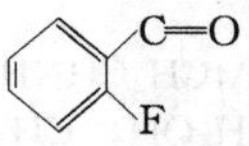 ⟨苯⟩(—C=O, —F)
	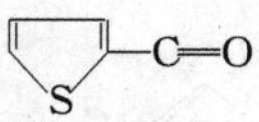	127	I
		128	HI
111	⟨噻吩⟩—C=O	131	C_3F_5
119	CF_3CF_2, 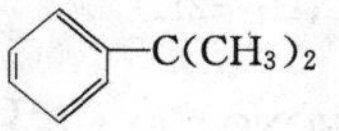 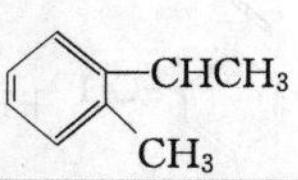 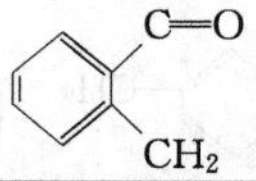 ⟨苯⟩—C(CH₃)₂, ⟨苯⟩—CHCH₃(—CH₃), ⟨苯⟩(—C=O, —CH₂)	139	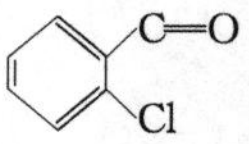 ⟨苯⟩(—C=O, —Cl)
		149	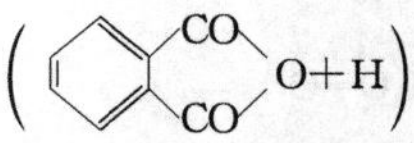 (⟨苯⟩(—CO, —CO)O+H)

* 出现 29,43,57,71 等离子表明有正烃基存在；

出现 39,41,50,51,52,65,77,79 表明有苯核存在。

7.2　质谱裂解机理[4,5]

由质谱数据推导有机物分子结构的过程，形象地说，正如用弹弓击碎一个瓷花瓶，由一堆碎片来拼凑复原花瓶的过程。为了使拼凑工作顺利，最好能了解花瓶碎裂的规律。相似地，为了使推导分子结构正确，必须了解质谱裂解机理。

在质谱中，分子气相裂解反应主要分两大类：

（1）自由基中心引发的裂解；

（2）电荷中心引发的裂解。

现分别叙述如下。

7.2.1　游离基中心引发的裂解

这类断裂反应也称为 α 裂解，可用通式表示如下：

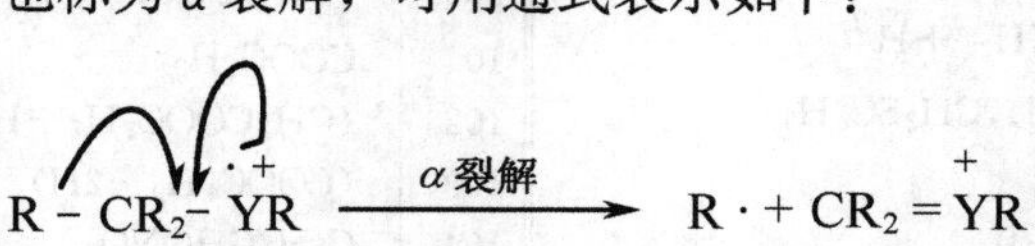

$$R - CR_2 - \overset{\cdot +}{YR} \xrightarrow{\alpha \text{裂解}} R \cdot + CR_2 = \overset{+}{YR}$$

（注意：在质谱反应中，单电子转移用鱼钩"⤳"表示，

双电子转移用箭头"⤵"表示。）

如醇和醚：

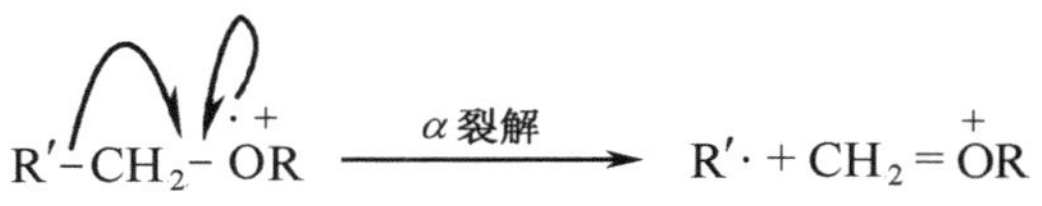

$$R'-CH_2-\overset{\cdot\,+}{OR} \xrightarrow{\alpha\ 裂解} R'\cdot + CH_2=\overset{+}{OR}$$

（R＝H，醇，　　R＝烃基，醚）

同样的，硫醇和硫醚：

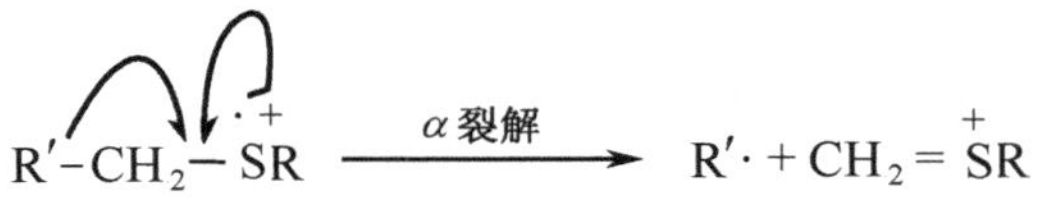

$$R'-CH_2-\overset{\cdot\,+}{SR} \xrightarrow{\alpha\ 裂解} R'\cdot + CH_2=\overset{+}{SR}$$

胺

$$R'-CH_2-\overset{\cdot\,+}{NR} \xrightarrow{\alpha\ 裂解} R'\cdot + CH_2=\overset{+}{NR}$$

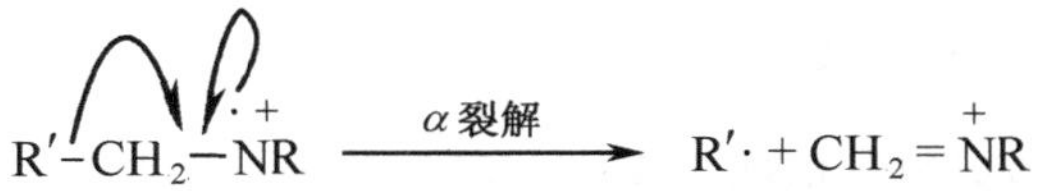

杂原子对正电荷离子有致稳作用，随杂原子的电负性递降而致稳增强，即 N＞S＞O，所以，如果同一分子中有两种不同杂原子的官能团，究竟哪一种官能团优先支配裂解，将遵循上述次序，例如：

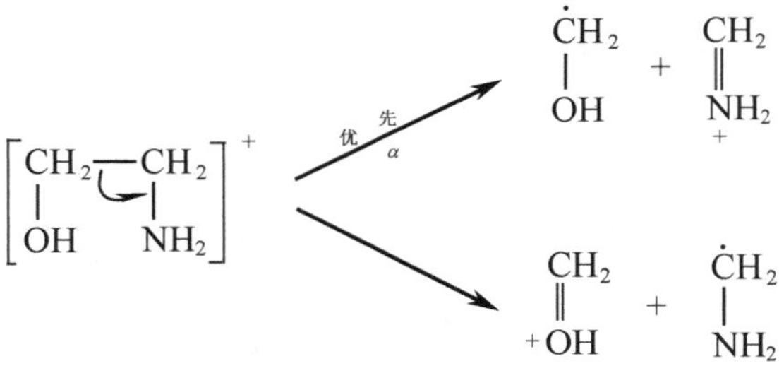

$$\left[\begin{array}{cc} CH_2-CH_2 \\ | \quad\quad | \\ OH \quad NH_2 \end{array}\right]^{+}$$

$$\xrightarrow{\text{优}\ \overset{先}{\alpha}}\quad \overset{\dot{C}H_2}{\underset{OH}{|}} + \overset{CH_2}{\underset{\overset{\|}{NH_2}}{}}$$

$$\searrow\quad \overset{CH_2}{\underset{+OH}{\|}} + \overset{\dot{C}H_2}{\underset{NH_2}{|}}$$

含有羰基的化合物，如醛、酮、酯等也易发生 α 裂解，如：

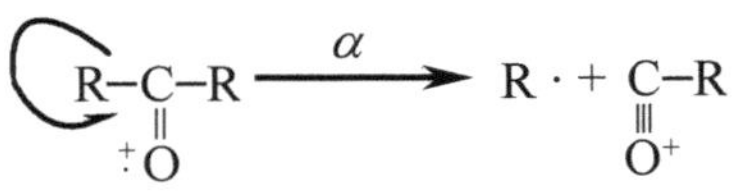

$$R-C-R \xrightarrow{\alpha} R\cdot + \underset{O^+}{\overset{\|}{C}}-R$$
$$\underset{\cdot\,O}{\|}$$

含烯丙基的烃类也发生 α 裂解，

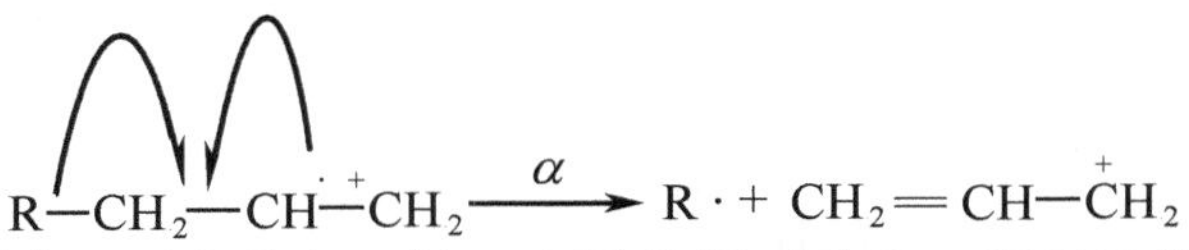

$$R-CH_2-CH\overset{\cdot\,+}{-CH_2} \xrightarrow{\alpha} R\cdot + CH_2=CH-\overset{+}{CH_2}$$

丙烯基离子中，正电荷与双键 π 电子共轭而致稳，所以这类裂解容易发生，相应碎片离子丰度较强。

含烃基侧链的芳烃也有类似烯丙基结构，所以也易发生这类 α 裂解，如：

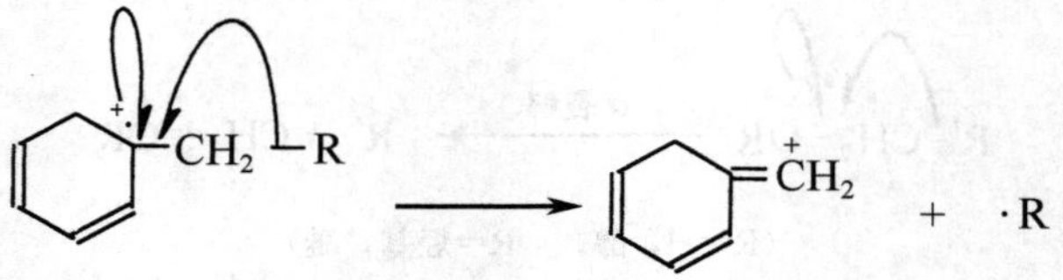

苄基离子与草鎓离子共轭而致稳：

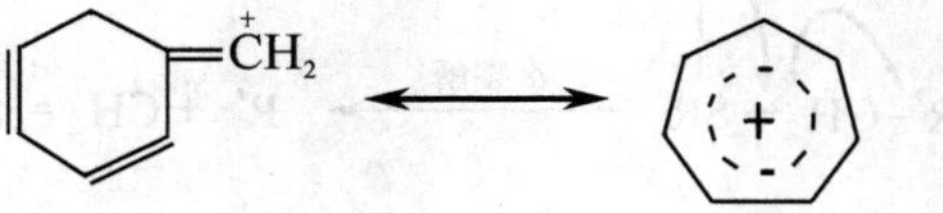

7.2.2 电荷中心引发的裂解

电荷中心引发的裂解又称诱导裂解。用 i 表示，通式如下：

奇电子离子

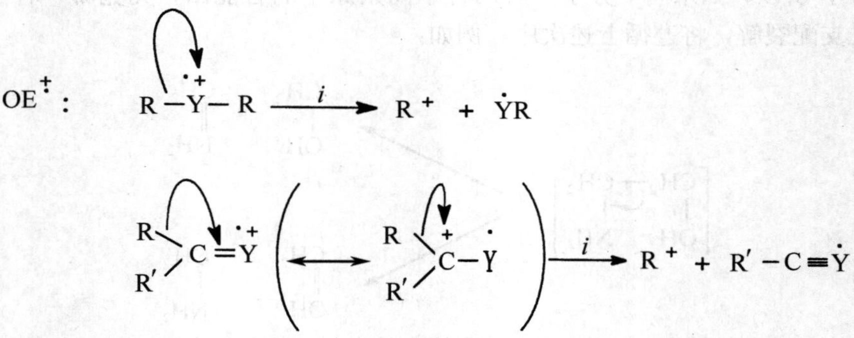

例如：

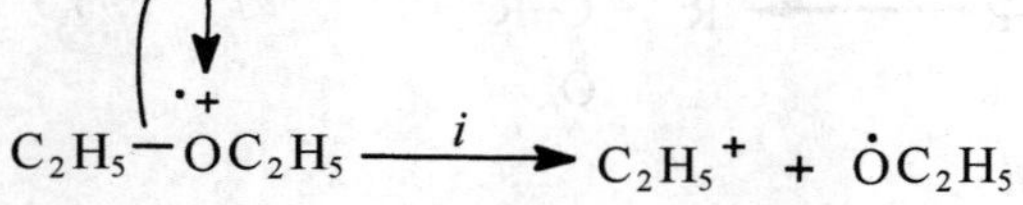

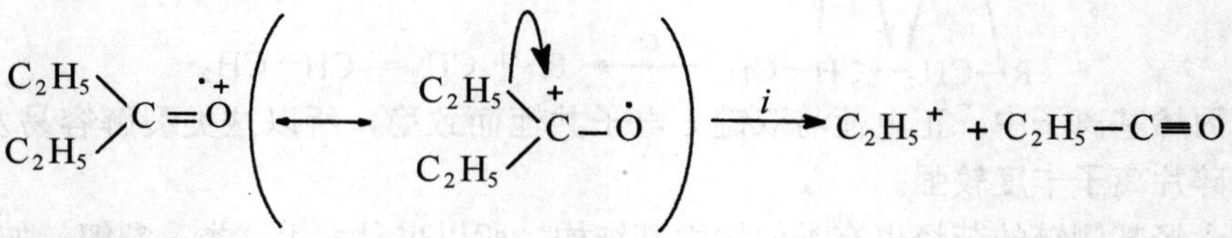

偶电子离子

$$EE^{+\bullet}: \quad R\overset{+}{-}YH_2 \xrightarrow{\ i\ } R^+ + YR$$

$$R\overset{+}{-}Y=CH_2 \xrightarrow{\ i\ } R^+ + Y=CH_2$$

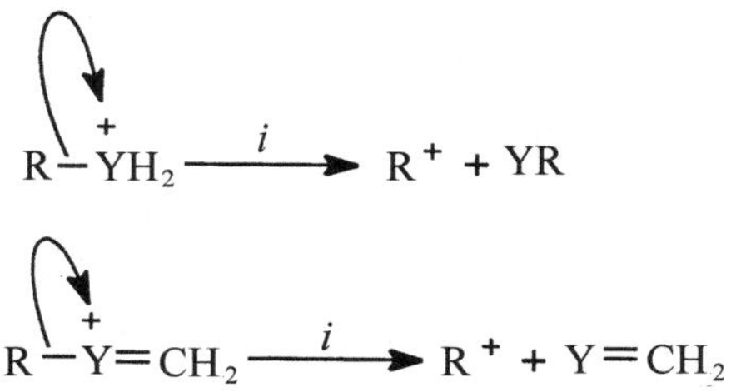

例如：

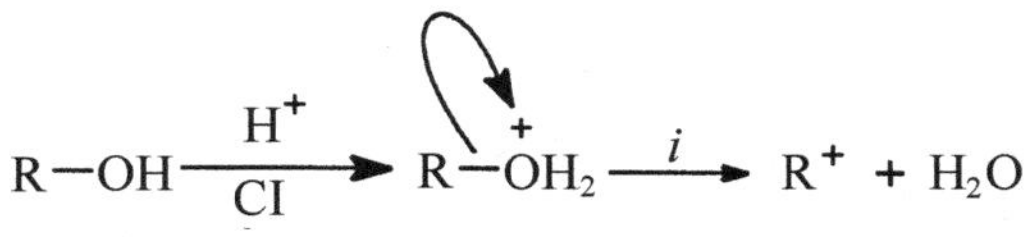

$$R-OH \xrightarrow[CI]{H^+} R\overset{+}{-}OH_2 \xrightarrow{\ i\ } R^+ + H_2O$$

7.2.3 游离基中心引发的重排

在质谱中往往出现一些特定重排反应，产生的离子丰度高。这些重排特征离子对推导分子结构很有启示作用。最常见的这类重排是麦克拉夫悌重排（McLafferty rearrangement）。它是由游离基中心引发，涉及到 γ-H 转移重排，所以用 γ-H 表示，有两种类型：

（1）γ-H 重排到不饱和基团上，伴随发生 α 裂解，电荷保留在原来的位置上。

（2）γ-H 重排到不饱和基团上，伴随发生 β 裂解（i 裂解），电荷发生转移。

同一个分子离子既可发生（1）型裂解，也可发生（2）型裂解。究竟哪种类型裂解占优势，由分子中取代基决定。只有 γ-H 转移而不是 α-H 或 β-H 转移，这是因为 γ-H 刚好合适能量低的六员环过渡态。

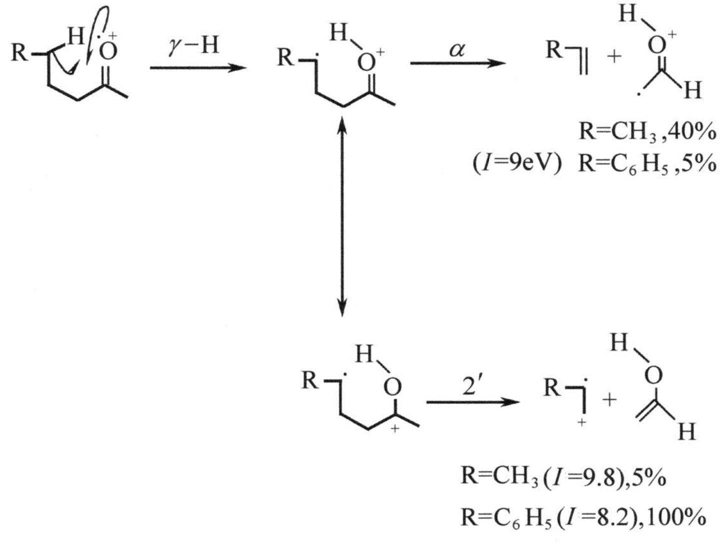

R=CH$_3$,40%

(I=9eV)　R=C$_6$H$_5$,5%

R=CH$_3$(I=9.8),5%

R=C$_6$H$_5$(I=8.2),100%

上式中，Y＝O 的醛、酮、羧酸、羧酸酯、酰胺、硫酸酯均易发生这种重排裂解；此外 Y＝N 的腙、肟、亚胺以及磷酸酯、亚硫酸酯易发生这类重排裂解。不含杂原子的炔和烷基苯也能发生。如：

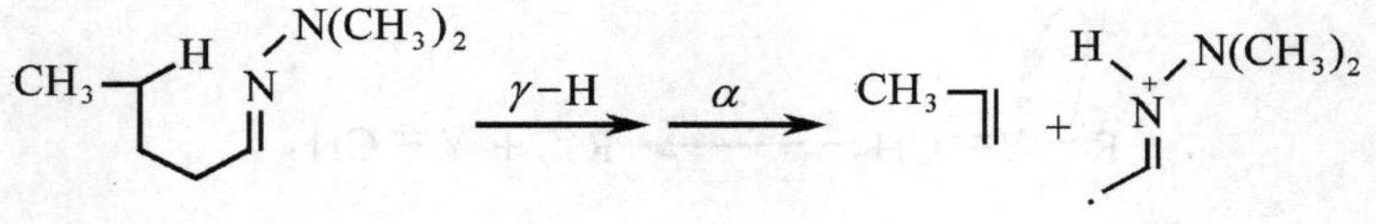

腙

m/z 85,100%; *m/z* 86,90%

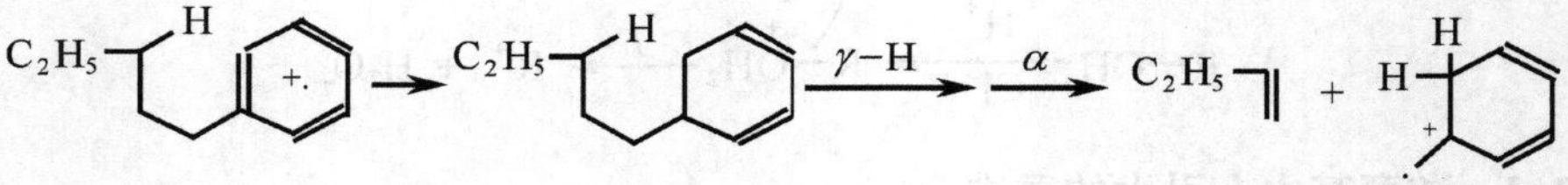

戊基苯

m/z 91,100%; *m/z* 92,60%

7.2.4 电荷中心引发的重排

这种重排发生在偶电子离子（EE⁺）中，通式如下：

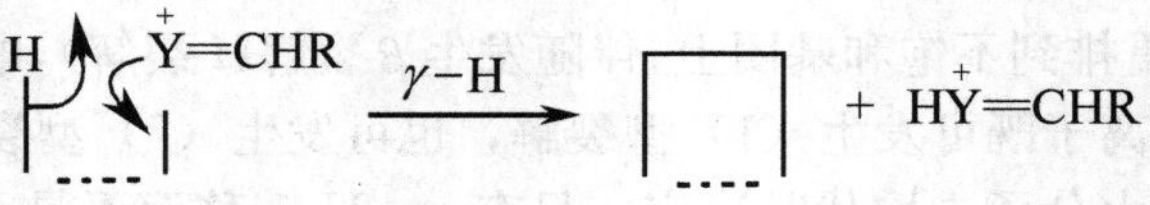

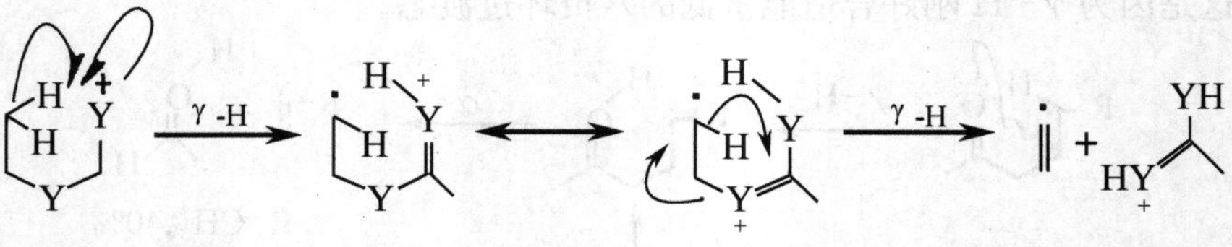

在奇电子离子中发生的这种重排，是酯、硫酯、酰胺和磷酸酯的特征：

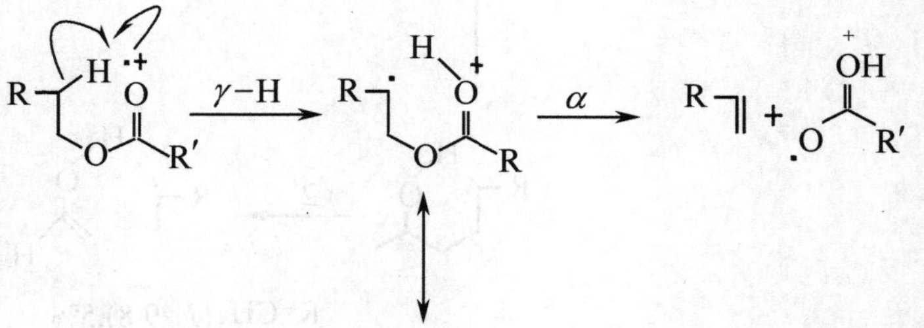

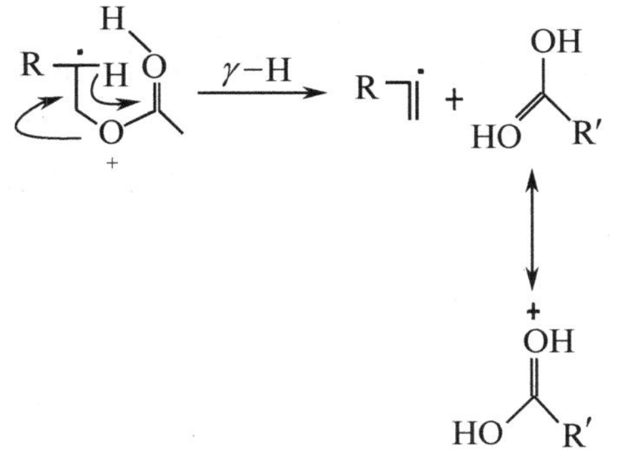
H
R
H
O
O
+
γ-H
R
+
OH
HO
R′
+
OH
HO
R′

7.2.5 其他裂解反应

前面概括地叙述了质谱中常见的四种类型裂解反应，除此以外，尚有一些裂解反应值得注意，如：

1. 逆狄尔斯-阿尔德裂解

狄尔斯-阿尔德反应是由一个共轭双烯和一个单烯分子合并成一个六员环单烯。而在质谱中由一个六员环单烯裂解成为一个共轭双烯和一个单烯碎片离子，所以这种裂解被称为逆狄尔斯-阿尔德裂解（retro-Diels-Alder fragmentation）。

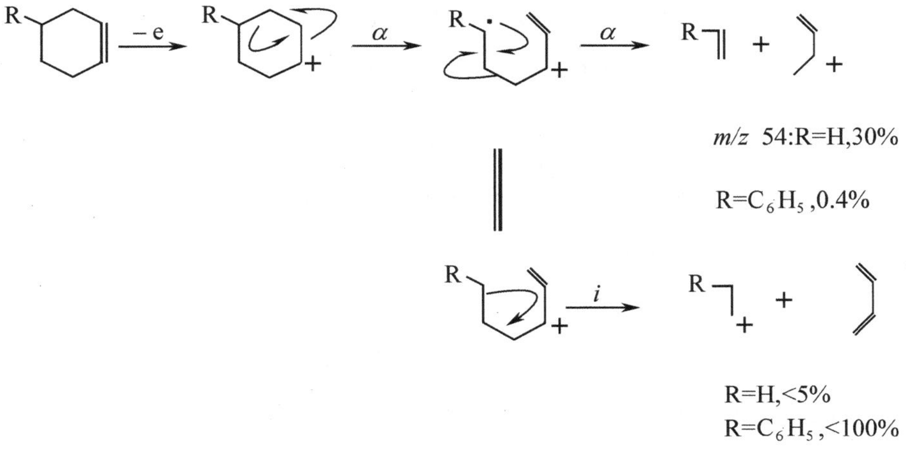
R
−e
α
α
+
i
m/z 54:R=H,30%
R=C6H5,0.4%
R=H,<5%
R=C6H5,<100%

2. σ 键裂解

σ 键在电离时失去一个电子，则断裂往往在这个位置发生。在烷烃中，高取代的碳原子由于支链烃基的超共轭致稳效应，使该碳原子更易电离而开裂，这种裂解用 σ 表示。

$$(CH_3)_3C—CH_2CH_3 \xrightarrow{-e} (CH_3)_3C^{+\cdot}CH_2CH_3 \xrightarrow{\sigma} \underset{100\%}{(CH_3)_3C^{+}} + \cdot CH_2CH_3$$

3. 置换裂解（rd）

分子内部两个原子或基团（常常是带游离基中心的）能够互相作用，形成一个新键，同时其中一个基团（或两者）的另一键断裂，如 1-卤化（氯或溴化）烷中最强峰就是由该裂解反应形成，该反应称为 γ 位置换裂解，以 rd 表示。

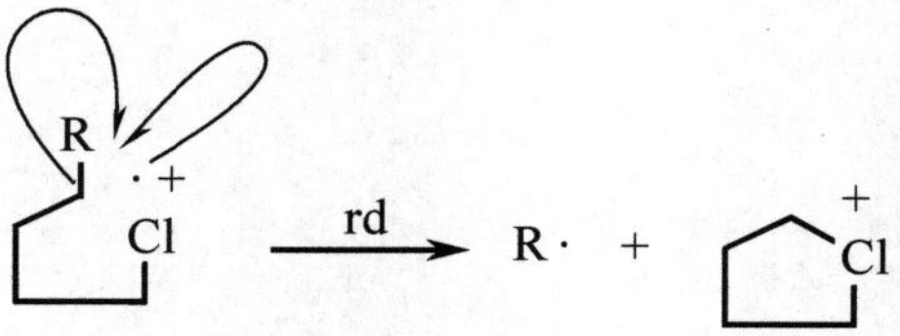

7.2.6 影响离子丰度的因素

上面提到的这些特定裂解反应和重排反应往往产生相对丰度较强的离子。另外还有一些因素影响着离子的丰度，如：

1. 产物离子的稳定性

影响离子稳定性最重要的因素是共轭效应，有共振结构的体系，由于共轭效应稳定性必大，因而丰度也就较高，如：

$$CH_3-\overset{+}{C}=O \longleftrightarrow CH_3-C\equiv \overset{+}{O}$$

$$\overset{+}{C}H_2-CH=CH_2 \longleftrightarrow CH_2=CH-\overset{+}{C}H_2$$
烯丙基离子

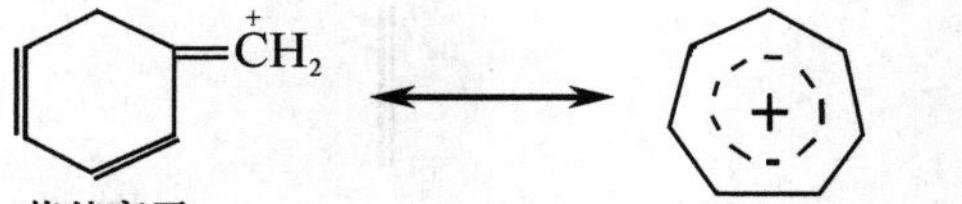

苄基离子   草鎓离子

2. Stevenson 规则

奇电子离子的单键断裂产生两组离子和游离基产物：

$$ABCD \begin{cases} A^+ + \cdot\ BCD \\ A\cdot + BCD^+ \end{cases}$$

这两组产物中哪组占优势由 A^+ 和 BCD^+ 两种离子的电离能（I）值决定，I 值较低的离子有较高的形成概率。这一规则称为 Stevenson 规则。各分子的 I 值列于表 7.4 中。

3. 最大烷基的丢失

在反应中心最大烷基最易丢失，这是一个普遍倾向。丢失的烷自由基因超共轭效应致稳。烷基越大，分支越多，致稳效果越好，因而裂去后剩下的离子丰度也越高。

稳定性　　　　　　$C_4H_9 \cdot > C_2H_5 \cdot > CH_3 \cdot > H \cdot$

离子强度

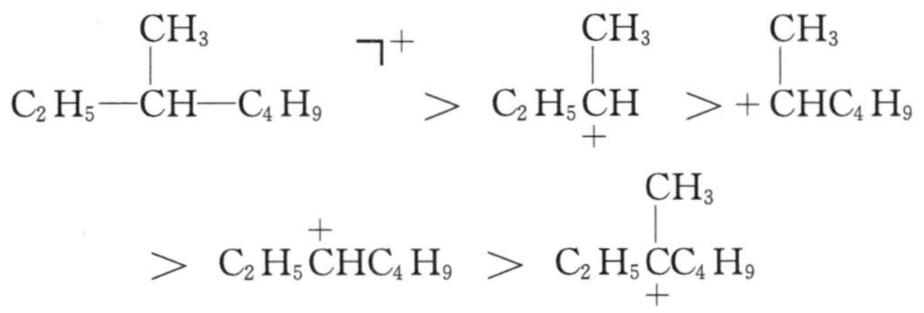

$$
\underset{C_2H_5-CH-C_4H_9}{\overset{CH_3}{|}} \Big\rceil^+ > \underset{C_2H_5CH}{\overset{CH_3}{|}} \atop + > +CHC_4H_9 \atop \overset{CH_3}{|}
$$

$$
> C_2H_5\overset{+}{C}HC_4H_9 > \underset{C_2H_5\overset{+}{C}C_4H_9}{\overset{CH_3}{|}}
$$

4. 稳定中性碎片的丢失

凡裂解的中性自由基如有共轭效应而致稳，如上面提到的烯丙基分支烷基等，则易丢失，丢失它们后形成的离子相对丰度也较高，易于丢失中性小分子，稳定性也较高，易于丢失如 H_2，CH_4，H_2O，C_2H_4，CO，NO，CH_3OH，H_2S，HCl，$CH_2{=}C{=}O$ 和 CO_2 等。

7.3　各类化合物的裂解特征[1,5]

为了运用质谱测定分子结构最好了解各类化合物的裂解特征。现分别扼要叙述于下：

7.3.1　烃

1. 烷烃　烷烃质谱有下列特征：

a. 直链烃的 M^+ 峰常可观察到，不过其强度随分子量增大而减小。

b. M—15 峰最弱，因为直链烃不易失去甲基（$CH_3 = 15$）。

c. m/z 43（$\overset{+}{C}_3H_7$）和 m/z 57（$\overset{+}{C}_4H_9$）峰总是很强（基准峰），因为丙基离子和丁基离子很稳定的缘故。支链烃往往在分支处裂解形成的峰强度较大，因为形成稳定的仲或叔正碳离子。

d. 环烷的 M^+ 峰一般较强。环开裂时一般失去含两个碳的裂片，所以往往出现 m/z 28（$\overset{+}{C}_2H_4$），m/z 29（$\overset{+}{C}_2H_5$）和 M—28，M—29 的峰。含环己烷基的化合物往往出现 m/z 83，82，81 峰（$\overset{+}{C}_6H_{11}$，$\overset{+}{C}_6H_{10}$，$\overset{+}{C}_6H_9$），而含环戊烷的化合物则出现 m/z 69 峰（$\overset{+}{C}_5H_9$）。

表 7.4　电离能和质子亲合能(1 eV=96.49 kJ/mol=23.06 kcal/mol)[1]

H,C		O,S,Se		N,P,He,Ar		卤素等		游离基	
H_2	15.4	CO	14.0(6.5)	He	24.6(2.1)	HF	16.0(5.2)	F·	17.4
		CO_2	13.8(5.7)	Ar	15.8(4)			NC·	14.1
CH_4	12.5(5.9)	H_2O	12.6(7.7)	N_2	15.6(5.8)	HCl	12.7(6.4)	H·	13.6
		SO_2	12.3	HCN	13.6	CH_3F	12.5(6.9)	HO·	13.0
		O_2	12.1(4.6)	NO_2	12.9			Cl·	13.0
C_2H_6	11.5(6.2)			CH_3CN	12.2(8.4)	HBr	11.7(6.4)	Br·	11.8
C_2H_2	11.4	HCOOH	11.5	$n-C_3H_7CN$	11.7(8.6)	Cl_2	11.5	$H_2N·$	11.2
C_3H_8	11.0(6.7)					CH_3Cl	11.3	$NCCH_2·$	10.8
		CH_2O	10.9(7.9)	$CH_2=CHCN$	10.9(8.5)			I·	10.5
		CH_3OH	10.8(8.2)	$n-C_3H_7NO_2$	10.8			$CH_3·$	9.8
$n-C_4H_{10}$	10.6(7.5)	CH_2CH_2O	10.6(8.3)			$n-C_4H_9Cl$	10.7	$CH_2=CH·$	9.8
$i-C_4H_{10}$	10.5	C_2H_5OH	10.5(8.4)			Br_2	10.5	HCO·	9.8
$CH_2=CH_2$	10.5(7.3)	$CH_2=C(OH)_2$	10.5					$CH_3O·$	9.8[2]
$CH_3C≡CH$	10.4(7.9)	H_2S	10.4(7.8)			$CH_2=CHF$	10.4(7.9)	$ClCH_2·$	9.3
		CH_3COOH	10.4(8.5)			HI	10.4(6.6)	$C_3H_3·$	8.7
		$n-C_3H_7COOH$	10.2(8.6)					$BrCH_2·$	~8.6[3]
$n-C_6H_{14}$	10.2	CH_3CHO	10.2(8.3)	NH_3	10.2(9.1)			HOOC·	~8.6[3]
		$C_2H_5COOCH_3$	10.2(8.9)	PH_3	10.0(8.4)	$n-C_4H_9Br$	10.1	$CH_3OOC·$	~8.6[3]
$(CH_3)_2CH_2$	10.0	$n-C_4H_9OH$	10.1(8.5)			$CH_2=CHCl$	10.0	$C_2H_5·$	8.2
		CS_2	10.1(7.6)					$CH_3S·$	8.1
环己烷	9.9	H_2Se	9.9(7.9)	$C_6H_5NO_2$	9.9(8.6)			$CH_2=CHCH_2·$	8.1
$CH_2=C=CH_2$	9.7(7.9)	$n-C_3H_7CHO$	9.9(8.5)					$C_6H_5·$	8.1

H,C	O,S,Se	N,P,He,Ar	卤素等	游离基
$CH_3CH{=}CH_2$ 9.7(8.2)	C_6H_5COOH 9.7	CH_3CONH_2 9.8(9.2)		$n\text{-}C_3H_7\cdot$ 8.1
	CH_3COCH_3 9.7(8.7)			$n\text{-},i\text{-}C_4H_9\cdot$ 8.0
$CH_3C{\equiv}CCH_3$ 9.6	$CH_3CH(OCH_3)_2$ 9.7	C_6H_5CN 9.7(8.8)	$(CH_3)_4Si$ 9.5	$CH_3CO\cdot$ 7.9
$C_2H_5CH{=}CH_2$ 9.6(8.3)	CH_2CO 9.6(8.7)			$C_2H_5CO\cdot$ 7.7
benzyne 9.5(9.5)	$(C_2H_5)_2O$ 9.6(8.9)			cyclohexyl$\cdot$ 7.7
$(CH_3)_2C{=}CH_2$ 9.2(8.6)	$C_2H_5COCH_3$ 9.5(8.8)	$C_2H_5PH_2$ 9.5		$s\text{-}C_4H_9\cdot$ 7.4
benzene 9.2(8.2)		NO 9.3(5.5)	$n\text{-}C_4H_9I$ 9.2	$HOCH_2\cdot$ 7.4
$CH_3CH{=}CHCH_3$ 9.1(8.2)	$C_6H_5COCH_3$ 9.3(9.1)	pyridine 9.3(9.8)	C_6H_5F 9.2(8.2)	$HSCH_2\cdot$ 7.3
$(CH_2{=}CH)_2$ 9.1	$CH_2{=}C(OH)OCH_3$ 9.1	$CH_3CH{=}NCH_3$ 9.1	C_6H_5Cl 9.1(8.2)	$C_6H_5CH_2\cdot$ 7.3
	$n\text{-}C_4H_9SH$ 9.1		C_6H_5Br 9.0	
cyclohexene 8.9	thiophene 8.9	$C_2H_5NH_2$ 8.9(9.6)		$CH_3OCH_2\cdot$ 6.9
		$(CH_3)_3N$ 8.8(9.2)		$CH_3SCH_2\cdot$ ~6.9③
$C_6H_5CH_3$ 8.8(8.5)	furan 8.9(8.5)	$n\text{-}C_4H_9NH_2$ 8.7(9.7)	$(C_2H_5)_2Hg$ 8.5	$CH_3(HO)CH\cdot$ 6.7
	C_6H_5OH 8.5(8.8)	$(C_2H_5)_2PH$ 8.5		$t\text{-}C_4H_9\cdot$ 6.7
$C_6H_5CH{=}CH_2$ 8.4(9.0)	$C_2H_5SC_2H_5$ 8.4(9.1)	pyrrole 8.2(9.3)	$(CH_3)_4Sn$ 8.2	$(CH_2O)_2{=}CH\cdot$④ ~6.3③
biphenyl 8.2	$C_6H_5OCH_3$ 8.2(8.9)	CH_3NH_2 8.2		H_2NCH_2 6.2
naphthalene 8.1		$(C_2H_5)_2NH$ 8.0(10.0)		$(CH_3)_2NCH_2\cdot$ ~5.8③
anthracene 7.5		$C_6H_5NH_2$ 7.7(9.4)		
		$(C_6H_5)_3N$ 6.9		

① 不在括号内的数字是电离能,括号内的数字是质子亲合能,都用 eV 表示。大多数电离能数值取自 Rosenstock 等人 1977,质子亲合能数值取自 Hartman 等人 1979(按氢为 9.1 eV 计算,McLoughlin and Traeger 1979)。其他参考材料是 Yamdagni 和 Kebane 1976; Benoit 等人,1977; Wolf 等人 1977;Dill 等人 1979;McLoughlin 和 Traeger 1979;Houle 和 Beauchamp 1979。

② Dill 等人 1979;H_2 和 HCO^+ 的 C_{2v} 复合物值为 8.2 eV。

③ 用 Harrison 等人的方法(1971)由质谱丰度估算。

④ 乙二醇缩酮。

不同类型烷类裂解的可能机理示例如下：**例1** 直链烃

$$CH_3-CH_2-CH_2-CH_2-CH_2-CH_3 \xrightarrow[-e]{离子化} CH_3-CH_2\cdot +CH_2-CH_2-CH_2-CH_3$$
烷烃   分子离子 $m/z=86$

$$CH_3-CH_2\cdot +CH_2-CH_2-CH_3 \xrightarrow{异裂} CH_3-\overset{\cdot}{C}H_2+\overset{+}{C}H_2-CH_2-CH_2-CH_3$$
分子离子   自由基   裂片离子 $m/z=57$

$$\downarrow -CH_2$$

$$CH_2+\cdot CH_2-CH_2-CH_3$$
丙基离子 $m/z=43$

正己烷质谱数据：

m/z	28	40	44	57（基准峰）	86（M$^+$）
相对丰度/%	11	3	3	<u>100</u>（基准峰）	15.5

例2 支链烃

$$CH_3-CH_2-\underset{\underset{CH_3}{|}}{\overset{\overset{CH_3}{|}}{C}}-CH_3 \xrightarrow{离子化} CH_3-CH_2\cdot +\underset{\underset{CH_3}{|}}{\overset{\overset{CH_3}{|}}{C}}-CH_3$$

烷烃   分子离子 $m/z=86$

$$CH_3-CH_2\cdot +\underset{\underset{CH_3}{|}}{\overset{\overset{CH_3}{|}}{C}}-CH_3 \xrightarrow{异裂} CH_3-\overset{\cdot}{C}H_2+\overset{+}{\underset{\underset{CH_3}{|}}{\overset{\overset{CH_3}{|}}{C}}}-CH_3$$

分子离子   自由基   稳定离子 $m/z=57$

2,2-二甲基丁烷质谱数据：

m/z	14	28	40	44	57	72
相对丰度/%	1	5	3	3	98	5

例3 环烷烃

○ $\xrightarrow{离子化}$ （γ β α）分子离子 $\xrightarrow{\beta-\gamma 键异裂}$ C_2H_4+ 基离子

烷烃   分子离子 $m/z=34$ 基离子 $m/z=56$

环己烷质谱数据：

m/z	16	27	38	42	52	56	70	84（M$^+$）
相对丰度/%	1.0	18	2	26	1	<u>100</u>	1.4	73

2. 烯烃　烯烃质谱有下列特征：

a. 烯烃易失去一个 π 电子，所以其分子离子峰明显，其强度随分子量增大而减弱。

b. 烯烃质谱中最强峰（基准峰）是双键 β 位置 C—C 键断裂的峰（丙烯基型裂解）。带有双键的裂片带正电荷。

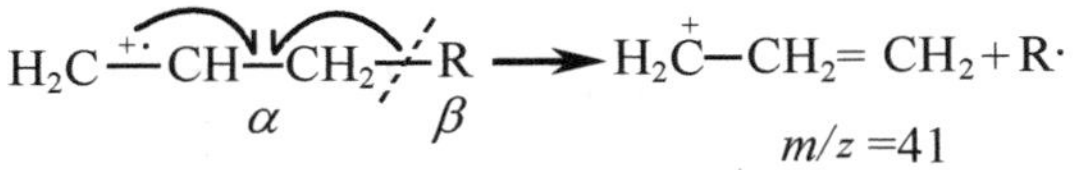

$$H_2C \overset{+\cdot}{-} CH \overset{\alpha}{-} CH_2 \overset{\beta}{-} R \longrightarrow H_2\overset{+}{C} - CH_2 = CH_2 + R\cdot$$
$$m/z = 41$$

由于丙烯基型裂解，于是出现 m/z 41，55，69，83 等（C_nH_{2n-1}）的离子峰。这些峰比相应烷烃裂片峰少二个质量单位。例如，丁烯的质谱数据为：

m/z	15	20*	26	28	37.5*	41	52	56
相对丰度/%	2	0.1	8	27	0.1	100	1	39

* 表示双电荷峰。

c. 往往发生麦克拉夫悌重排裂解，产生 C_nH_{2n} 离子。

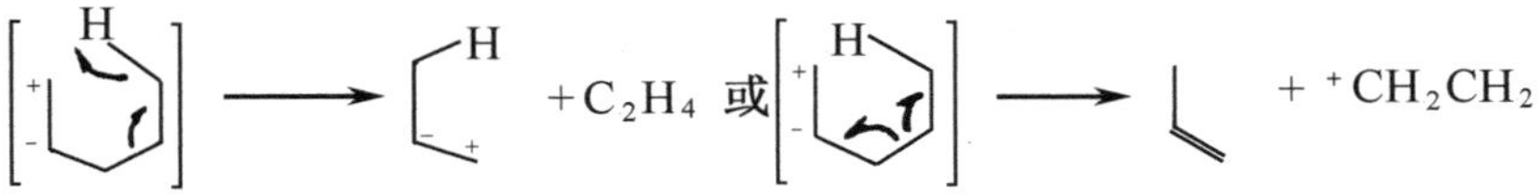

d. 环己烯类发生逆向狄尔斯-阿德尔裂解：

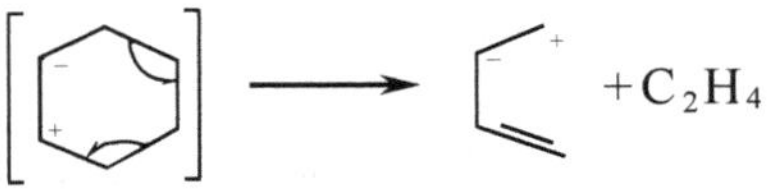

e. 值得注意的是，由质谱裂片峰并不能确定烯烃分子中双键位置异构体，因为在裂解过程中往往发生双键位移。

3. 芳烃　芳烃的质谱特征是：

a. 分子离子峰明显，M+1 和 M+2 可精确量出，便于计算分子式。

b. 带烃基侧链的芳烃常发生苄基型裂解，产生䓬鎓离子基准峰 $m/z = 91$，若基准峰的 m/z 为 $91 + n \times 14$，则表明苯环 α-碳上另有甲基取代，形成了取代的䓬鎓离子，如：

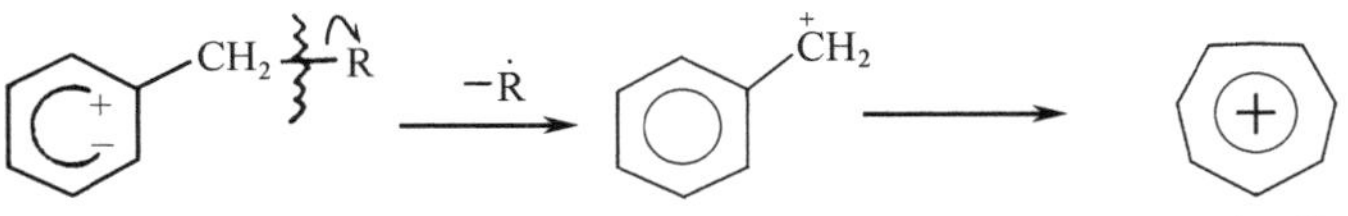

$$m/z = 91$$

$$m/z=105$$

$$m/z=119$$

草鎓离子有时进一步裂解形成环戊烯基离子 $\overset{+}{C_5H_5}$ 和环丙烯基离子 $\overset{+}{C_3H_3}$，质谱上出现明显的 $m/z=39$ 和 65 峰。

$$m/z=39 \qquad m/z=91 \qquad m/z=65$$

c. 带有正丙基或丙基以上侧链的芳烃（含 γ-H）经麦克拉夫悌重排产生 C_7H_8 离子（$m/z=92$）。

$$m/z=92$$

d. 侧链 α 裂解虽然发生机会较少，但仍然有可能，所以芳烃质谱中可以见到 $m/z77$（苯基 C_6H_5）、78（苯，重排产物）和 79（苯＋H）的离子峰。

7.3.2 羟基化合物

1. 醇

醇类的质谱有下列特征：

a. 分子离子峰很微弱或者消失。

b. 所有伯醇（甲醇例外）及高分子量仲醇和叔醇易脱水形成 M−18 峰，不要将 M−18 峰误认为 M 峰。脱水过程为：

$$(M-18)$$

环己醇类脱水可能产生双环结构的离子，后者再继续裂解：

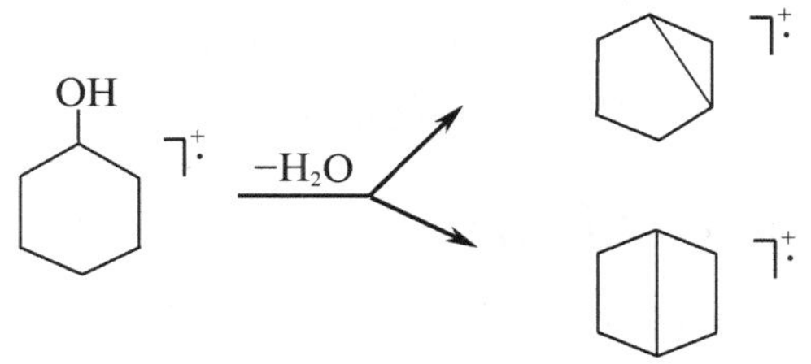

c. 开链伯醇可能发生麦克拉夫悌重排（1，4失水），同时脱水和脱烯，如：

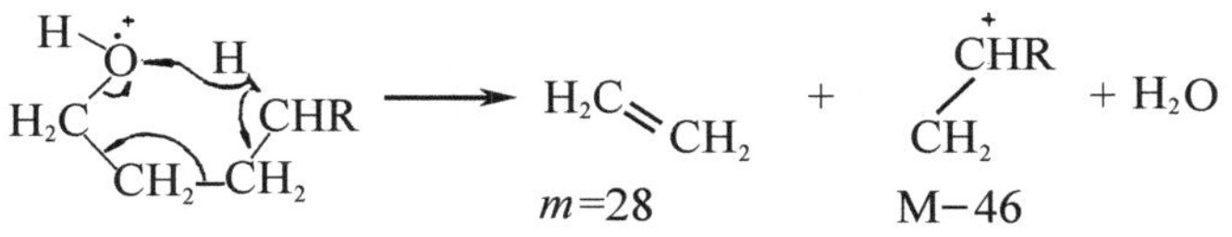

仲醇及叔醇一般不发生裂解。若 β-碳上有甲基取代，则失去丙烯，形成 M—60 峰。

d. 羟基的 C_α—C_β 键容易断裂，形成极强的 m/z 31 峰（$CH_2\overset{+}{O}H$，伯醇）、m/z 45 峰（$Me CH\overset{+}{O}H$，伯醇）或 m/z 59 峰（$Me_2\overset{+}{C}OH$，叔醇），这些峰对于鉴定醇类极重要。因为醇的质谱由于脱水而与相应烯烃的质谱相似，而 31 或 45，59 峰的存在则往往可判断样品是醇而不是烯。

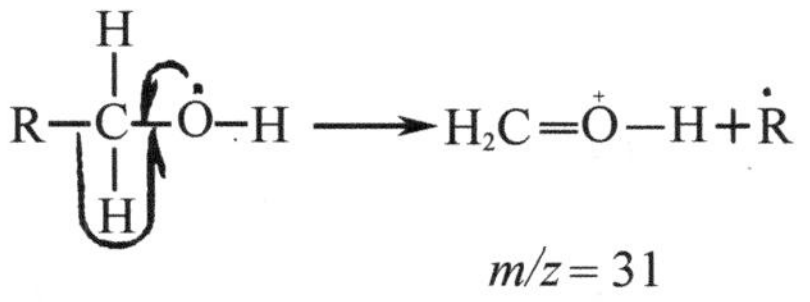

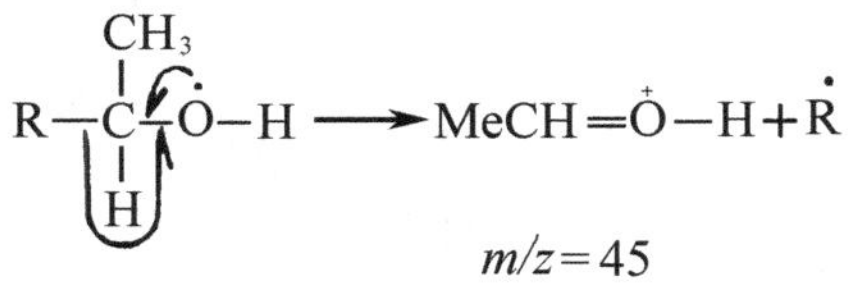

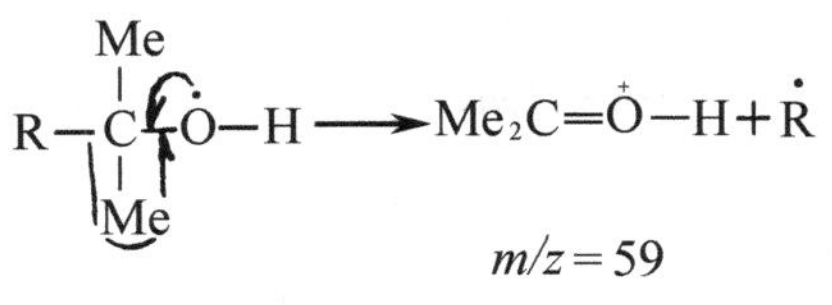

e. 在醇的质谱中往往可观察到 m/z 19（$H_3\overset{+}{O}$）和 m/z 33（$CH_3\overset{+}{O}H_2$）的强峰。

f. 丙烯醇型不饱和醇的质谱有 M—1 强峰，这是由于发生形成共轭离子的裂解：

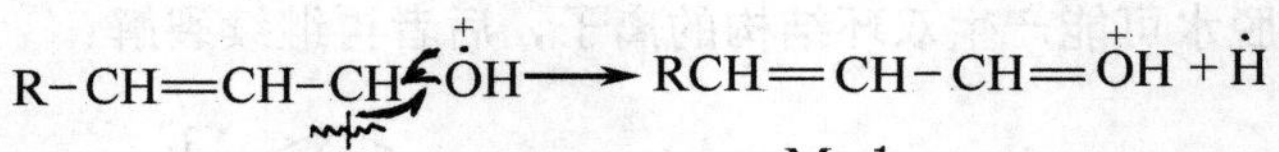

$$R-CH=CH-CH \overset{+}{\underset{|}{\overset{\frown}{C}}}\overset{+}{OH} \longrightarrow RCH=CH-CH=\overset{+}{O}H + \dot{H}$$
$$\overset{|}{H} \qquad\qquad\qquad\qquad M-1$$

而氧原子 β 键的断裂较少发生，因能量分配不利：

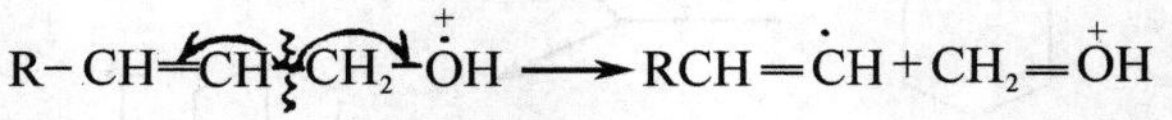

$$R-CH \overset{\frown}{=} CH_2 \overset{\frown}{\underset{}{|}} CH_2 \overset{+}{O}H \longrightarrow RCH=\dot{C}H + CH_2=\overset{+}{O}H$$

g. 环己醇类的 β 裂解将包括氢原子转移，较复杂：

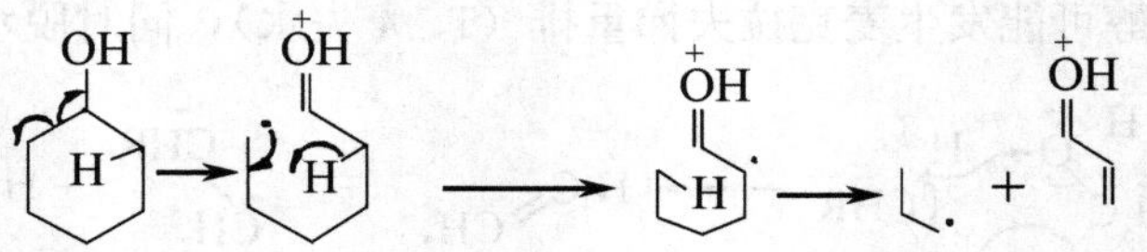

2. 酚和芳香醇

a. 正如其他芳香化合物一样，酚和芳香醇的 M^+ 峰很强，酚的 M^+ 峰往往是它的基准峰。

b. 苯酚的 M—1 峰不强，而甲苯酚和苄醇的 M—1 峰很强，因为产生了较稳定的䓬鎓离子。

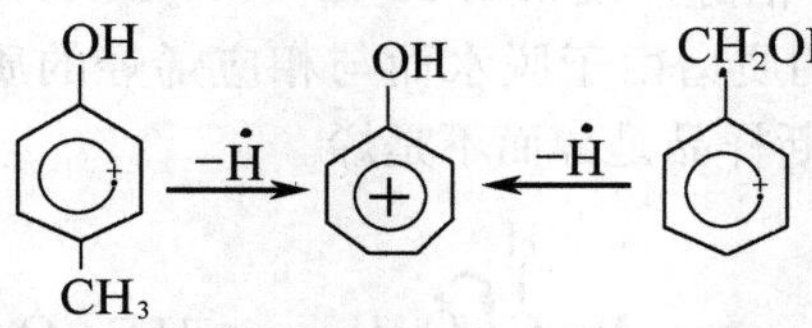

对甲苯酚离子　　　　M-1　　　　苄醇离子

c. 酚类和苄醇类最特征的峰是失去 CO 和 CHO 所形成的 M—28 和 M—29 峰：

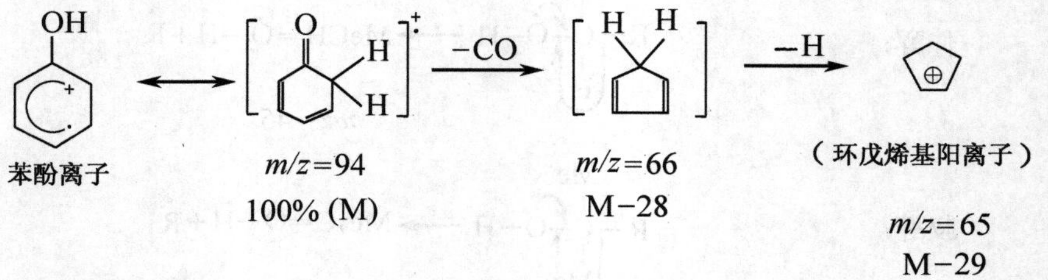

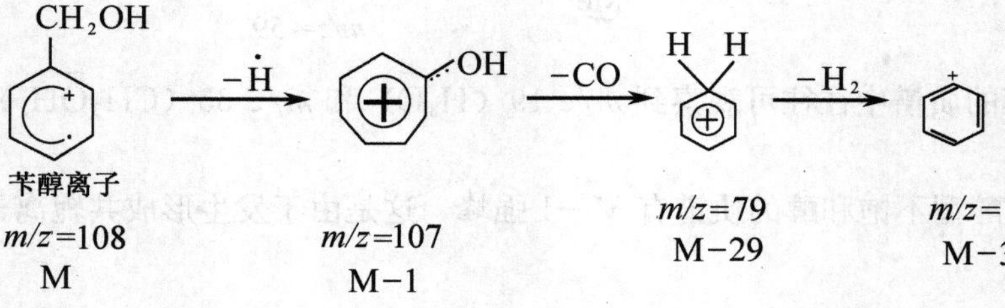

苯酚离子　　　　　　$m/z=94$　　　　　　$m/z=66$　　　　（环戊烯基阳离子）
　　　　　　　　　　100% (M)　　　　　　M-28
　　　　　　　　　　　　　　　　　　　　　　　　　　　　$m/z=65$
　　　　　　　　　　　　　　　　　　　　　　　　　　　　M-29

苄醇离子　　　　　　　　$m/z=107$　　　　　　$m/z=79$　　　　$m/z=77$
$m/z=108$　　　　　　　　M-1　　　　　　　　M-29　　　　　　M-31
M

d. 甲苯酚类和二元酚以及甲基取代的苄醇可失水形成 M—18 峰，当取代基互为邻位时更易发生（邻位效应）：

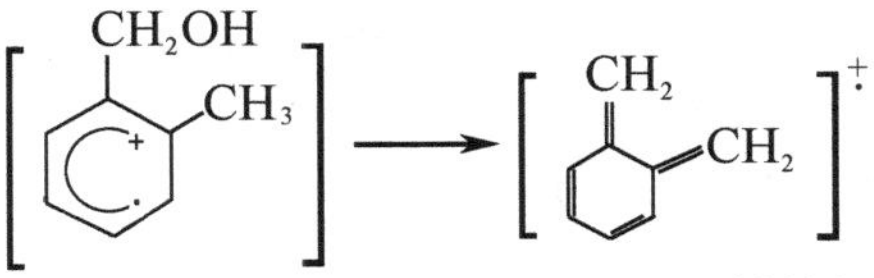

7.3.3 卤化物

卤化物的质谱有下列特征：

a. 脂肪族卤化物 M^+ 峰不明显，芳香族的明显。

b. 氯化物和溴化物的同位素峰是很特征的。含一个 Cl 的化合物有 M＋2 峰，其强度相当于 M 峰的 1/3（由于 ^{37}Cl 同位素存在）。含一个 Br 的化合物有与 M 峰强度相等的 M＋2 峰（由于 ^{81}Br 同位素存在）。含有两个 Cl 或两个 Br 或同时含一个 Cl 和一个 Br 的化合物，质谱中出现明显的 M＋2 峰。因此由同位素峰 M＋2，M＋4，M＋6 等可估计试样中卤素原子的数目，如表 7.5 所示。氟化物和碘化物因自然界无重同位素而没有相应的同位素峰。

表 7.5 氯化物和溴化物同位素峰相对强度与卤素原子数目*

卤素原子	M＋2 %	M＋4 %	M＋6 %	M＋8 %	M＋10 %	M＋12 %
Br	97.7	—	—	—	—	—
Br₂	195.0	95.5	—	—	—	—
Br₃	293.0	286.0	93.4	—	—	—
Cl	32.6	—	—	—	—	—
Cl₂	65.3	10.6	—	—	—	—
Cl₃	99.8	31.9	3.47	—	—	—
Cl₄	131.0	63.9	14.0	1.15	—	—
Cl₅	163.0	106.0	34.7	5.66	0.37	—
Cl₆	196.0	161.0	69.4	17.0	2.23	0.11
BrCl	130.0	31.9	—	—	—	—
Br₂Cl	228.0	159.0	31.2	—	—	—
Cl₂Br	163.0	74.4	10.4	—	—	—

* 相对强度是指与 M^+ 峰对比，以 M^+ 峰强度为 100%。

c. 卤化物质谱中通常有明显的 X，M—X，M—HX，M—H₂X 峰和 M—R 峰，如：

i)

$$\boxed{M} \quad +R-\overset{+}{\ddot{X}} \begin{array}{c} \xrightarrow{\text{异裂}} R^+ + \dot{X} \quad (\text{当X=Br或I时，强峰}) \\ \boxed{-X} \\ \xrightarrow{\text{均裂}} R\cdot + X^+ \\ \boxed{X} \end{array}$$

ii)

$$\underset{\boxed{M}}{R-\overset{\overset{H}{|}}{\underset{\underset{H}{|}}{C}}-CH_2-\overset{+}{\ddot{X}}} \longrightarrow \underset{\boxed{M-HX}}{R\dot{C}H-\overset{+}{C}H_2+HX} \quad (\text{当X=F或Cl，强峰})$$

iii)

$$\underset{\boxed{M}}{CH_3 \frown CH_2-\overset{+}{X}} \longrightarrow \underset{\boxed{M-R}}{CH_2=\overset{+}{X}+\dot{C}H_3} \quad (\alpha\text{-碳上最重取代基优先丢失})$$

iv)

$$\underset{m/z=135}{\overset{H_2C \frown R}{\underset{H_2C}{\overset{|}{\underset{\underset{H_2}{C}}{\overset{\overset{|}{\overset{+}{Br}}}{\cdots}}}}}} \longrightarrow H_2C\cdots \overset{+}{Br} + \dot{R} \quad \begin{array}{l}(\text{氟或碘化合物及支链卤化} \\ \text{物不易形成此类杂环离子})\end{array}$$

芳香卤化物中，当 X 与苯环直接相联时，M—X 峰显著。

多氟烷烃质谱中，69（CF_3^+）是基准峰，131（$C_3F_5^+$）和 181（$C_4F_7^+$）峰也明显。

7.3.4 醚

醚的分子离子裂解方式与醇相似。

a. 脂肪醚的 M⁺ 很弱，但可观察出来。芳香醚的 M 峰较强。若增大样品用量或增大离子化室压力，可使 M 及 M+1 峰增强。

b. 脂肪醚主要按下列三种方式裂解：

i) *i* 裂解　正电荷留在氧原子上，取代多的基团优先丢失，如：

$$CH_3CH_2 \frown \overset{\overset{\overset{|}{CH}}{\underset{\underset{CH_3}{|}}{}}}{CH} \frown \overset{+}{\ddot{O}}-CH_2CH_3 \longrightarrow CH_3\dot{C}H_2 + \underset{\underset{CH_3}{|}}{CH}=\overset{+}{\ddot{O}}-CH_2CH_3 \quad m/z=73$$

$$\longrightarrow CH_3\cdot + CH_3-CH_2-CH=\overset{+}{\ddot{O}}-CH_2CH_3$$

$$m/z=87$$

这样的裂解通常导致形成 $m/z=45$，59，73 等相当强的峰。这样的鲜离子还可以进一步裂解。

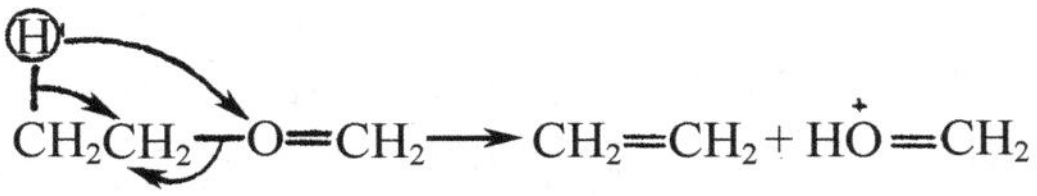

ⅱ）α 裂解　这种裂解在醇中一般难于发生，因为醚发生这种裂解后所形成的烷氧基裂片 $\dot{O}R$ 较 $\dot{O}H$ 稳定，故较易发生。

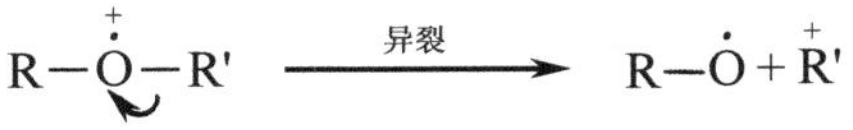

这样的裂解导致形成 $m/z=29$，43，57，71 等峰。

ⅲ）重排 α 裂解：

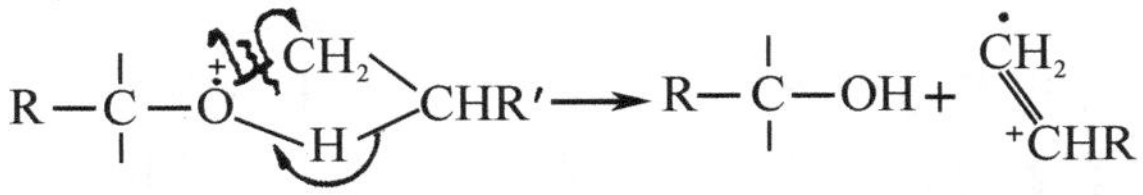

这样的裂解导致形成比不重排的 α 裂解碎片少一个质量单位的峰，如 $m/z=$ 28，42，56，70 等峰。

c. 芳香醚只发生氧原子 α 裂解，不发生 i 裂解，如：

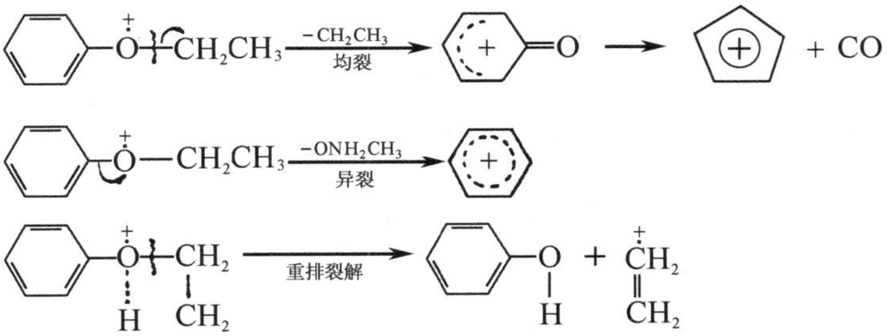

d. 缩醛是特殊一类的醚。中心碳原子的四个键都可裂解，概率相差无几。

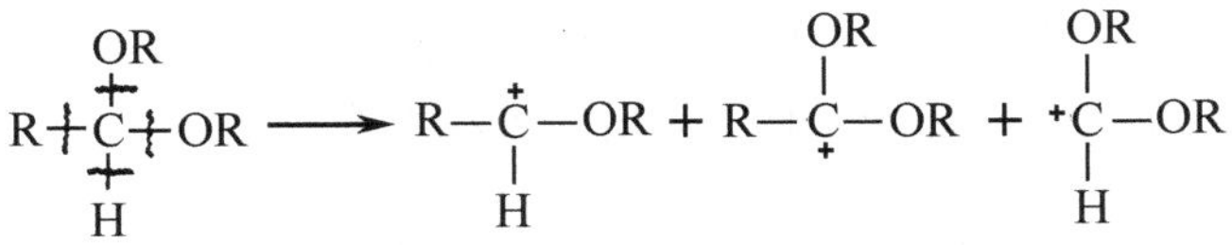

e. 环醚裂解脱去中性醛碎片：

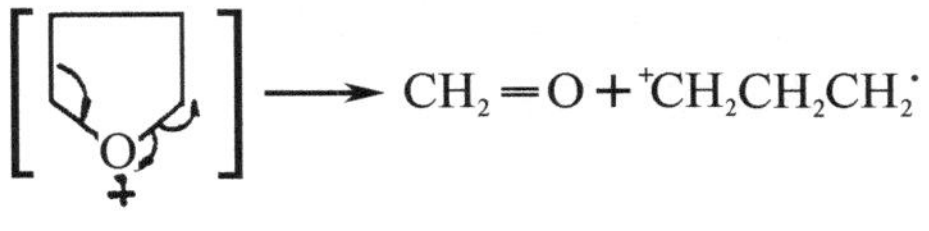

7.3.5 醛、酮

a. 羰基化合物氧原子上的未配对电子很容易被轰去一个电子，所以醛和酮的 M^+ 峰都明显，不过脂肪族醛和酮的 M^+ 峰不及芳香族的强。

b. 脂肪族醛、酮中，主要裂片峰是由麦克拉夫悌重排裂解（i 裂解）产生的离子，如：

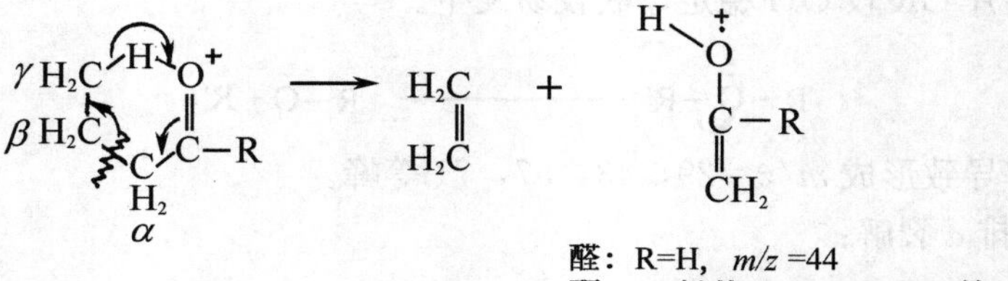

醛：R=H, m/z =44
酮：R=烃基, m/z =58,72,86等

醛类裂解时，正电荷也可能留在不含氧的裂片上，则形成 M—44 的强峰。

酮类发生这种裂解时，若 R≥C$_3$，则可再发生一次重排裂解，形成更小的裂片离子，如：

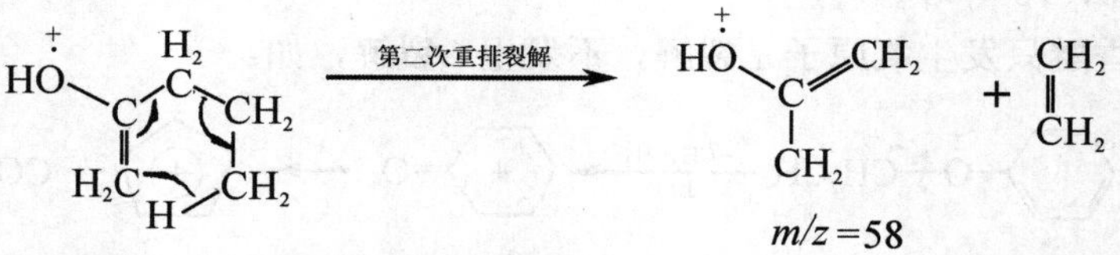

m/z =58

c. 醛、酮也能发生 α 裂解，如醛类的 α 裂解：

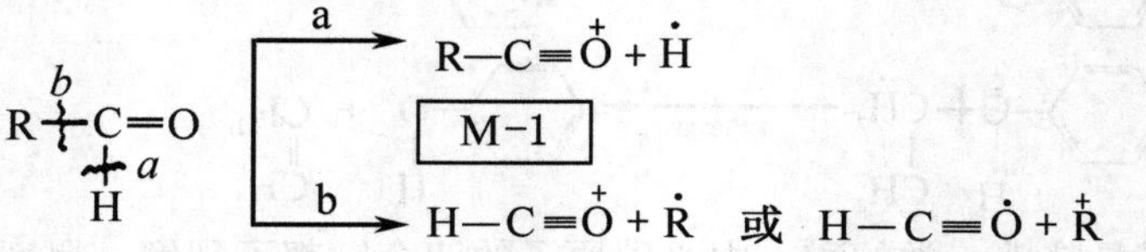

m/z =29

脂肪醛的 M-1 峰强度一般与 M 峰近似，而 m/z 29 往往很强。芳香醛则易产生 R^+ 离子（M-29），因为苯环共轭效应致稳的缘故。

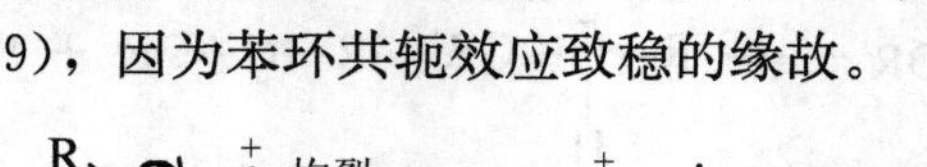

m/z = 43,57,71等

酮类发生类似裂解，脱去的中性碎片是较大的烃基。

也可能发生异裂，导致形成烃基离子。

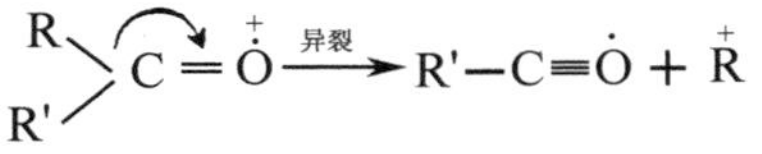

$$R'-C\equiv\overset{+}{O}+\overset{+}{R} \qquad m/z=15,20,43,57 等$$

芳香酮发生 α 裂解，最终导致产生苯基离子，如：

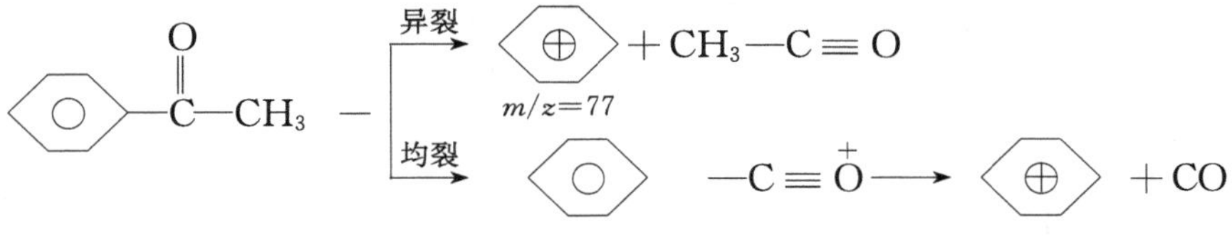

d. 其他有利于鉴定醛的裂片离子峰是 M—18，（M—H$_2$O），M—28（M—CO）。

e. 环状酮可能发生较为复杂的裂解（但仍以酮基 α 裂解开始）。

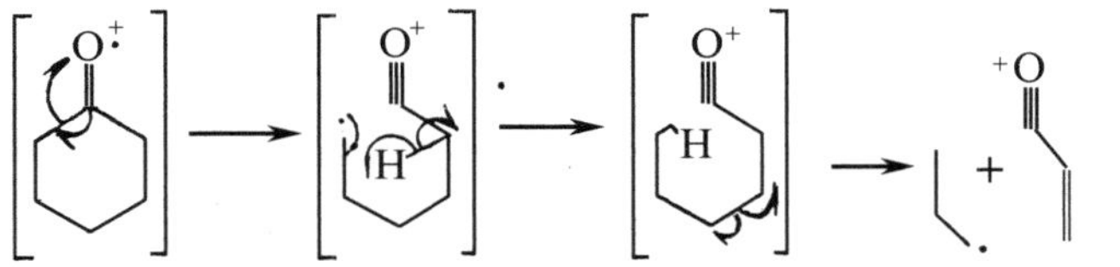

环己酮离子

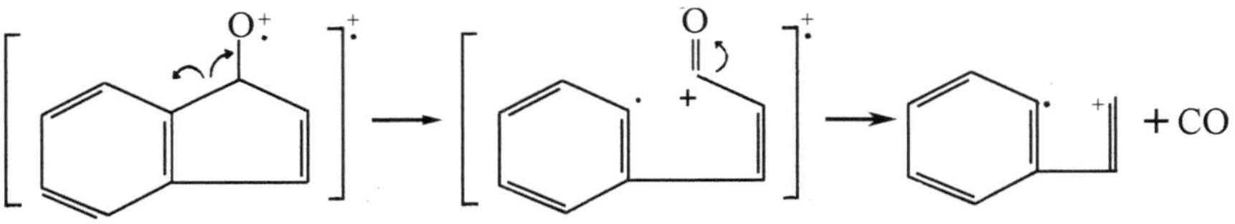

芳香稠环酮

7.3.6 羧酸

a. 脂肪羧酸及其酯的 M 峰一般很弱，但仍可察出。它们最特征峰是 $m/z=60$ 峰，由于麦克拉夫悌重排裂解产生：

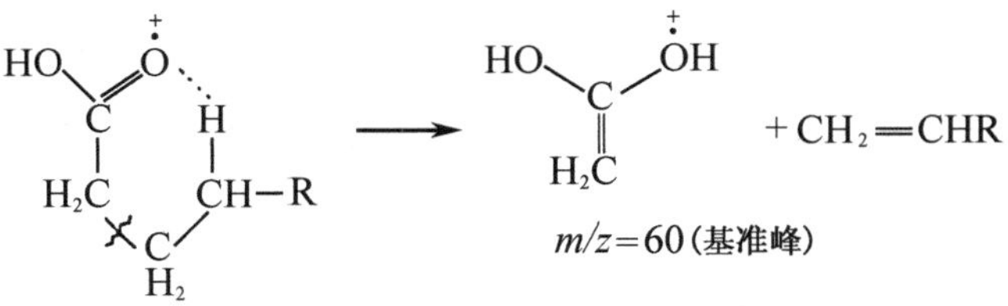

$m/z=60$（基准峰）

m/z 45 峰（α 裂解，失去 R·，成为 $\overset{+}{C}O_2H$）通常也很明显。低级脂肪酸常有 M－17（失去 OH），M－18（失去 H$_2$O）和 M－45（失去 CO$_2$H）等峰。

b. 芳香羧酸的 M 峰相当强，其他明显峰是 M－17，M－45 峰。由重排裂解产生的 M－44 峰也往往出现。邻位取代的芳香羧酸可能发生重排失水形成 M－18 峰，例如：

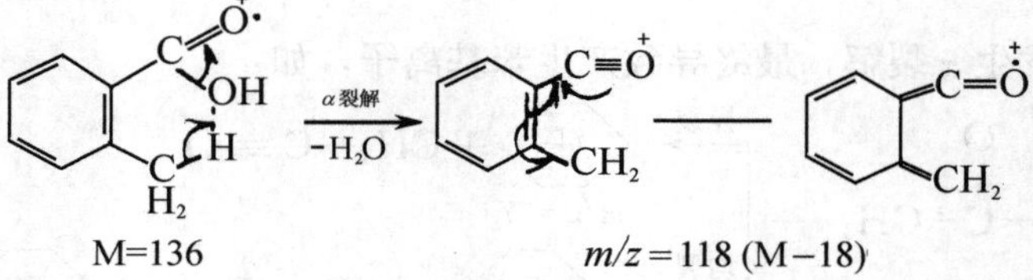

M=136   m/z = 118 (M−18)

7.3.7 羧酸酯

a. 直链一元羧酸酯的 M 峰通常可观察到，芳香羧酸酯的 M 峰较明显。

b. 羧酸酯的强峰（有时为基准峰）通常来源于下列两种类型的 α 裂解：

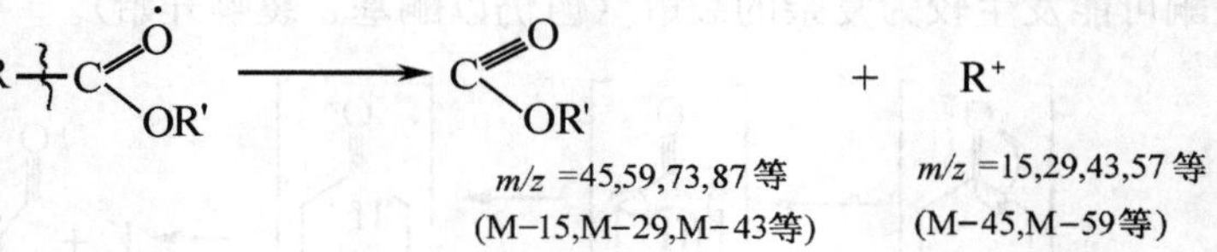

m/z =45,59,73,87等   m/z =15,29,43,57等
(M−15,M−29,M−43等)   (M−45,M−59等)

或

m/z =43,57,71 等   m/z =17,31,45,59等
(M−17,M−31,M−45等)   (M−43,M−47等)

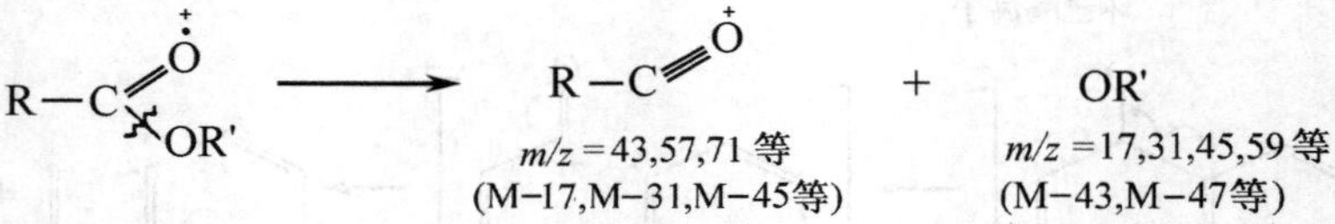

c. 由于麦克拉夫悌重排裂解，甲酯可形成 $m/z=74$，乙酯可形成 $m/z=88$ 的基准峰，如：

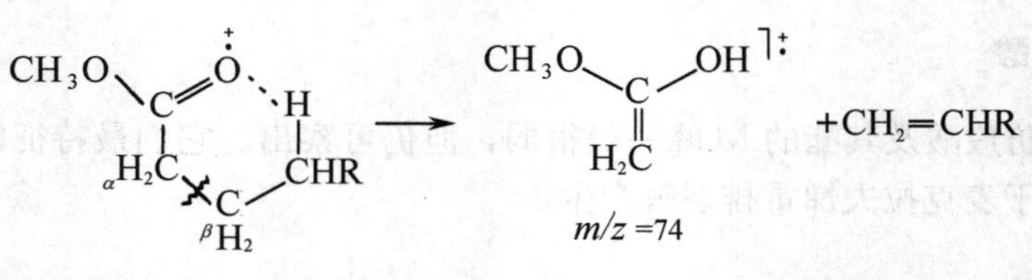

m/z =74

若 α 碳上有烃基取代，则将形成 74，88，102，116 等同系列峰。

羧酸酯也可能发生双重麦克拉夫悌重排裂解，产生质子化的羧酸锌离子裂片峰：

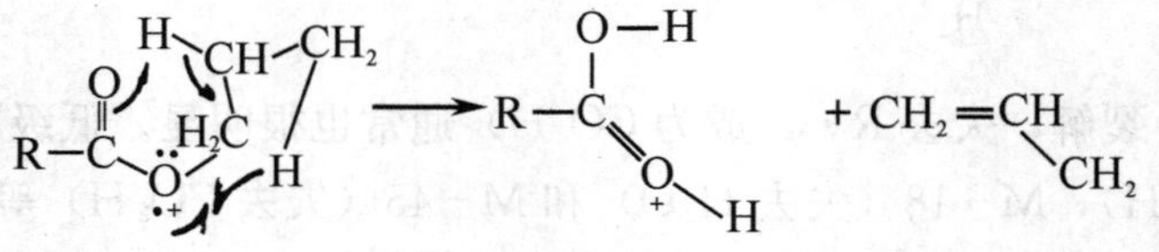

+CH₂＝CH
CH₂

d. 二元羧酸及其甲酯形成强的 M 峰，其强度随两个羧基接近程度增大而减弱。二元羧酸现出由于 α 裂解失去两个羧基的 M-90 峰。

7.3.8　胺

胺的质谱与醇的质谱有某些相似，值得注意。

a. 脂肪开链胺的 M 峰很弱，或者消失。脂环胺及芳胺 M 峰较明显。含奇数 N 的胺其 M 峰质量数为奇数。低级脂肪胺及芳香胺可能出现 M-1 峰（失去 ·H）。

b. 正如醇一样，胺的最重要峰是 i 裂解峰。在大多数情况下，这种裂片离子峰往往是基准峰。

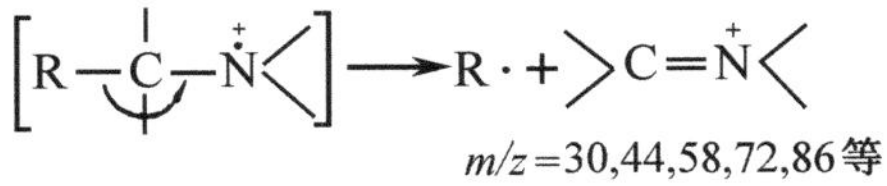

$$\left[R\!-\!\overset{|}{\underset{|}{C}}\!-\!\overset{+}{N}\!\!< \right] \longrightarrow R\cdot + >\!C\!=\!\overset{+}{N}\!\!<$$
$$m/z=30,44,58,72,86 \text{等}$$

α-碳无取代的伯胺 $R\!-\!CH_2NH_2$，即形成 $m/z=30$ 的强峰（ $CH_2\!=\!\overset{+}{N}H_2$ ）。这一峰可作为分子中有伯氨基存在的佐证，但不能作为确证，因为有时候仲胺及叔胺由于两次裂解和氢原子重排也可能形成 $m/z=30$ 峰，不过较弱一些。

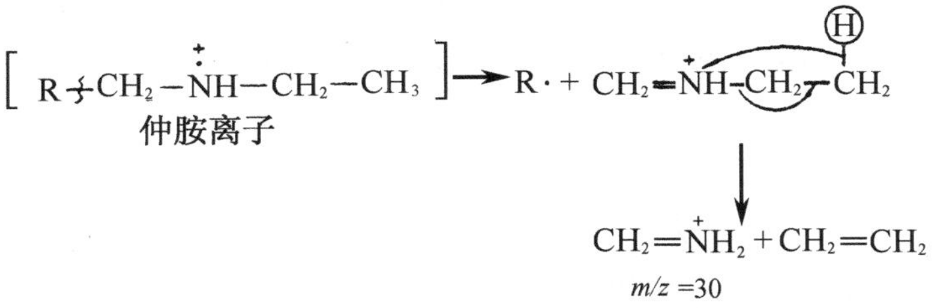

$$\left[R\!-\!\!\!\!|\!CH_2\!-\!\overset{+}{N}H\!-\!CH_2\!-\!CH_3 \right] \longrightarrow R\cdot + CH_2\!=\!\overset{+}{N}H\!-\!CH_2\!-\!CH_2\!-\!\overset{\textcircled{H}}{}$$

仲胺离子

$$\downarrow$$

$$CH_2\!=\!\overset{+}{N}H_2 + CH_2\!=\!CH_2$$
$$m/z=30$$

c. 脂肪胺和芳胺可能发生 N 原子双侧 β 裂解：

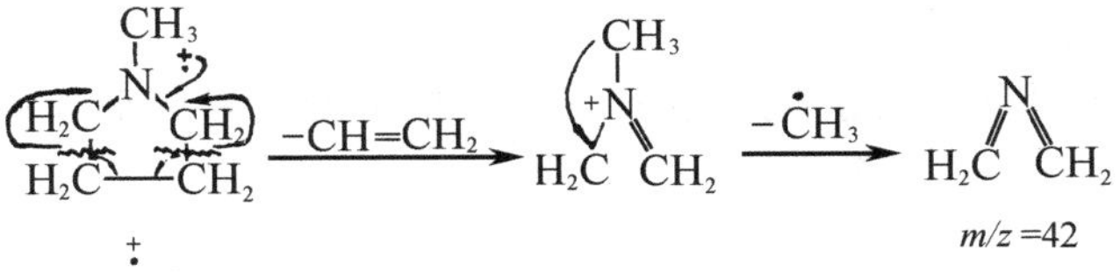

$$\xrightarrow{-CH=CH_2} \xrightarrow{-\dot{C}H_3} \quad m/z=42$$

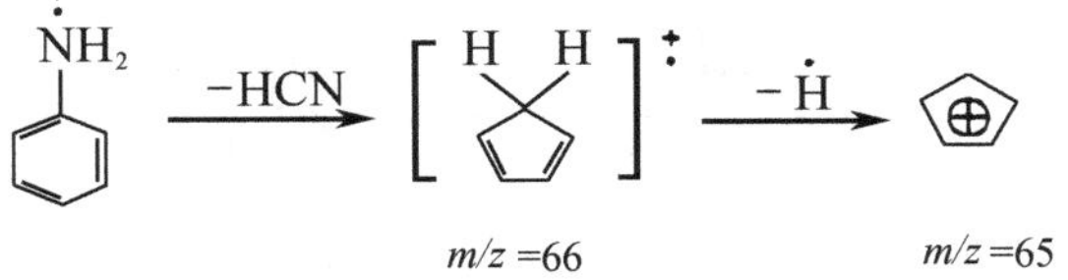

$$\xrightarrow{-HCN} \left[\right]^{\cdot} \xrightarrow{-\dot{H}}$$
$$m/z=66 \qquad\qquad m/z=65$$

自苯胺失去 HCN 和 H_2CN 正如自苯酚失去 CO 和 CHO 一样。有烃基侧链的苯胺有可能自侧链 β 裂解形成氨基䓬鎓离子，$m/z=106$。

d. 胺类极为特征的峰是 $m/z=18$ 峰，$\overset{+}{N}H_4$ 峰。醇类也有 $m/z=18$ 峰

($H_2\overset{+}{O}$)。但两者不难区别，在胺类中质量数 18 与 17 峰的比值远大于醇类的比值。

e. 与含氧化合物如醇、醛等相似，胺类也产生质量数为 31，45，59 等的重排峰。

f. α-氨基酸乙酯主要发生丢失 CO_2Et 的裂解（下式中 a 式裂解），也可发生下列所示的 b 式裂解，形成中等强度的 $m/z=102$ 峰：

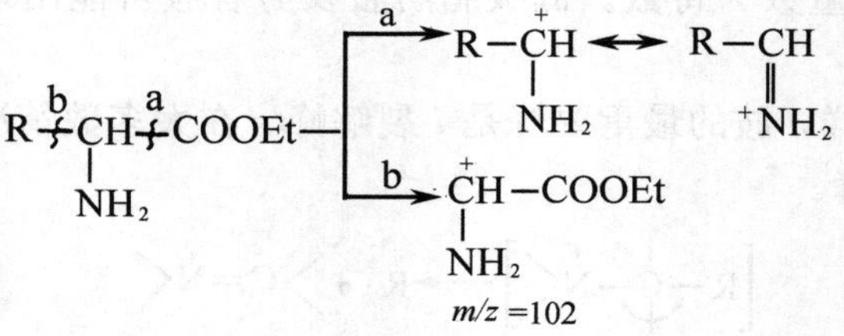

7.3.9 酰胺

酰胺的质谱行为与羧酸的相似。

a. 酰胺的 M 峰（含一个 N 原子的为奇数质量）一般可察觉。

b. 正如羧酸一样，酰胺的最重要裂片离子峰（往往是基准峰）是 i 裂解产物。凡含有 γ-氢原子的酰胺通常发生麦克拉夫悌重排，致使 $m/z=59$ 为主峰：

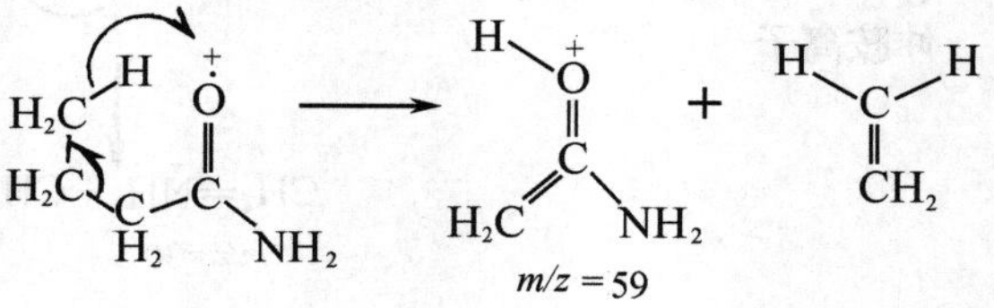

c. 长链脂肪伯酰胺也能发生 γ 裂解，产生较弱的峰 $m/z=72$（无重排）或 $m/z=73$（有重排）。

d. 四个碳以上的伯酰胺也产生 $m/z=44$ 的强峰，来源于羰基的 α 裂解或 N 的 i 裂解，这正与胺的裂解类似。

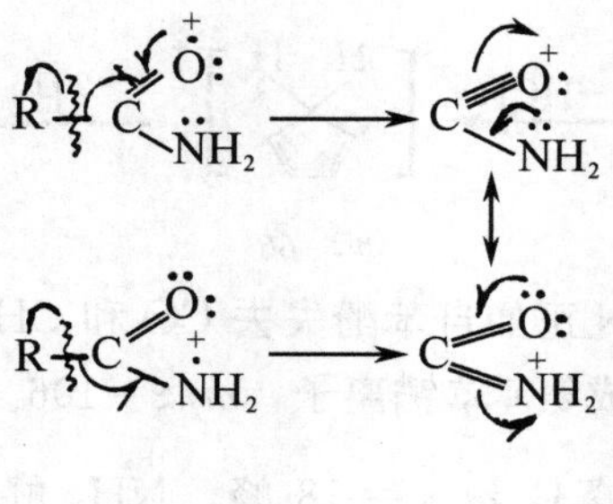

7.3.10 腈

a. 高级脂肪腈 M 峰不见。增大样品量或增大离子化室压力可增强 M 峰，M+1 峰也可察出。

b. 腈的质谱中 M−1 峰明显，有利于鉴定此类化合物，脱氢裂片离子由于下列共轭效应而致稳。

$$R—\overset{+}{C}H—C\equiv\overset{.}{N}\longleftrightarrow R—CH=C=\overset{+}{N}$$

含 1 个 N 原子的腈这个峰质量数为偶数。相类似的偶数质量峰出现在 40，54，68，82 等一系列同系物峰，它们由碳链在不同键处单纯断裂形成。

c. $C_4 \sim C_{10}$ 的直链腈产生 $m/z=41$ 的基准峰，由于 $CH_3\overset{+}{C}N$ 或 $CH_2=C=\overset{+}{N}—H$ 形成，即发生了麦克拉夫悌重排裂解。

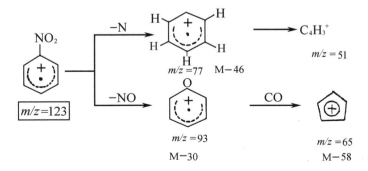

$$m/z = 42$$

7.3.11 硝基物

a. 脂肪硝基物一般不显 M 峰。

b. 强峰出现在 $m/z=46$ 及 30，因为形成 NO_2^+ 和 $\overset{+}{NO}$。

c. 高级脂肪硝基物的一些最强峰是由于产生烃基离子（C—C 键断裂产生）。

d. 芳香硝基物显出强的 M 峰（含奇数 N，M 峰质量为奇数），此外显出 $m/z=30$（$\overset{+}{NO}$）及 M−30，M−46，M−58 等峰，例如：

参 考 文 献

[1] 陈耀祖，有机分析，高等教育出版社，北京，1981

[2] J. T. Clerc，E. Pretsch，J. Seibl，Structural Analysis of Organic Compounds by Combined Application of Spectroscopic Methods，Elsevier Scientific Publishing Company，Amsterdam，1981；中译本：贾韵仪，董庭威，有机化合物的结构分析，上海翻译出版公司，上海，1986

[3] 宁永成，有机化合物结构鉴定与有机波谱学，清华大学出版社，北京，1989

[4] F. W. McLafferty，Interpretation of Mass Spectra，3rd. Ed.，University Science Books，California，1981；中译本：王光辉，姜龙飞，汪聪慧，质谱解析，化学工业出版社，北京，1987

[5] R. A. W. Johnstone，M. E. Rose，Mass Spectrometry for Chemists and Biochemists，2nd Ed.，Cambridge University Press，London，1996

第八章 质谱法测定分子结构 （Ⅱ）示例

一般运用质谱测分子结构时，应该借亚稳扫描技术以确定各主要碎片离子间的亲缘关系，对这些主要离子用高分辨技术逐一测定它们的元素组成，甚至用质谱-质谱联用技术进一步剖析这些离子的结构。

在推导结构之前，由样品分子式计算化合物分子中的环数和重键数（称为"不饱和单位数"，以 R 表示），对于推导结构很有裨益。R 值的计算方法如下：

以 CH_2 代替每一氧和硫或其他第六族原子，以 CH 代替每一氮（三价）或其他第五族原子，以 H 代替每一卤素原子。这样，分子式变成一个仅含碳和氢的，C_nH_m 称为"相当烃"。然后确定相应的饱和脂肪族烃的化学式 C_nH_{2n+2}，从这第二式减去第一式，相差数的一半 $(2n-m+2)/2$ 即为样品分子中的环和重键数。 （注意：配价键如 $S-O$, $P-O$, $N-O$ 均视为单键； $C=C, C=O$, $C=N$; $C\equiv C$, $C\equiv N$ 不予区分；一个叁键视为两个双键，苯环包含四个不饱和单位，因它含三个双键和一个环）。如果样品是有机碱的无机盐，先从这盐的分子式减去酸的分子式，所得化学式再照上法进行。如果样品是一无机酸的金属盐，则用与金属离子价数相同数目的氢原子代替金属离子，而以原子价除总数，所得化学式再照上法进行。

例如，$C_9H_{10}O_3$ 的相当烃为 $C_{12}H_{16}$，因此它的不饱和单位数为：
$$R = (12 \times 2 - 16 + 2) \times 1/2 = 5$$
由如此高的 R 值看来，这个化合物很可能含有苯环。

如何运用有机质谱测定分子结构，我们将在下面由简入繁、循序渐进地举出几个例子加以说明。

例1 溴苯

一个化合物的质谱给出两个分子离子峰（图 8.1），m/z 156 和 158，两者丰度几乎相等，表明分子中含有溴原子（同位素 ^{79}Br 和 ^{81}Br 的天然丰度分别为 50.52% 和 49.48%）。自两者质量数中分别减去 79 和 81，则都余 77。从质谱中可看到基峰 m/z 77，这一般是芳香系的特征离子（$C_6H_5^+$）。样品质谱图明显显示出芳香族化合物质谱特征：峰少而强。所以样品可能是溴代芳烃。离子峰 m/z 159 是 ^{13}C 同位素峰，与 ^{12}C 峰 m/z 158 的丰度比为 6.2∶92.5，换言之，^{13}C 同位素峰的丰度是 ^{12}C 同位素峰的 6.7%。由于 ^{13}C 的自然丰度是 1.1%，所以可算出分子中含 6 个碳原子。即未知物是 C_6H_5Br。

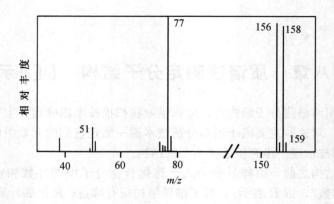

图 8.1

例 2 戊酮-2

　　一个化合物的质谱图（如图 8.2）示出分子离子峰为 m/z 100。高分辨质谱量出精确分子量为 100.0889。按 $C_6H_{12}O$ 式计算值为 100.0885，误差小于 4ppm*，此式可以接受。红外光谱示出有羰基强吸收峰。按相当烃法计算不饱和单位为 1（相当烃为 C_7H_{14}，$R=(7\times2-14+2)/2=1$），此不饱和单位应归因于羰基。因此样品化合物可能为饱和脂肪醛或酮。醛类的质谱中通常出现分子离子脱氢峰，$(M-1)^+$峰，但此处不见 m/z 99 峰，所以化合物应该是脂肪酮。

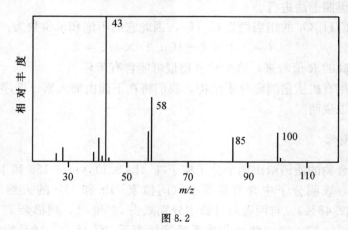

图 8.2

　　$(M-15)^+$峰（m/z 85）相当强，m/z 43 为基峰，可以推测样品分子发生了羰基 α 裂解，产生了这两个强峰：

————————————

　　* 1 ppm$=10^{-6}$。

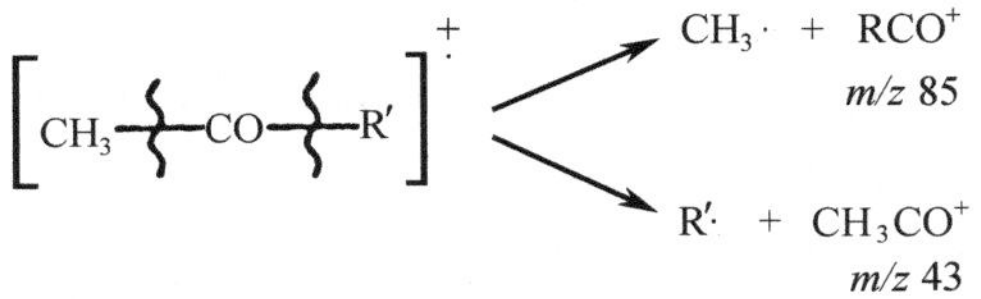

既知化合物分子式为 $C_6H_{12}O$，所以取代基 R 必为 C_3H_7。于是未知物结构式只有两种可能性，即 R＝正或异丙基。为判断究竟是哪一种，再进一步审核质谱图。强峰 m/z 58 值得注意。这离子可能由 γ-氢重排（麦氏重排）裂解产生：

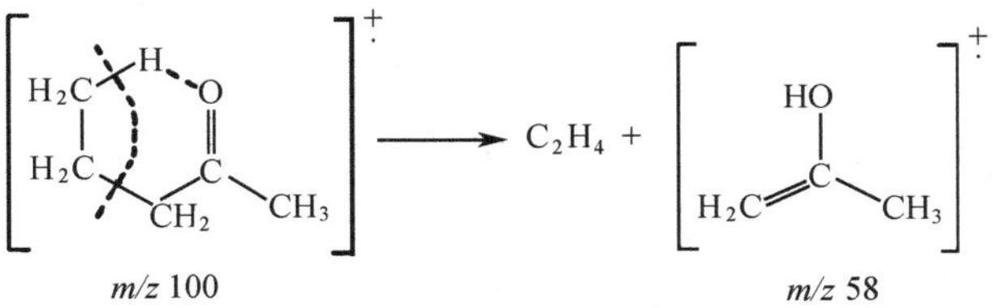

因此，R 可以确定是正丙基，即样品为 2-戊酮。

例 3　亮氨酸

一天然产物晶体的质谱数据见表 8.1。

表 8.1　样品化合物的 EI 谱数据

m/z	87	86	75	74	71	70	69	57
相对丰度/%	5.6	100.0	3.6	18.1	0.3	1.6	0.7	2.8

表中只列出了 m/z 50 以上，相对丰度大于 0.2% 的离子。亚稳扫描示出 m/z 131～86 有一弱峰。CI 谱（异丁烷作反应气）示出强的离子峰 m/z 132。

若基峰 m/z 86 为分子离子峰。其与邻峰 m/z 74 的质量差为 12u，为不合理丢失。所以真正分子离子的质量数应大于 86，而在质谱中未出现。在低质量区无特征碎片离子峰。运用亚稳扫描技术，发现在 m/z 131 与 m/z 86 之间有亚稳离子。m/z 131 可能是分子离子，但不能完全肯定。于是运用软电离技术，在 CI 质谱中出现 m/z 132（相对丰度 100%）和 m/z 86（相对丰度 72%）两个强峰。两者强度之和占总离子流的 80%。FAB 质谱也示出 m/z 132 强峰。所以可以判断化合物的分子量为 131，因为这些软电离质谱一般产生 $(M+1)^+$ 峰。分子量既为奇数，化合物必含奇数个氮原子。

离子 m/z 86 是由分子离子丢失 45u 而形成，相当于自乙酯丢失一个 $C_2H_5O^+$ 或自羧酸丢失一个 COOH。如果化合物是一个乙酯 $RCOOC_2H_5$，则 $R-C\equiv O^+$（m/z 86）应该再裂解失去一个 CO 而形成一个 m/z 58 的峰来，但质谱（表 8.1）中未显出。并且化合物是固体结晶，熔点必高于室温。一个如此低质量的酯通常只可能是液体。所以样品不可能是酯，只可能是一个羧酸。m/z 74 离子与分子离子的质量差为 57u，即失去 $C_2H_5CO^+$ 或 $C_4H_9^+$。若失去 $C_2H_5CO^+$，则提示化合物为一个乙基酮。但这样的化合物将产生 m/z 170 峰，即 $(M-C_2H_5)^+$ 离子和 m/z 57 $C_2H_5CO^+$ 羰基离子（α 断裂）。前者在质谱中未见；后者丰度相当弱，可能 m/z 57 是一个 $C_4H_9^+$ 离子。

C_4H_9 和 COOH 两个基团质量和为 103，从分子量中减去 103，余下质量为 29 的碎片须待推敲。由于已知化合物含奇数氮原子，碎片 29 极可能是 CH_3N^+。失去 C_4H_9 和 COOH 在 EI 质谱中的 α 裂解是极可能的，产生的稳定碎片离子可归因于形成亚胺离子。两个失去的基团由 α 裂解产生：

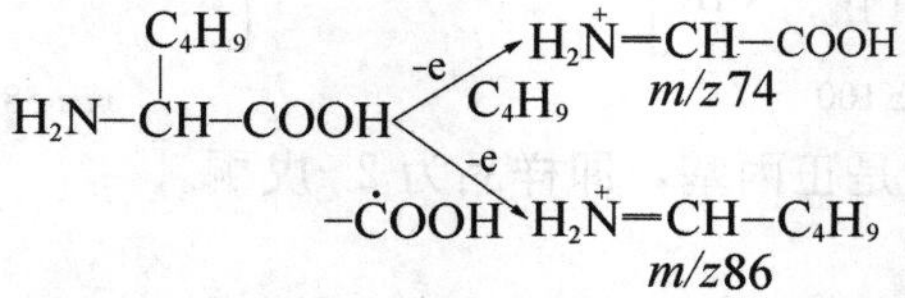

m/z 74 离子（相对丰度 18.1%）只含两个 C 原子，若 m/z 75 为同位素峰，计算其丰度 $18.1 \times 2 \times 1.0\%/100 = 0.398\%$，但实测结果远远高于此数值。因此，$m/z75$ 离子的形成必须另作解释。它很可能是由 γ-氢重排裂解产生。

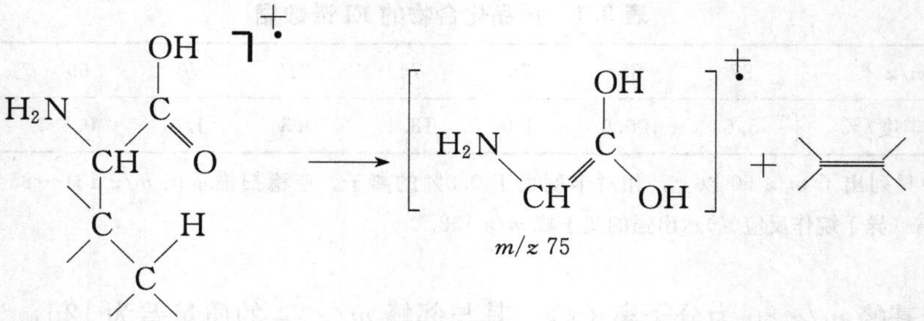

这结果与所推测的结果无矛盾。但至今对丁基 C_4H_9 结构尚未作出分析。

样品质谱数据与下列这些氨基酸质谱数据相符：亮氨酸、异亮氨酸和新亮氨酸。它们分别都含有 $(CH_3)_2CHCH_2$，$C_2H_5(CH_3)CH$ 和 $CH_3CH_2CH_2CH_2$——丁基，这些异构体用 NMR 谱是很容易区分的。

事实上，此化合物是亮氨酸。如果事先用化学法检测出样品是两性化合物，它同时易溶于碱又易溶于酸中，则推导它的结构将会更容易一些。

例 4 二十九碳醇-10

自一种植物中萃取分离得到一白色固体化合物，其质谱如图 8.3 所示。谱图显示出脂肪化物特征；一系列离子 m/z 57，71，85，99 和 113（C_nH_{2n-1}）和

m/z55，69，83，…，209，233，237 和 251（C_nH_{2n}）显出长链烃的特征。这两

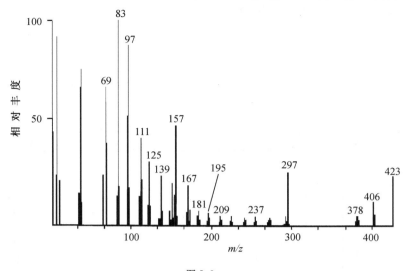

图 8.3

系列离子的丰度随质量数增加而迅速下降，可见不含支链（支链烃在分支处断裂的离子丰度强）。从质谱上再得不到进一步信息，例如分子离子很难确定。利用电脑检索标准谱图库，查出五个可能化合物（图 8.4）。它们全是长链脂肪醇，最可能是正二十九碳醇。但仔细比较样品与标准谱图，二者仍有差异。如样品谱图中一些峰 m/z 297 等，标准谱图中却没有（图 8.5）。

25409 SPECTRA IN LIBRARY SEARCHED FOR MAXIMUM PURITY

52 MATCHED AT LEAST 7 OF THE 16 LARGEST PEAKS IN THE UNKNOWN

RANK	NAME
1	1 - NONACOSANOL
2	1 - DOCOSANOL
3	1 - HEPTACOSANOL
4	1 - HEXACOSANOL
5	1 - TETRACOSANOL

RANK	FORMULA	MOL. WT	PURITY	FIT
1	C29. H60. O	424	585	971
2	C22. H46. O	326	554	960
3	C27. H56. O	396	546	971
4	C26. H54. O	382	537	950
5	C24. H50. O	354	523	950

图 8.4 电脑检索质谱库纪录

样品可能是含正二十九碳醇的混合物或者是结构与正二十九碳醇极相似的另一种化合物。图 8.5 示出正二十九碳醇标准谱图中不出现分子离子峰 m/z 424，而

出现$(M-1)^+$峰 m/z 423 和 $(M-H_2O)^+$峰 m/z 406。样品谱图中也是如此，可见此化合物应是正二十九醇的异构体。

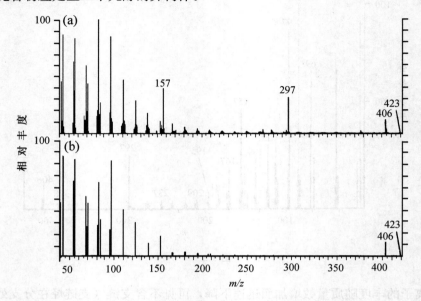

图 8.5 　(a) 未知样品质谱图；(b) 正二十九碳醇标准质谱图

因化合物不可能含分支碳链，它又不是正二十九碳醇，因此样品可能是一个仲醇，羟基不在 1C 位上。这一假定与产生 m/z 423 离子的事实相符。分子发生 α 裂解失去一个 H 或失去 R 或 R′，形成离子(1)或离子(2)：

后二者是正二十九碳醇质谱中不会出现。图 8.5a 示出 m/z 157 和 m/z 297 强峰，而这两个峰在标准谱图中不存在(见图 8.5b)，并可见 m/z 157,297,423 的丰度依次下降。因此可以断定此化合物应是二十九碳醇 - 10 $C_9H_{19}CH(OH)C_{19}H_{39}$，而此化合物的质谱在谱库中没有收集。

可将未知样品氧化成酮后再测质谱来核证它的结构。

例5 1-氨基-3-氯吩嗪

未知化合物的质谱见图8.6，显示出典型的芳香族化合物的质谱特征，如有较强的分子离子峰且碎片峰较少。在分子离子峰附近出现两个峰 m/z 229 和 231，质量数相差 2，丰度比约为 3:1。这提示出样品中含有氯原子。分子量为奇数表明样品分子中还含有奇数个 N 原子。分子量精确数实测值为 229.0405，按 $C_{12}H_8ClN_3$，计算值为 229.0408，误差为 1.5ppm，此式可以接受。两个碎片离子 m/z 202 和 204 丰度比为 3:1，相应于 $(M-27)^+$，即丢失一个 C_2H_5 或 HCN 而保留了氯原子。

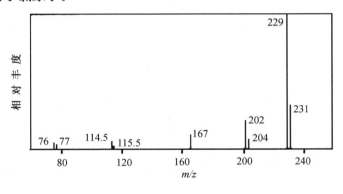

图 8.6

丢失一个 HCN 通常见于芳香胺类和氮杂环类质谱中。此碎片离子精确质量为 202.2096，正符合 $C_{11}H_7ClN_2$，即（$C_{12}H_8ClN_3$ — HCN），亚稳离子 m/z 138.0 和 136.5 相应于自 m/z 202 和 204 失去 ^{35}Cl 和 ^{37}Cl，产生不含 Cl 的 m/z 167 离子。m/z 77 和 76 是含苯环芳香化合物的特征离子。在 m/z 114.5 和 115.5 出现的双电荷离子也提示样品为芳香化合物。化合物 $C_{12}H_8ClN_3$ 的"相当烃"为 $C_{15}H_{12}$，不饱和单位数 $R=(15×2-12+2)/2=10$，表明此化合物可能为稠环芳烃，含多个苯环、含一个氯原子和三个氮原子。在失氯之前先失去 HCN，表明化合物含氨基。氨基的存在可以用乙酰化或三甲基硅烷化后再进行质谱分析加以核证。单凭质谱只能推导至此。其实此化合物是1-氨基-3-氯吩嗪（1-amino-3-chloro-phenazine）：

这是要凭 NMR 谱分析才能最后确定的。

例 6 皂苷 loganin 的苷元

化合物的质谱如图 8.7 所示，是含多个强碎片峰的典型脂肪族化合物质谱图。分子离子峰 m/z 228 丰度相当强，提示分子中含有一个或多个脂肪环。m/z 210 离子相应于 $(M-H_2O)^+$，亚稳离子为 m/z 193.4（$=210^2/228$），失去第二分子水的碎片离子 m/z 192，亚稳离子为 m/z 175.5（$=192^2/210$）。连续失去两分子水表明此化合物含有两个羟基。m/z 197 离子是 $(M-31)^+$，相应于甲酯丢失 CH_3O 中性碎片。测出 m/z 228 和 198 的精确质量差为 31.0180u，而按 CH_3O 计算质量值为 31.0184u，两者极相近。相当于 $C_9H_{13}O_3^+$ 的 m/z 169 离子的出现再次证明甲酯的存在，自分子离子丢失 CH_3OCO，如：

$$R-CO-OCH_3^+ \longrightarrow R-CO^+ \longrightarrow R^+$$

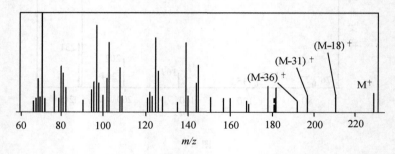

图 8.7　亚稳离子：m/z 193.4，175.5
m/z 228，210，197，192，164 离子的组成分别为 $C_{11}H_{16}O_5$，
$C_{11}H_{14}O_4$，$C_{10}H_{13}O_4$，$C_{10}H_{12}O_3$，$C_9H_{11}O_3$

精确分子量示出化合物分子式为 $C_{11}H_{16}O_5$，元素微量分析结果也证明此式无误。两羟基和一个甲酯基占去四个氧原子，样品不含异构体杂质。如果缺乏经验，则依靠质谱数据只能推导至此为止。样品实际上是皂苷 loganin 的苷元。在一系列其类似碳骨架的相关化合物中，质谱均出现强离子 m/z 139，相应于 $C_7H_7O_3$。这离子可能产生自碳骨架的某一特征部位：

· 166 ·

环中的双键及双键位置引起一系列特征离子丰度的变化。这些事实进一步提供了结构信息。

这个化合物结构的最后确定尚有待 NMR 数据的辅助。

例 7 Mo（CO）$_3$ 与异丙苯复合物

化合物的质谱图如图 8.8 所示。图中示出在高质量数区有多组峰，而在低质量数区则只有几个零星的峰。在分子离子附近有十个主峰。最后一个 m/z 305 峰必是一个 ^{13}C 同位素峰，余下的峰可能是其他的同位素峰，相对丰度比为 1.0：0.2：0.6：1.1：1.2：0.7：1.6：0.3：0.7。检查同位素表，可知有钼存在。因为钼有七个同位素，92，94，95，96，97，98，100，丰度比为 1.0：0.6：1.0：1.0：0.6：1.5：0.6（m/z 297 和 303 峰可能分别是 m/z 296 和 302 的 ^{13}C 同位素峰）。出现低丰度离子 m/z 92，94，95，96，97，98，100 可证实这一推论。将 m/z 296 与 305 峰之间的所有 ^{13}C 同位素贡献除去，剩下的七个峰丰度比 1.0：0.6：1.0：1.0：0.7：1.5：0.7，这与钼同位素丰度比极相近，将 ^{29}Mo 和 ^{12}C 同位素贡献均从质谱图中除去，使图谱简单、易于解释（见图 8.8）。

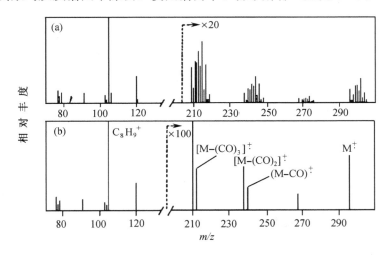

图 8.8　(a)未知物质谱图；(b)除去同位素峰后的样品质谱图
亚稳离子 m/z 236,208,101,91.8,m/z 92,94,95,96,97,98,100 均极弱，
m/z 200 以上为加强后示出

m/z 296，268，240 和 212 诸峰可看出丢失 28u 的一系列峰（亚稳扫描证实，m/z 238 和 210 两峰是由 m/z 240 和 212 两峰各失去 H$_2$ 而形成）。自一个有机金属化合物连续失去 28 可能是自金属配位化合物失去 CO 分子所致（可用精确高分辨质谱数值证实），所以这化合物含钼（^{92}Mo，见图 8.8b）和三个 CO

配位基（3×CO＝84u）。合起来92＋84＝176u，自分子量中减去此数，余296－176＝120u。有 m/z 120 强峰，失去 15u（CH₃），产生 m/z 105 峰（亚稳离子为 m/z 91.8）。

精确质量测量示出 m/z 105 离子的元素组成为 C₈H₉。除去钼及 CO 部分，未知化合物余下的部分为 C₉H₁₂，是高度不饱和的（含四个不饱和单位），并根据 m/z 77，78，79，91 一系列特征离子，可知样品中含苯环及一个 C₃H₇ 侧键。根据自 m/z 120 失去 CH₃ 后的 m/z 105 离子相当强（基峰），m/z 91 峰却相对弱些。这一事实示出侧链应是异丙基。由这个例子可以看出单凭质谱数据，可以推导化合物的结构为 Mo（CO）₃ 与异丙苯复合物，即：

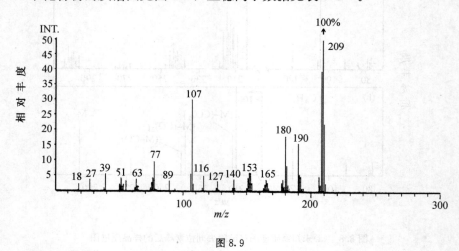

例8　4-腈基-4-羟基-二苯甲烷

一个化合物的质谱图见图 8.9，亚稳离子数据见表 8.2[2]。

图 8.9

由高分辨质谱示出化合物分子式为 C₁₄H₁₁ON。红外光谱和 NMR 谱示出分子中含对位双取代苯环、氰基和羟基。质谱图示出芳香族化合物的特征，如分子离子峰很强（基峰），m/z 55，63，77，89 等离子的存在。

按分子式化合物计算不饱和单位：相当烃为 C₁₆H₁₄

$$R = (16 \times 2 - 14 + 2)/2 = 10$$

如此高的 R 值，说明样品可能含两个苯环，即样品包括下列单元：

2 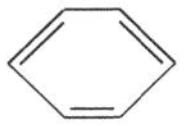 ,CN,OH

表 8.2 亚稳扫描数据

$M*$	m_1	m_2	(m_1-m_2)
189.0	191	190	1
174.6	209	191	18
173.6	208	190	18
157.5	208	190	27
155.8	208	180	28
155.0	209	180	29
130.1	180	153	27
129.3	181	153	28
127.7	181	152	29
74.0	107	89	18

由分子式减去这些单元的式量，余下 CH_2，所以化合物可能的结构是：

（1） 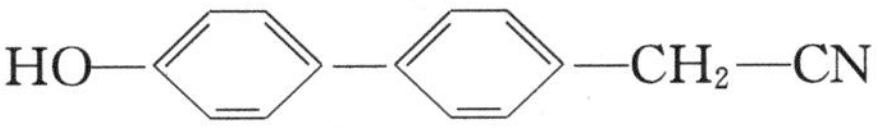
HO
CH_2—CN

（2） 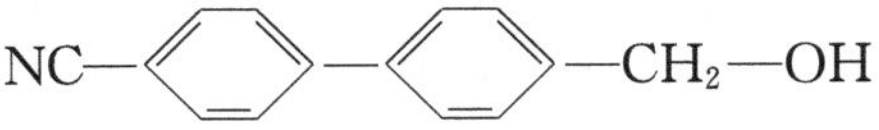
NC
CH_2—OH

（3） 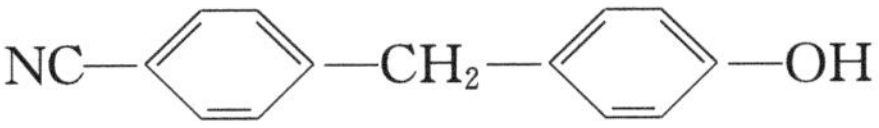
NC
CH_2
OH

由这三种结构的质谱裂解来看：

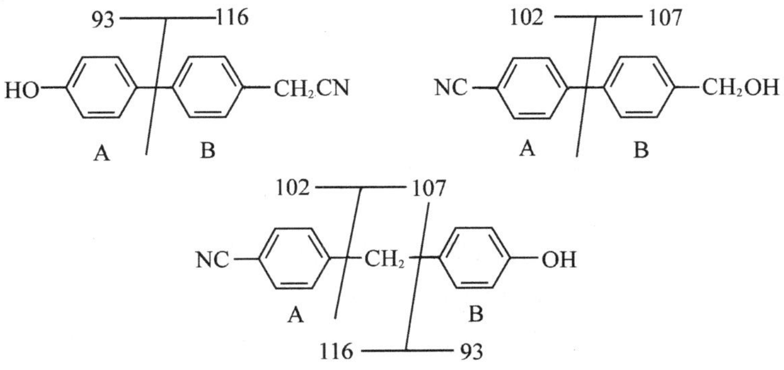
93
116
HO
CH_2CN
A
B
102
107
NC
CH_2OH
A
B
102
107
NC
CH_2
OH
A
B
116
93

因质谱图中同时出现 m/z 107，116 两种离子，只有式（3）符合，于是可推测样品结构为式（3）。

质谱中出现的 m/z 39，63，77 为典型的苯环裂解离子峰。m/z 55

（C_3H_3O）可归因于羟基取代的 *m/z* 39（$C_3H_3^+$）峰：

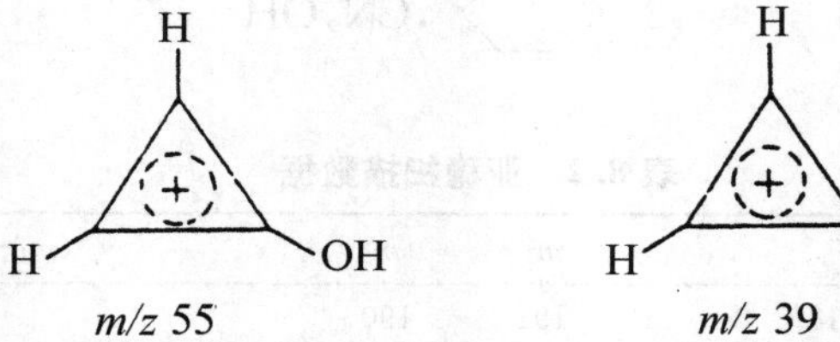
H
H
OH
H
H
H
m/z 55
m/z 39

由亚稳离子示出的脱落 28 和 29 峰，可归因于苯酚基的脱羰反应。这在苯酚类的质谱中是常见的。脱 27 峰及 *m/z* 27 离子可归因于脱去 HCN 的碎片离子和 HCN 离子峰。只是亚稳离子数据中多次出现脱 18（H_2O）峰，这在一般酚类质谱中是少见的。这里只能这样来解释：

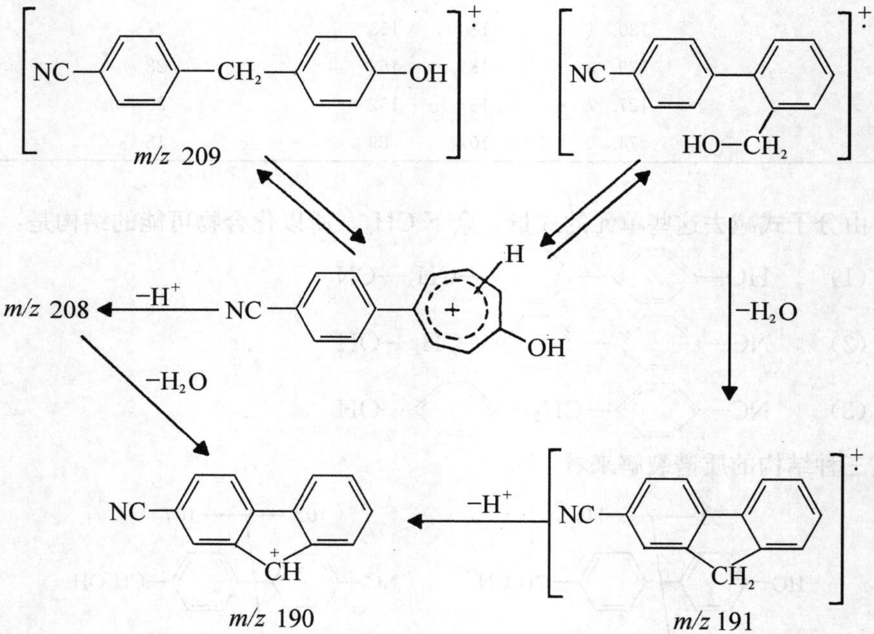
NC
CH₂
OH
m/z 209
NC
HO—CH₂
H
m/z 208
−H⁺
NC
OH
−H₂O
−H₂O
NC
CH
m/z 190
−H⁺
NC
CH₂
m/z 191

例 9　新当归内酯

自当归根部脂溶性部位分离获得一种白色晶体，熔点 138℃，比旋光值 $[\alpha]_D^{20}$ 为−2.9°（甲醇）。EIMS 示出最高质量数峰为 *m/z* 380，见图 8.10[3]。

用软电离技术（FAB 和 CI 质谱）确证这就是分子离子峰，也就是说该晶体的分子量为 380。再用高分辨 EI 质谱测出此分子峰质量数为 380.1926，推测其可能分子式为$C_{24}H_{28}O_4$，分子量计算值为 380.1980。由核磁共振谱（^1H 谱和 ^{13}C 谱）确证碳原子数与氢原子数与此式相符，此分子式遂得成立。

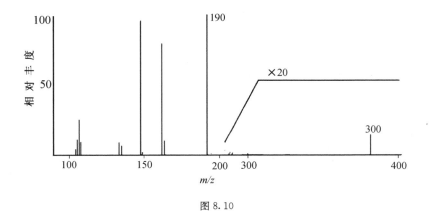

图 8.10

按此分子式计算不饱和单位 R，相当烃为：$C_{28}H_{36}$

$R=(28\times2-36+2)/2=11$

红外光谱示出分子中含烯氢（3030 cm^{-1}）、双键（1675 cm^{-1}）、五元环 α，β-不饱和内酯羰基（1750 cm^{-1}）。同时红外光谱示出分子中不含羟基、羧酸基和苯环。^{1}H-NMR 谱示出分子含三个烯氢；^{13}C-NMR 谱示出含八个季碳（C）、六个叔碳（CH）、八个仲碳（CH$_2$）和一个伯碳（CH$_3$）。

由以上数据推测样品可能是一个多元稠环的不饱和内酯。光谱数据只能得到如此结论，如何进一步推导化合物的碳骨架呢？这需要进一步审查质谱碎片离子，仔细审查化合物质谱图，可以看出，m/z 190 离子为基峰，在 m/z 380~m/z 190 之间几乎没有碎片峰，碎片峰集中在 m/z 190 以下质量区。190 刚好是 380 的一半，可见此化合物必是分子量为 190 单体的二聚物，并且二个单体是以极易断裂的形式结合。

将 m/z 190 以下的碎片离子进行亚稳扫描，找出各碎片离子的亲缘关系，并将各碎片离子用高分辨率质谱测出其元素组成（见表 8.3），因而可推导出离子裂解过程，如图 8.11 所示。这提示 m/z 190 是藁本内酯分子离子，于是可推测

藁本内酯   新当归内酯

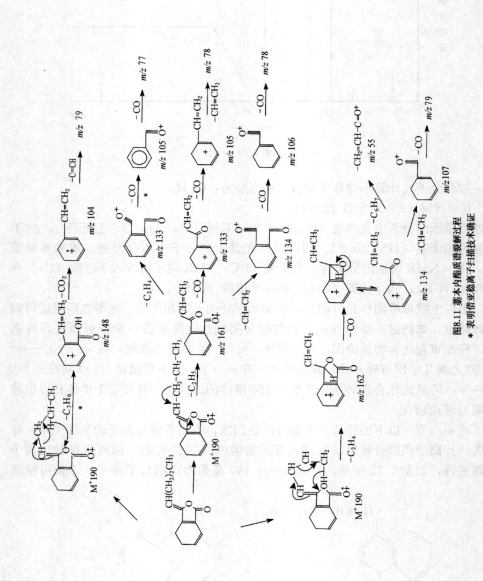

图8.11 萘本内酸质谱裂解过程
* 表明情况稳定离子扫描技术确证

化合物为藁本内酯的二聚体。

藁本内酯含有一个活泼双键 C=C—C=O 和两组共轭双键。通过 Diels-Alder 反应发生二聚合的方式至少有八种可能性。最后选择一种由四员环相联的二聚体为本化合物的结构，因为四员环张力大，在质谱中容易断裂为两半 m/z 190 两部分，这一推论得到 NMR 和 X 光单晶衍射数据的核证。该化合物被命名为新当归内酯。

由这个例子可以看出，质谱在测定分子碳骨架结构时，提供了关键性信息。

表 8.3　m/z 190 离子裂解碎片数据

m/z	相对丰度/%	元素组成	精确质量数	
			计算值	实测值
104	5.16	C_8H_8	104.0624	
105	18.33	C_7H_5O	105.0340	105.0362
	12.03	C_8H_9	105.0704	105.0727
106	21.88	C_7H_6O	106.0419	106.0425
107	9.21	C_7H_7O	107.0497	104.0497
133	9.26	$C_8H_5O_2$	133.0289	133.0264
	8.67	C_9H_9O	133.0653	133.0646
134	6.99	$C_8H_6O_2$	134.0368	134.0355
	7.74	$C_9H_{10}O$	134.0732	134.0712
148	96.77	$C_9H_8O_2$	148.0524	148.0539
161	79.39	$C_{10}H_9O_2$	161.0602	161.0611
162	9.90	$C_{10}H_{10}O_2$	162.0680	162.0629
190	100	$C_{12}H_{14}O_2$	190.0993	190.0990

例 10　Brefeldin A

由药用植物中分离得到无色晶体，熔点 204℃，比旋光值为 $[\alpha]_D^{20} = +96°$（甲醇）。其分子式由高分辨质谱确定为 $C_{16}H_{24}O_4$（分子量计算值 280.1668，实测值 280.1647），其红外光谱示出分子中含羟基（3420 cm^{-1}）、烯氢（3010 cm^{-1}）、α,β-不饱和酯基（1700，1255，1074 cm^{-1}）、双键（1645，975 cm^{-1}）和环氢（1000 cm^{-1}）。核磁共振示出分子中含一个羰基、九个叔碳、五个仲碳、一个伯碳、四个烯氢，由分子式计算不饱和单位 R 值：相当烃为 $C_{20}H_{32}$，

$$R = (20 \times 2 - 32 + 2)/2 = 5$$

红外光谱和核磁共振谱均示出分子不含苯基，所以化合物只可能是不饱和环

酯类。以上推论与天然产物 Brefeldin A 相符[4]：

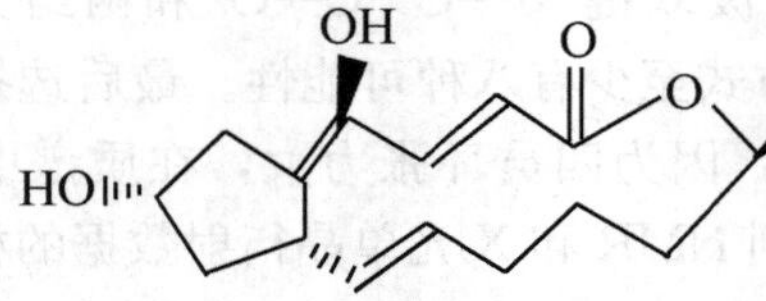

由于手边没有标准样品可资对照分析，于是进行高分辨质谱和亚稳扫描技术，进一步来核证推论。Brefeldin A 的高分辨质谱数据见表 8.4，离子裂解过程如图 8.12 所示，从而确证了以上推论无误。化合物的立体化学结构则由二维核磁共振谱确定。

表 8.4　Brefeldin A 的高分辨质谱数据

离子 m/z	元素组成	化学式量计算值
M^+ 280.1647	$C_{16}H_{24}O_4$	280.1668
262.1563	$C_{16}H_{22}O_3$	262.1563
244.1463	$C_{16}H_{20}O_2$	244.1458
220.1058	$C_{13}H_{16}O_3$	220.1095
161.0594	$C_{10}H_9O_2$	161.0600
157.1020	$C_{22}H_{13}$	157.1014

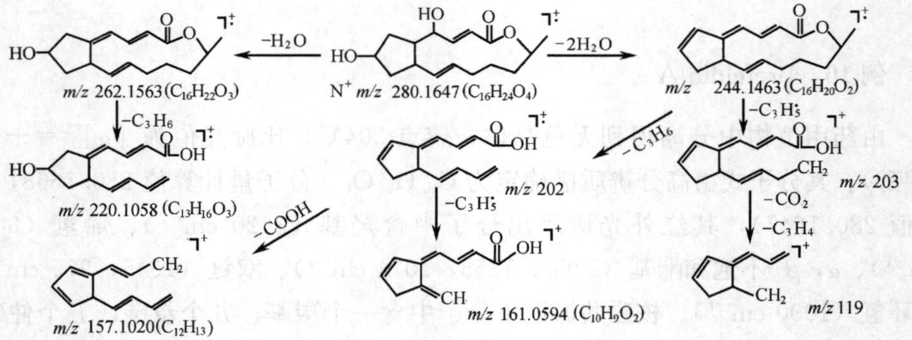

图 8.12　Brefeldin A 高分辨质谱裂解过程

例 11 生物碱[5]

生物碱 **1** 具有两个羟基，其中一个羟基有两个可能位置（$R_1 = H$，$R_2 = CH_3$ 或 $R_1 = CH_3$，$R_2 = H$）：

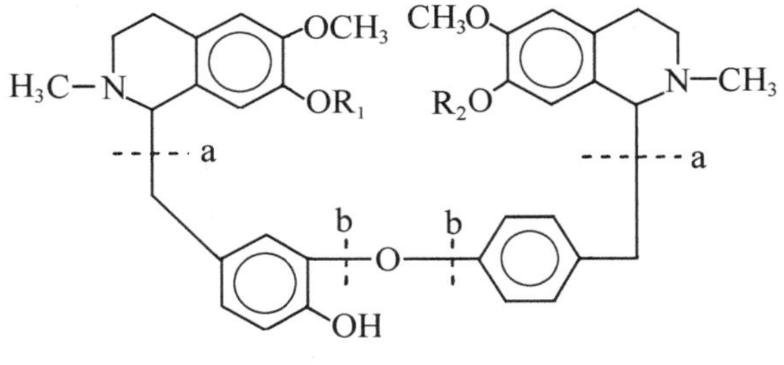

1

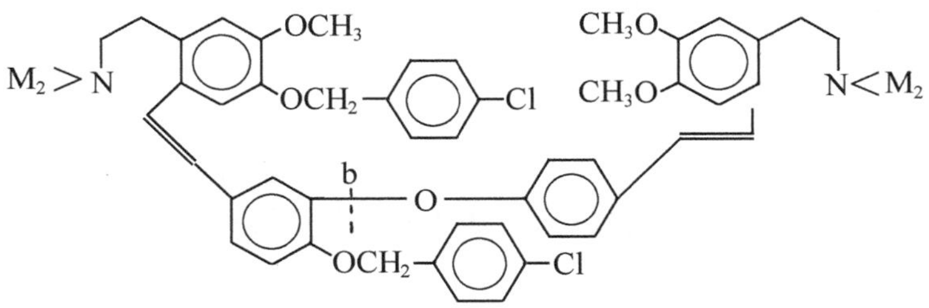

2

由于质谱中 a 型断裂非常突出，难于判别两种可能性。曾试图用 D_2O 交换、乙酰化反应等，均未得到明确结果，反应产物的有关质谱碎片均由于 b 型断裂强度太大而被淹没于噪声之中。

为了克服这些困难，对 **1** 进行了化学加工：先用碘甲烷与氨基形成季铵盐，再用对氯苄氯与酚羟基形成醚，最后通过 Hoffmann 降解得 **2**（所示结构来自 **1** 的第一种可能，为正确的结构）。产物 **2** 由于引进了双键，其质谱中不再出现突出的 a 型断裂，而质谱中出现明显的 Cl 同位素峰，m/z 561，563 和 565 的强度比例示出分子含有两个 Cl 原子，为式 **2** 中所示 b 处断裂的预期碎片（式的左边一片），于是这个生物碱的结构确定为 **1**（$R_1 = H$，$R_2 = CH_3$）。

例 12 木脂素[6]

式 **1** 中的亚甲二氧基与八元环上的羟基的相对位置有两种可能性，正确结构 **1** 为其中之一。为了确定这一点，进行了脱水及氧化，所得酸性产物 **3** 中羧基与亚甲二氧基不处于同一苯环上。

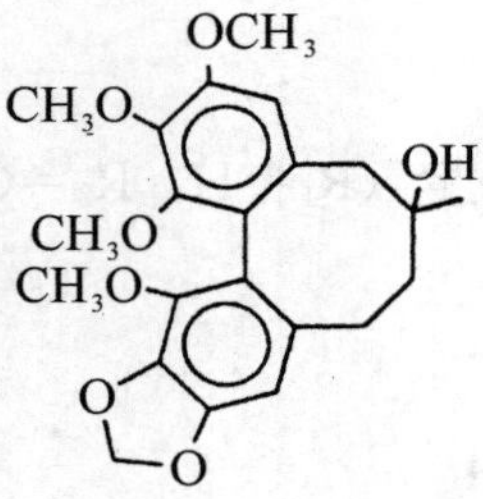

1 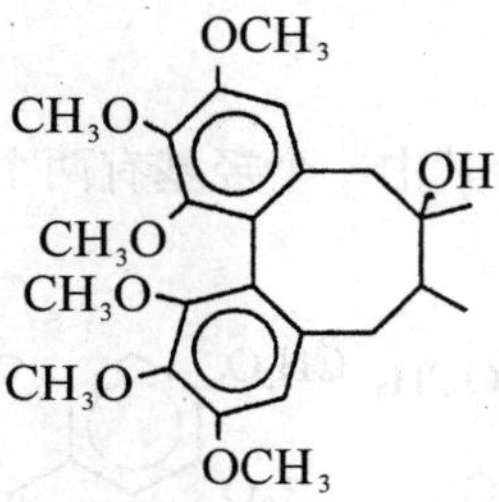   2

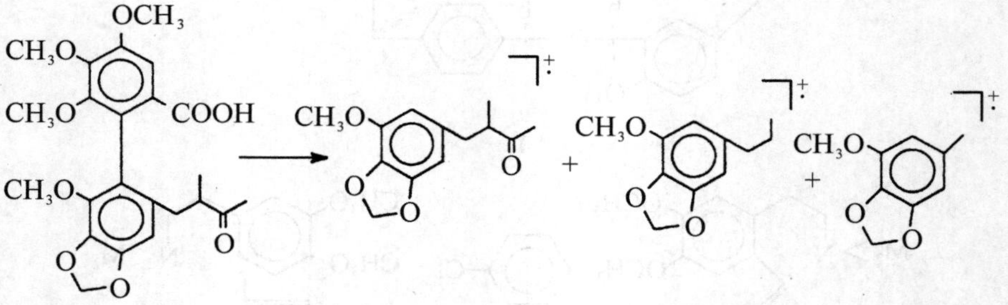

3   *m/z* 236   *m/z* 193   *m/z* 165

为了对照，另取一已知化合物 **2**，脱水并氧化后得到相应的 **4**。

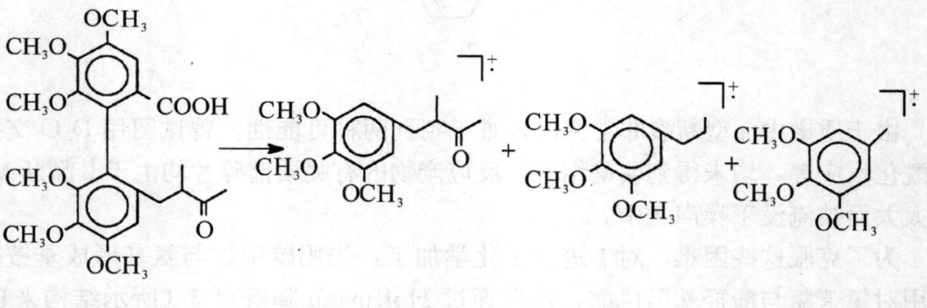

4   *m/z* 252   *m/z* 209   *m/z* 181

    在 **3** 与 **4** 的质谱中，与联苯键断裂相似的碎片峰强度低，经放大扫描，可以看出几个关键的碎片峰（**3** 中的 *m/z* 236，193 及 165 与 **4** 中的 *m/z* 252，209 及 181）均较突出。因此，**1** 的结构被确定。

例 13   糖苷

    糖苷是一类具有极强生理活性的天然产物，它们由苷元（aglucon，又称糖苷配基）和单糖或寡糖以苷链结合而成。关于它们的结构分析，一般包括三部分：（1）分子量；（2）苷元的结构；（3）糖的结构，即糖的种类与数目、糖链中糖残基联接的顺序和联接位置。传统测糖苷结构的方法是将它彻底水解，分出糖苷元加以鉴定；用色谱法（纸色谱、薄层色谱或气相色谱与已知标准单糖样品对照 R_f 值）加以鉴定，并测出各种单糖的相对含量（摩尔比）；用逐步酶解法测出糖残基顺序，用 Smith 降解、过氧化碘酸氧化等方法测出糖残基联接位置。这种传统化学方法很繁琐费时，并且样品需要量大，一般需数百毫克。用质谱法测糖苷结构，包括糖苷分子量、苷元鉴定、糖基序列，某些情况还可测出糖残基联接位置。每次分析只需 $10\sim100$ μg 样品，在数分钟内即可测试完毕。

由于糖苷是难挥发和热不稳定的物质，因此质谱分析时必须采用软电离源，最常用的是快原子轰击源。FAB-MS 一般给出准分子离子 $(M+H)^+$（正离子谱）或 $(M-H)^-$（负离子谱），从而测出糖苷分子量。FAB-MS 往往给出的碎片离子峰少而弱，不利于糖基序列分析。为了克服此缺点，可采用串联质谱法，即 FAB-MS/MS。将 MS-I 中的 $(M+H)^+$ 准分子离子从杂峰中选择出来进入碰撞室，碰撞活化裂解后，所得碎片离子进入 MS-II，经分离测得 CAD 谱。由 CAD 谱推导糖基序列。若将 MS-I 中的糖苷元离子引入碰撞室，由 MS-II 测得其 CAD 谱与标准样的谱图对照即可鉴定苷元。

图 8.13 和 8.14 是糖苷（I）和糖苷（II）的质谱图[7]。由图 8.13 CAD 谱中只出现 $m/z721$，594 峰，而未出现 $m/z707$ 峰，可以判断糖苷（I）的糖链为支链结构。图 8.14 的 CAD 谱中不出现 $m/z590$ 离子峰，可知糖苷（II）的糖链为分支结构。将糖苷（I）和（II）的苷元离子 $m/z393$ 和 $m/z429$ 的 CAD 谱与标准样品谱图对照，确定它们的糖元分别为 $3-\beta$-disogenin 和 $24-\alpha$-hydroxy-β-pennogenin。

例 14 混合糖苷[8]

FAB-MS 谱中往往出现碱金属加合离子峰。当在离子源样品探头尖端同时注入糖苷样品的溶液和 NaCl、LiCl 溶液，谱图上将出现一对准分子离子强峰 $(M+Na)^+$ 和 $(M+Li)^+$，两者质量差 $\Delta m=16$。该差值很奇特，所以很容易在谱图上辨认它们。FAB-MS 谱中碎片离子并不产生这样的加合离子，于是有可能利用这一对加合离子在混合糖苷中逐一辨认出各组分的准分子离子，并求得它们的分子量。

图 8.15 是混合糖苷的 FAB-MS 谱图。谱图中出现两组双峰 $m/z771$，993 和 $m/z885$，901 示出两个糖苷，分子量分别为 770 和 878。

图 8.16 是九种糖苷混合物的 FAB-MS 谱，图中出现九组双峰，示出九个成分的分子量分别为 632，748，778，794，866，912，959，1058，1234。这后一混合糖苷是自云南金银花中提取出来的。

按前一例所说明的 FAB-MS/MS 方法，可以将混合物中各个糖苷的结构逐

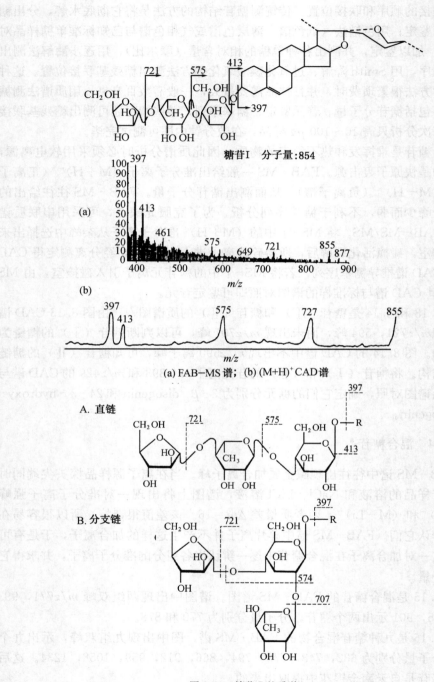

糖苷I 分子量:854

(a) FAB−MS谱； (b) (M+H)⁺CAD谱

A. 直链

B. 分支链

图 8.13 糖苷 I 的质谱

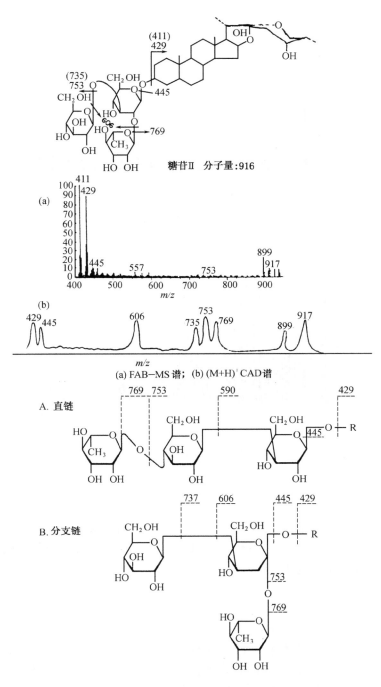

糖苷Ⅱ 分子量:916

(a) FAB–MS 谱；(b) (M+H)⁺ CAD 谱

A. 直链

B. 分支链

图 8.14　糖苷Ⅱ的质谱

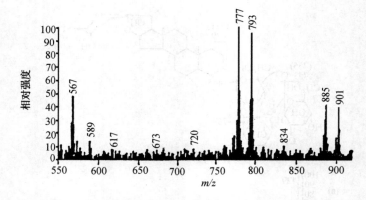

图 8.15   样品 **1** 加 NaCl 和 LiCl 水溶液的 FAB 正离子谱

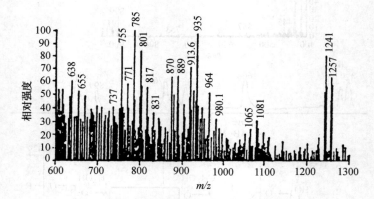

图 8.16   样品 **2** 加 NaCl 和 LiCl 水溶液的 FAB 正离子谱

一测定。

在测定天然产物分子结构时，对某一类型天然产物的质谱裂解过程进行研究，找出其分子立体结构、取代基位置及种类和多环的稠合方式对质谱裂解的影响进行归纳，得出规律。这些规律对于测定属于同类型的新化合物结构有重要的参考意义。现举两例说明。

例 15   紫乌定及类似二萜生物碱[9]

紫乌定（episcopalidine）是从我国特产植物紫乌头中分得的一种新型 C_{20} 海替定（hetidine）型二萜生物碱，具有预防乌头碱引起的中毒作用。用高分辨质谱（EI-MS）和亚稳扫描分析了下列紫乌定 **1** 及其类似物（**1～15**）的质谱裂解特征。质谱分析数据见表 8.5 和表 8.6。15 个化合物的结构式见图 8.17。

表 8.5 化合物 1，2，8 的主要亚稳离子数据

	1	2	8
B/E	503→475，382，322 383→294，222 382→340，322，294 322→294	357→342，339，329，282 340→339，322，254 322→254	341→326，313，298，282，246，192，174 313→298，270，254 298→280 282→254，226
B²/E	503←383 503←382 503，382←322 382，322←294 503，340←282 475，282←254 222，164，150←122	375←340 357←329 339←322 357，340，329←313 357，340，329←297 357，342，339←282 357，329←268 323←254 322，310，296←208 312，282，254←202 254←176	341←326 341←313 341，313←298 313，282←254 341←192

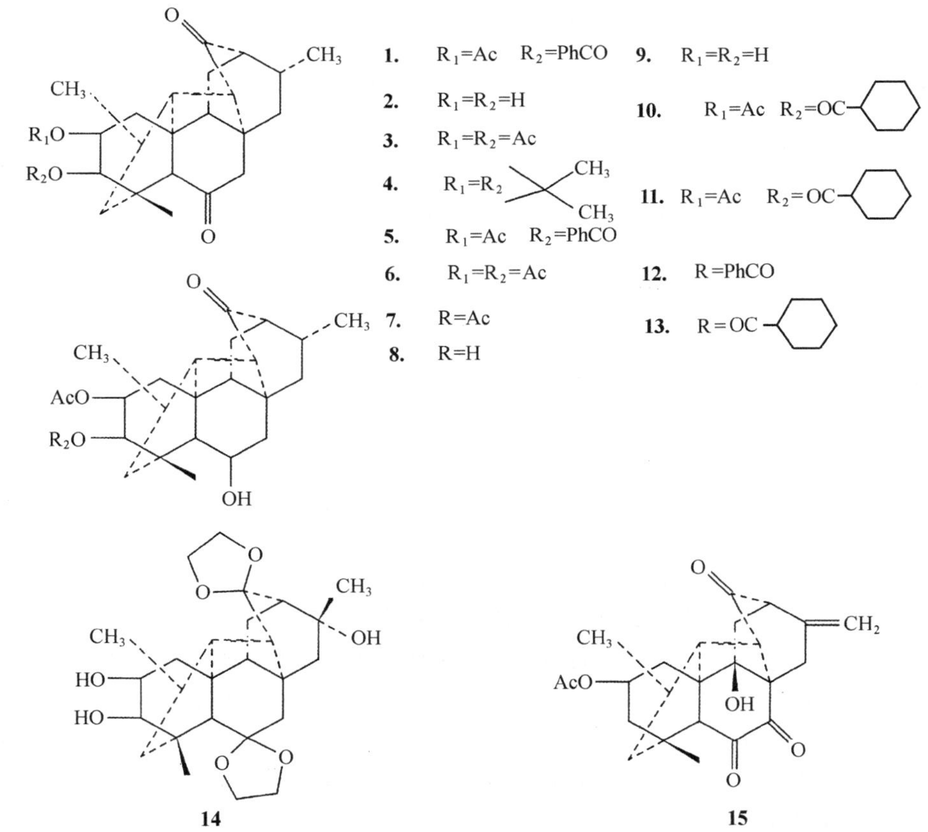

1. R₁=Ac R₂=PhCO
2. R₁=R₂=H
3. R₁=R₂=Ac
4. R₁=R₂= (t-Bu)
5. R₁=Ac R₂=PhCO
6. R₁=R₂=Ac
7. R=Ac
8. R=H
9. R₁=R₂=H
10. R₁=Ac R₂=OC—cyclohexyl
11. R₁=Ac R₂=OC—cyclohexyl
12. R=PhCO
13. R=OC—cyclohexyl

14

15

图 8.17 紫乌定及类似二萜生物碱

表 8.6　化合物 1～15 的质谱数据

1		2		3		4		5		6		7		8	
503	(10)	357	(100)	441	(4)	397	(3)	503	(11)	441	(10)	383	(86)	341	(100)
475	(10)	342	(11)	383	(92)	382	(6)	475	(16)	413	(6)	368	(66)	325	(70)
383	(28)	340	(47)	354	(3)	340	(4)	382	(73)	382	(20)	355	(12)	324	(25)
382	(96)	339	(26)	322	(21)	322	(4)	322	(23)	354	(2)	340	(18)	313	(21)
340	(7)	329	(15)	294	(3)	282	(2)	294	(5)	322	(3)	341	(6)	298	(11)
322	(34)	322	(24)	282	(6)	254	(2)	282	(4)	294	(2)	324	(85)	296	(5)
294	(7)	312	(8)	254	(6)	122	(4)	254	(8)	282	(2)	296	(20)	282	(18)
282	(8)	297	(14)	122	(7)	114	(10)	122	(16)	254	(2)	282	(12)	254	(10)
222	(2)	282	(20)			57	(100)	105	(68)	122	(5)	254	(10)	192	(21)
122	(16)	254	(15)									190	(8)	176	(15)
105	(100)	208	(20)									176	(18)	174	(6)
77	(50)	176	(8)									174	(16)	122	(22)
		158	(6)									173	(20)		
		122	(16)									122	(23)		

9		10		11		12		13		14		15	
359	(30)	505	(6)	511	(8)	507	(4)	513	(5)	463	(11)	413	(3)
342	(18)	384	(100)	384	(100)	490	(2)	496	(10)	419	(22)	398	(2)
330	(28)	324	(32)	324	(21)	386	(100)	471	(4)	402	(4)	385	(5)
324	(12)	284	(3)	284	(3)	344	(8)	386	(100)	384	(4)	354	(18)
316	(5)	256	(3)	256	(6)	326	(20)	326	(12)	374	(8)	326	(100)
284	(5)	122	(6)	149	(9)	286	(1)	286	(1)	360	(15)	310	(3)
276	(5)	105	(48)	121	(6)	258	(1)	258	(1)	330	(8)	282	(4)
256	(2)			112	(6)	122	(5)	182	(5)	316	(10)	254	(2)
208	(10)					105	(31)	122	(5)	182	(5)	231	(18)
122	(6)									148	(72)	122	(5)
96	(6)									135	(60)		
										121	(16)		
										105	(22)		

　　紫乌定及其类似物是含氮的多环稠合的饱和杂环化合物。这种结构决定着此类化合物的质谱行为是除脱 CO 外，整个环系比较稳定，表现骨架裂解的弱的离子峰集中于谱的中低质量区，而高质量区则优势地表现出取代基的裂解，裂解的活性中心是氮原子，所以 A 环除显示宋果灵（songorine）型的裂解很突出（失去 C-1—C-3）以外，在 **2** 中，我们又观察到一种失去 C-2—C-3 的 A 环裂解。而涉及其他环系的裂解则不甚明显，且其离子峰多更靠近于低质量区。此类化合物的谱形特点为：

　　（1）取代基（特别是酯基）强烈地影响分子离子峰的相对丰度。一般地，含

酯基的化合物如 **1**，**3**，**5** 其分子离子峰微弱，而胺醇化合物如 **2**，**8** 则具有相当强的分子离子峰。

(2) 在谱的高质量区，可以观察到表现取代基裂解的特征峰（M－17），（M－18），（M－28），（M－43），（M－59），（M－60）和（M－121）等峰，其相对丰度都较强。含 C-2，C-3 含氧基团（**1～6**，**9～14**）时，C-3 含氧基团的脱离总是导致偶数质量强峰（M－·OR），接着才在继发反应中消除 C-2 含氧基团（M－·OR－HOR）。当 C-3 上无取代基而 C-2 上有取代基（**7～8**）时，可观察到一次反应中产生的偶数质量强峰（M－·OR）。在 **4** 中，可能按如下机制依次发生 C-3，C-2 含氧基的脱离和消除：

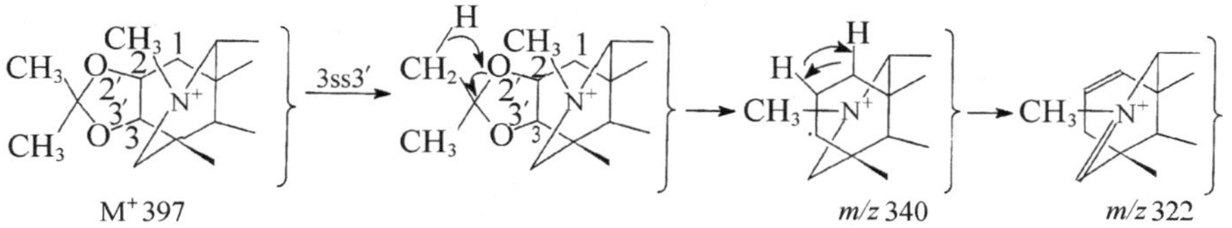

C 或 D 环上 $\diagup$C═O 为 β，γ 共轭（**1～8**，**15**）时，在一次或二次反应中发生脱 CO。**10～13** 中 $\diagup$C═O 基无此种共轭，所以在一次或二次反应中脱 CO 不明显。比较 **5** 与 **1** 发现，在一次反应中消除 CO 时，前者强于后者，其可能原因是环内、环外双键与 $\diagup$C═O 基共轭程度的差异。

(3) 在中质量区可以看到表现宋果灵型 A 环裂解的特征离子峰。如 **1～8**，**15**，**9～11** 和 **12～13** 中分别出现的 m/z 282，m/z 254，m/z 284，m/z 256 和 m/z 286，m/z 258 离子峰。除此以外，我们在海替定（**2**）谱中又多次看到一种新的 A 环失 C-2～C-3 的裂解（见表 8.6），即 m/z 357～297，m/z 342～282，m/z 329～268。显示宋果灵型 A 环裂解的二萜生物碱的类型可能有维特钦型、光翠雀碱型、海替定型和某些含特殊环醚体系的化合物。这种总结对此类化合物的结构测定是很有意义的。但是应当指出，某些化合物如 **14** 可能因为 B，C 环上结构的特殊变化消弱了上述裂解，故其谱中看不到相应的特征峰。

海替定型二萜生物碱 A 环宋果灵型裂解是 N 原子诱发的 C-20—C-14 断键后自由基重排的结果。在维特钦型和光翠雀碱型中则为 C-20—C-7 断键后自由基的重排结果。C_{18}，C_{19} 或内酯型二萜生物碱因其优势裂解是 M－C-1 取代基，即：

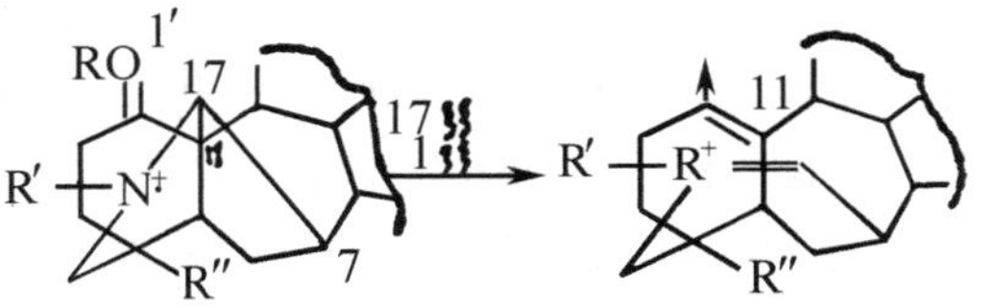

从而抑制了 C-17—C-7 键的断裂，结果未能完全满足此种裂解所必需的条件。

含特殊环醚的二萜碱如戈登生（28），其 A 环宋果灵型裂解的可能机制如下式所示。

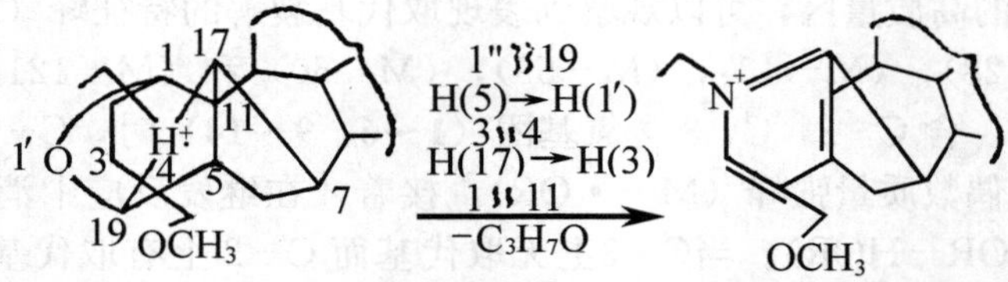

（4）除上述 A 环裂解外，谱的中低质量区显示出其他环系的裂解。如 **2** 中 m/z 254～176 可能来源于 B，C 环的裂解。除 **11**，**14** 外，其余紫乌定及其类似物谱中均出现特征性碎片离子 m/z 122。它的产生可能涉及 A，B，F 环的破裂，其裂解过程试以下式表示：

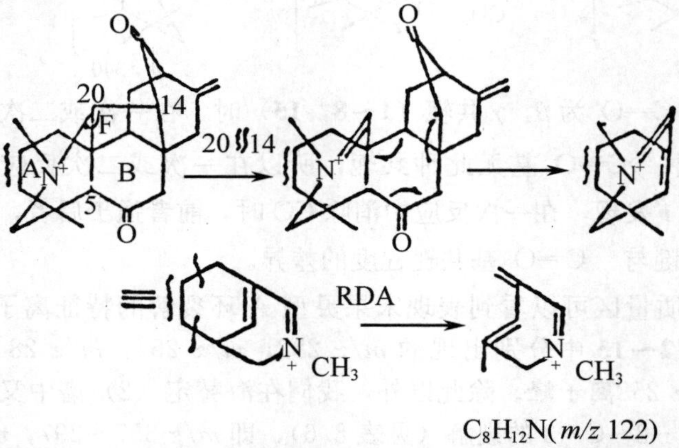

$$C_8H_{12}N(m/z\ 122)$$

由上可以看出：代表紫乌定及其类似物质谱特征的离子主要是 m/z 282（254，122）（**1～8**，**15**）；m/z 284（256，122）（**9～11**）；m/z 286（258，122）（**12**，**13**）。这些特征碎片离子既可作为海替定型二萜碱的类型鉴别，又可作为该类型中生物碱的区分依据。

主要裂解途径以紫乌定为例说明见图 8.18。

例 16　鬼柏毒素类[10]

我国西北特产的桃儿七植物中分得的鬼柏毒素是一种木质素，它及其类似物具有抗癌活性。用高分辨质谱（EI－MS）和亚稳扫描研究了鬼柏毒素及其立体异构体衍生物（**1～13**）的质谱裂解特征。这 13 个化合物结构式见图 8.19。其中化合物 **13** 是 **12** 的同位素取代物，两者分子结构完全相同。这六对化合物（**1～12**），每对间的差别仅在于环上的构型不同，但它们的 EI 质谱有着明显区别，列于表 8.7 中。从表中可以看出，各对差向异构体质谱的差别主要表现在失水，

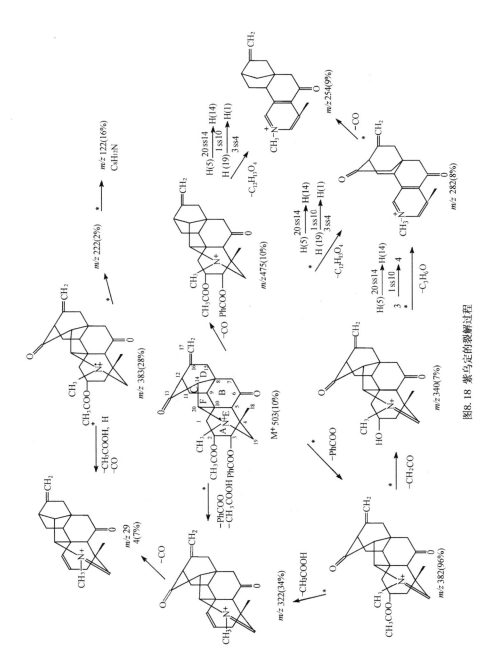

图8.18 紫乌定的裂解过程

RDA 开裂及因 C 环构象的不同而引起 4‑C 芳基的丢失上。这些差别的产生皆源于 C，D 环的顺反异构。

	R_1	R_2	R_3	R_4
1	β–H	H	OH	OCH_3
2	α–H	H	OH	OCH_3
3	β–H	R_2+R_3=O		OCH_3
4	α–H	R_2+R_3=O		OCH_3
5	β–H	H	OAc	OCH_3
6	α–H	H	OAc	OCH_3
11	β–H	OH	H	OH
12	α–H	OH	H	OH
13	α–D	H	OH	OCH_3

	R
7	α–C(O)NHNH$_2$
8	β–C(O)NHNH$_2$
9	α–CO$_2$H
10	β–CO$_2$H

图 8.19　鬼柏毒素及其立体异构体衍生物

表 8.7　各对差向体 EI 质谱的主要差别

特征离子	m/z	组　成	1			2		
			高分辨	计算值	R. I.	高分辨	计算值	R. I.
M^+	414	$C_{22}H_{22}O_8$	414.1297	414.1308	100	414.1293	414.1308	12.2
$(M-CH_3)$	399	$C_{21}H_{19}O_8$	399.1065	399.1074	5.8			
$(M-H_2O)^+$	396	$C_{22}H_{20}O_7$	396.1202	396.1203	12.6	396.1202	396.1203	62.8
$(396-C_4H_4O_2)^+$	312	$C_{18}H_{16}O_5$				312.0986	312.0993	100
$(312-CH_3)$	297	$C_{17}H_{13}O_5$				297.0763	297.0759	28.2
$(297-CO)$	269	$C_{16}H_{13}O_4$				269.0822	269.0810	7.5
			3			4		
$(M-CO_2)^+$	368	$C_{21}H_{20}O_6$	368.1271	368.1254	5.1	368.1242	368.1254	14.4
$(M-CO_2-H)$	367	$C_{21}H_{19}O_6$	367.1187	367.1176	17.6	367.1187	367.1176	56.5
$(368-CH_2)^+$	354	$C_{20}H_{18}O_6$				354.1099	354.1098	7.1
$(M-C_{13}H_7O_5)$	169	$C_9H_{13}O_3$	169.0840	169.0861	20.4	169.0853	169.0861	4.8
$(M-C_{13}H_8O_5)^+$	168	$C_8H_{12}O_3$	168.0769	168.0783	21.1	168.0782	168.0783	5.4

特 征 离 子	m/z	组　　成	5			6		
$(396-C_4H_4O_2)^+$	396	$C_{22}H_{20}O_7$	396.1211	396.1203	46.4	396.1213	396.1203	71.3
$(M-AcOH)^+$	312	$C_{18}H_{16}O_5$				312.0985	312.0993	5.5
$(M-C_{12}H_{15}O_7)$	185	$C_{12}H_9O_2$	185.0584	185.0600	18.4	185.0588	185.0600	7.3
			7			8		
$(M-N_2H_{47})^+$	414	$C_{22}H_{22}O_8$	414.1297	414.1308	100	414.1297	414.1308	2.6
$(M-H_2O)^+$	396	$C_{22}H_{20}O_7$	396.1202	396.1203	33.4	396.1202	396.1203	100
$(396-C_4H_4O_2)^+$	312	$C_{18}H_{16}O_5$	312.0986	312.0993	18.6	312.0976	312.0993	81.3
$(312-CH_3)$	297	$C_{17}H_{13}O_5$				297.0763	297.0759	21.4
$(297-CO)$	269	$C_{16}H_{13}O_4$				269.0822	269.0810	5.8
			9			10		
$(M-H_2O)^+$	414	$C_{22}H_{22}O_8$	414.1312	414.1308	40.6	414.1315	414.1308	13.2
$(414-H_2O-C_4H_4O_2)^+$	312	$C_{18}H_{16}O_5$	312.0991	312.0993	28.7	312.0988	312.0993	67.2
$(312-CH_3)$	297	$C_{17}H_{13}O_5$	297.0771	297.0759	9.3	297.0775	297.0759	21.7
			11			12		
M^+	400	$C_{21}H_{20}O_8$	400.1133	400.1158	78.7	400.1168	400.1158	50.0
$(M-H_2O)^+$	382	$C_{21}H_{18}O_7$	382.1037	382.1052	100	382.1064	382.1052	93.0
$(382-C_4H_4O_2)^+$	298	$C_{17}H_{14}O_5$	298.0870	298.0841	10.6	298.0870	298.0841	100
$(298-CH_3)$	283	$C_{16}H_{11}O_5$	383.0617	283.0606	17.0	283.0608	283.0606	76.1

比较 **1** 和 **2**，由于 **2** 中 C，D 环为顺式稠合，当 C 环为船式构象时，1，3-失水很容易进行。而在 **1** 中，3-C 和 4-C 上的氢均在 1-C 羟基的反位，难以失水，所以，在它们的谱图中 $(M-H_2O)^+$ 的强度差别很大，$[(M-18)^+/(M^+)]_2$：$[(M-18)^+/(M^+)]_1=40.8:1$。氘标记 **13** 的 EI 谱：$m/z415$（$M^+$，34.9），396 $[(M-HDO)^+\cdot$，60.5$]$，说明了可能是 1，3 位直接失水。

　　2，6，8 和 **10** 中，2-C，3-C 均为顺式构型。在它们的 EI 质谱中，$m/z312$ 离子的丰度都比其差向体的高得多，即顺式：反式＞2.3。这可能是由于 $m/z312$ 碎片离子是由 $m/z396$ 离子经逆向 Diels-Alder 反应（RDA）而得到的 [式（1）]，后者在顺式化合物中相对丰度较大，因此前者在顺式化合物中的相对丰度亦较大。在各对化合物的 EI 谱图中，出现 $m/z297$，269 等离子，是因为这些离子由 $m/z312$ 离子顺次裂解而来 [式（2）]。

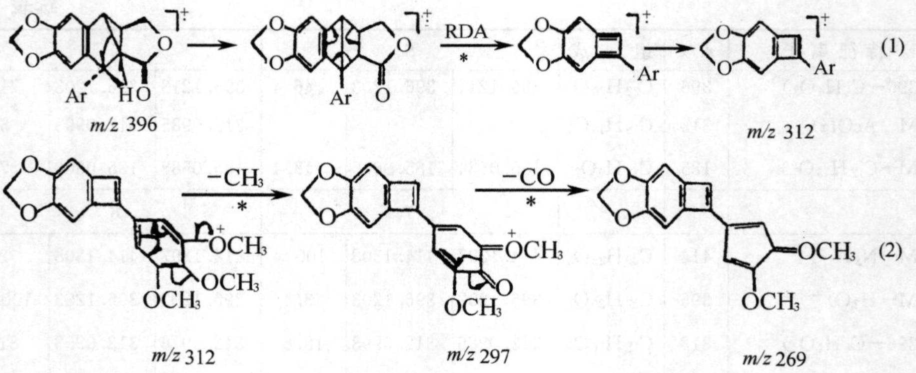

(1)

m/z 396 m/z 312

(2)

m/z 312 m/z 297 m/z 269

有"＊"号的裂解过程均经过亚稳离子技术证明，下同。

3，4 的裂解则完全不同。因为 1 - C 位上是羰基，而不是羟基，因此不发生上述的失水、RDA 开裂等过程。但是在它们的 EI 谱图中有显著的脱羧碎片，而且顺式异构体 4 脱羧碎片的丰度约为反式异构体 3 的 3 倍。这一结果恰好和文献上报道的某些二萜类 γ - 内酯立体异构体的脱羧情况——反式稠合的内酯环易于脱羧——相反。这可能是因为 1 位羰基的存在阻止了环丙烷离子基的形成而导致裂解机理不同。4 的脱羧机理如式（3）所示：

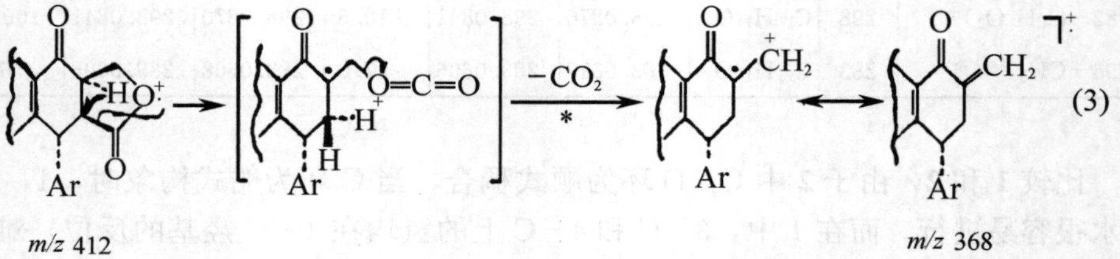

(3)

m/z 412 m/z 368

由于是先断开一个键，氢转移后（氢转移的动力是未偶电子在 2 - C 上可以和羰基形成离域化的三电子 π 键）再脱羧，而顺式构型中有一个键为竖键，在电子轰击下竖键比平键更易断裂，所以顺式构型 4 比其差向体 3 更易脱羧。此外，在 3 和 4 的 EI 质谱中，m/z 168（A）和 169（B）碎片离子的丰度也有很大的差别（反式约为顺式的 4 倍）。亚稳离子技术证明，A 和 B 均来自分子离子（m/z 412）。尽管在开裂过程中伴随着氢任意重排（hydrogen scrambling），但这一差别显然是由于化合物的不同构型对质谱行为产生了不同影响的结果。从分子模型可以看出，C 中的 Ar 基团处于竖键，而 D 中的 Ar 是平键，竖键应该比平键更容易断裂。

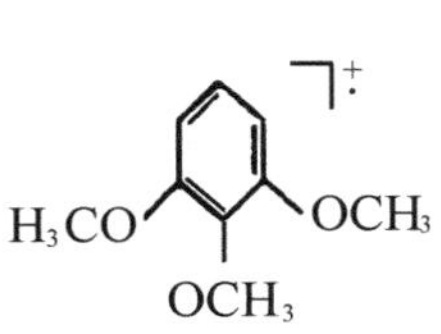

m/z 168

A

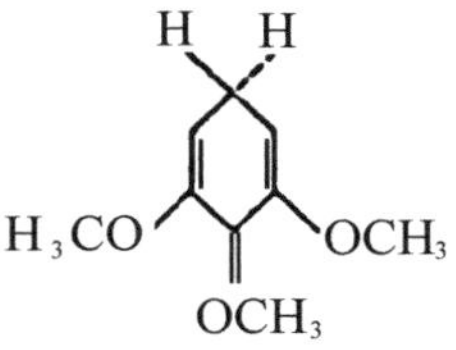

m/z 169

B

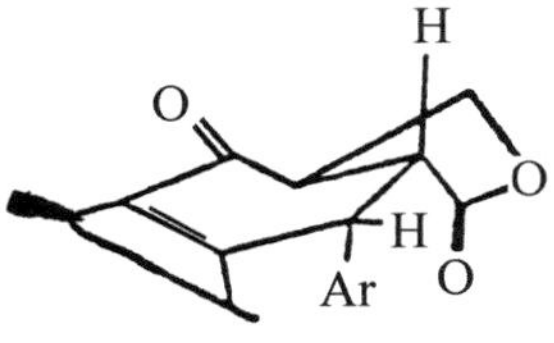

C

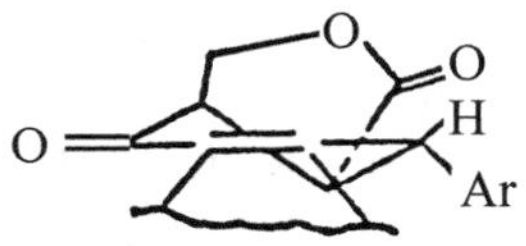

D

在 **11** 和 **12** 中，由于分子中 1-C 上的 OH 是 β 构型，当 C 环为船式构象时，1-OH 和 4-H 很接近，易于进行 1，4-失水，所以在它们的质谱中，m/z382 离子的丰度没有什么差别。由于内酯环稠合的方式不同，它们质谱中的立体化学效应主要表现在，**12** 中 m/z298 碎片与 M⁺ 的相对丰度比约为 **11** 的 14.8 倍。其原因就在于经 1，4-失水后，生成的 m/z382 离子仍然保持着母体化合物的构型。顺式稠合的 **12** 很容易经过 RDA 开裂，产生 m/z298 离子，而反式稠合的 **11** 则难以进行 RDA 开裂〔式（4）〕，所以 m/z298 离子的丰度显然要低得多。

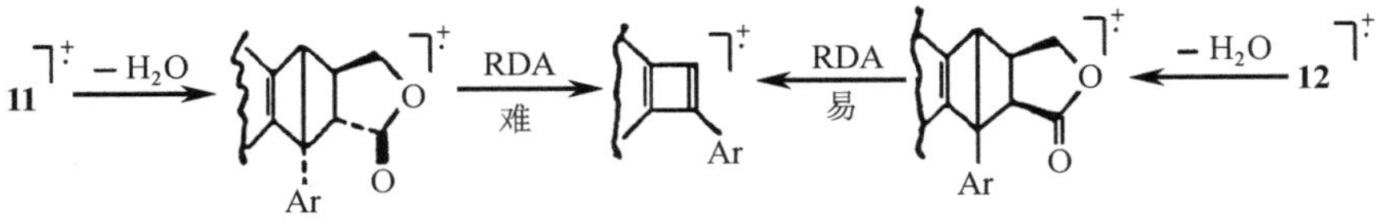

m/z 382   m/z 298   m/z 382

由以上分析结果，可以得到这类木脂素的下列质谱裂解特征规律：

（1）C，D 环为顺式稠合，易于发生 1，3-失水而出现（M−H₂O）⁺强峰。

（2）2-C 和 3-C 为顺式构型时，经逆 Diels-Alder 反应（RDA）开裂产生的碎片离子丰度强（比反式者高一倍多）。

（3）当 1-C 位上是羰基取代时，不发生失水和 RDA 开裂，而发生脱羧。顺式异构体脱羧碎片峰丰度比反式异构体高（可能高 3 倍）。

（4）处于反式位的直立键取代基（Ar）比顺式位的平伏键取代基更易断裂，形成的碎片离子的丰度相差可达 4 倍。

（5）C，D 环为顺式稠合时易发生 1，4-失水后的 RAD 开裂。

参 考 文 献

[1] R. A. W. Johnstone，M. E. Rose，Mass Spectrometry for Chemists and Biochemists，2nd Ed.，1996，Cambridge University Press，London

[2] J. T. Clerc，E. Dretsch，J. Seible，Structural Analysis of Spectroscopic Methods，1986，Elsevier，Scientific Publishing Company，Amsterdam，Netherlands

[3] 陈耀祖等，科学通报，1983，28 (19)：1206

[4] 陈耀祖等，高等学校化学学报，1984，5 (4)：515

[5] 梁晓天，分析测试通报，1988，7 (6)：1

[6] 陈延镛等，Scientia Sinica，1976，19：276

[7] 陈耀祖等，Biomed. Environ. Mass Spectromrtry，1987，14：9

[8] 赵凡智，陈耀祖等，化学学报，1993，51：173

[9] 王锋鹏，梁晓天，药学学报，1985，20 (6)：436

[10] 陈耀祖等，化学学报，1985，43：960

第九章　生物大分子的质谱分析

9.1　概　述

随着生命科学的发展，为了解决生命科学过程中的有关生物活性物质的分析问题而发展了生物质谱。生物质谱是目前有机质谱中最活跃、最富生命力的研究领域，已成为有机质谱的前沿课题之一。它的发展大大推进了有机质谱本身理论和技术的发展。

生物质谱主要用于解决两个分析问题：其一是精确测量生物大分子，如蛋白质、核苷酸和糖类等的分子量，并提供它们的分子结构信息；其二是对存在于生命复杂体系中的微量或痕量小分子生物活性物质进行定性或定量分析。为解决这些问题，发展了各种新的软电离技术，扩展了质谱的可测质量范围，并且发展了各种新的联用技术，特别是色谱-质谱联用技术和质谱-质谱联用技术（串联质谱，MS/MS）。本章中只讨论生物大分子的质谱分析问题。近年来涌现出较成功地用于生物大分子质谱分析的软电离技术主要有下列几种：

（1）电喷雾电离质谱（electrospray ionization mass spectrometry，ESI‐MS）

（2）基质辅助激光解吸电离质谱（matrix assisted laser desorption ionization mass spectrometry，MALDI‐MS）

（3）快原子轰击质谱（fast atom bombardment mass spectrometry，FAB‐MS）

（4）离子喷雾电离质谱（ion spray ionization mass spectrometry，ISI‐MS）

（5）大气压电离质谱（atmospheric pressure ionization mass spectrometry，API‐MS）

在这些软电离技术中，以前面三种近年来研究得最多，应用得也最广泛。在前面第二章中已介绍了它们的构造原理，这里只就它们在分析生物大分子方面的应用特点作一简要描述。

9.1.1　电喷雾电离质谱（ESI‐MS）

电喷雾电离是一种"软"电离技术，起源于 1917 年，但是它在质谱中应用乃是 80 年代的事。1984 年，以美国耶鲁大学化学工程系教授 John Fenn 为首的研究组首次发表了 ESI‐MS 的实验结果，并于 4 年后报道了他们运用 ESI‐MS 首次成功地进行蛋白质的分析。

ESI-MS 既可分析大分子也可分析小分子。对于分子量在 1000Da 以下的小分子，会产生 [M+H]$^+$ 或 [M−H]$^-$ 离子，选择相应的正离子或负离子形式进行检测，就可得到物质的分子量。而分子量高达 20,000Da 的大分子在 ESI-MS 中生成一系列多电荷离子，通过数据处理系统能够得到样品的分子量，准确度优于 ±0.01%。

这些离子（m/z）以"表观"质量数出现在质谱图上，其与分子量的关系是：

$$\frac{M+nH}{n}=\frac{m}{z} \tag{9.1}$$

式中，M＝真实质量，n＝电荷数，H＝质子的质量。ESI 的这种特征能有效地扩大质谱仪可用的质量范围。例如马心肌红蛋白样品（分子量 16952.48）生成的正离子 ESI 谱图如图 9.1 所示，其中出现一系列 m/z 700～1700 的多电荷离子。该谱图是用质量范围为 4000Da 的质谱仪测得的。若样品只形成单电荷离子，它的分子量就超出了仪器的可测量范围，图中不会出现。若谱图中 m/z 942.7 的峰的电荷数 18 已知，则样品的分子量可按下式计算得到：

$$M = 18 \times 942.7 - 18 = 16950.6$$

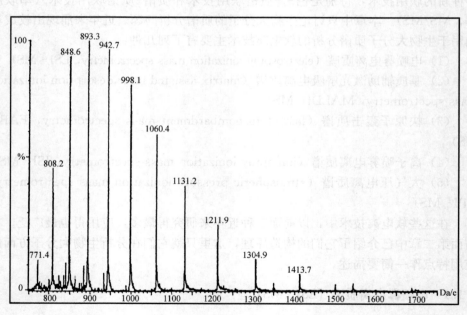

图 9.1　扣除背景的马心肌红蛋白质谱图

通常，任何一个特定离子的电荷数是不知道的。但是在一个多电荷离子系列中，任何二个相邻的离子只相差一个电荷。所以在质谱图上相邻两个峰的质量若以 M_1 和 M_2 表示，那么下式就成立。

$$n_1 = n_2 + 1 \tag{9.2}$$

式中，n_1 为 M_1 的电荷数，n_2 为 M_2 的电荷数。由方程（9.1）可知，

$$M_2 = \frac{M + n_2 H}{n_2} \tag{9.3}$$

$$M_1 = \frac{M + n_1 H}{n_1} \tag{9.4}$$

将式（9.2）代入式（9.4）中，得：

$$M_1 = \frac{M + (n_2 + 1)H}{n_2 + 1} \tag{9.5}$$

重排两个联立方程（9.3）和（9.5），分别得到

$$n_2 M_2 = M + n_2 H \tag{9.6}$$

$$(n_2 + 1)M_1 = M + (n_2 + 1)H \tag{9.7}$$

将式（9.6）中的 M 代入式（9.7）中得：

$$(n_2 + 1)M_1 = n_2 M_2 - n_2 H + (n_2 + 1)H \tag{9.8}$$

因而

$$n_2 M_1 + M_1 = n_2 M_2 + H \tag{9.9}$$

所以

$$n_2 = (M_1 - H)/(M_2 - M_1) \tag{9.10}$$

n_2 值是最接近的整数。只要 n 值已知，原始的质量数就可从式（9.1）计算得到，即

$$M = n_2(M_2 - H)$$

例如，从马心肌红蛋白质谱图上任取一对相邻离子都能计算其分子量。按式（9.10），若取 m/z 为 998.1 与 1060.5 一对相邻多电荷离子峰为例，那么

$$n_2 = (998.1 - 1.0)/(1060.5 - 998.1) = 15.98$$

与 n_2 最接近的整数是 16。它表示在 m/z 1060.5 处的离子为带 16 个正电荷的分子。由（9.1）式可求得分子量 $M = 16$（1060.5 $- H$）$= 16952.0$。由微机软件能计算出 n 和 M 值，从而预测同一系列中其他多电荷离子将在哪里出现。例举的 M 值是同一系列中每对峰在标准偏差范围内计算的平均值。当然也可采用其他处理技术，如把 m/z 谱图转化为分子量的分布。从中读出准确的质量数（ $+0.01\%$ ），或用最大熵值（maximum entropy）方法得到最佳的分辨率。据报道，ESI - MS 通过多电荷离子已能测出分子量达，133 000Da 的蛋白质[1]或分子量达 200 000Da 的糖蛋白（glycoprotein）[2]。ESI 一般用于四极杆质谱仪，也

可安装在磁质谱仪及离子回旋共振质谱仪上。谱图上的多电荷离子是多个质子络合的离子,络合的质子数目可高达 100 多个。

ESI‑MS/MS 与 MS/或 HPLC/ESI‑MS 联用可进行蛋白质序列分析,ESI‑MS 在蛋白质构象分析、酶反应中间体分析、酶抑制剂机理分析、共价或非共价复合体分析等方面均曾获得应用。有人预测用质量范围为 1000~2400u 的质谱仪,用 ESI 可测得数百万道尔顿分子量的蛋白质[3]。

9.1.2 基质辅助激光解吸离子化质谱

激光解吸电离质谱(LDI‑MS)早已被作为分析难挥发有机物的手段之一,曾用于分析合成聚合物和热不稳定生物小分子的研究。但是激光解吸测定的分子量均低于 3kDa。这是因为只有化合物能较好吸收激光时才能产生解吸。对于吸收激光不好的化合物就要加大辐射能,这样大量的能量沉积到样品分子上,就会破坏其结构,使分子离子峰变弱。所以 LDI‑MS 用于生物大分子的分子量测定受到很大的限制。一直到 1988 年,Tanaka 和 Hillenkamp 两组科学家分别提出使用基质辅助激光解吸电离质谱(MALDI‑MS)后才使得 LD‑MS 应用于生物大分子的分析得到发展[4]。关于 MALDI‑MS 的原理及仪器在第二章已作了介绍,此处就不再重复。MALDI 通常与飞行时间质谱(time of flight mass spectrometry,TOF‑MS)联用。在 TOF 质谱仪中,离子在电场作用下加速,飞过自由漂移区后到达对面的检测器,由到达检测器的时间不同而被检测。设待测物的分子量为 m,所带电荷为 z,加速场电压为 U,长度为 d,自由漂移区的长度为 l,则待测物离子的飞行时间 t 为其在加速场中飞行时间(t_{acc})与在漂移场中飞行时间 t_{drift} 之和。即

$$t = t_{acc} + t_{drift} = d\sqrt{\frac{2m/z}{Ue}} + l\sqrt{\frac{2m/z}{Ue}}$$

所以

$$t \propto \sqrt{\frac{m}{z}}$$

但离子实际飞行的时间往往与计算值略有不同,这主要由于数据处理系统的时间滞后所致。因此,

$$\sqrt{\frac{m}{z}} = at + b$$

通过两点校正获得常数 a,b 的值,即可得出离子的质荷比。

TOF‑MS 所测质量范围原则上是没有上限的,线式分辨率较低。目前已改进为反射式的检测方式以提高其分辨率和分子量测定精度。MALDI 除了与 TOF 质谱联用外,与傅里叶变换离子回旋共振质谱(FI‑MS)联用的研究越来越多。

MALDI 也可与四级杆质谱仪及磁质谱联用。

MALDI-MS 分析蛋白质的关键是选择合适的基质。基质的具体作用通常被认为包括以下几个方面：首先基质相当于样品分子的溶剂，样品分子被基质彼此分开，这种分离作用削弱了样品分子之间的相互作用；然后基质分子从激光脉冲中吸收能量并转化为固态溶体体系的激发能，使微量样品产生瞬间相变。在形成离子过程中有两个临界值，低的是表面解吸，高的是本体解吸。后者给出离子信号。

基质将能量传递给样品的机制一般为质子转移和碱金属离子加合等。Hillenkamp 法中所使用的基质的性质很重要，只有很少的化合物能作蛋白质及其他生物大分子的基质。虽然基质的重要性是众所周知的，但人们对于什么样的化合物才能成为好的基质却知之不多，从前面谈到的基质作用机理我们可以很容易看出基质必须满足一些共性：在合适的溶剂中的溶解性能、对激光的吸收性能、合适的反应活性。首先基质必须在一些常用的蛋白质溶剂中有好的溶解性，因为在样品准备过程中基质要和蛋白质溶于同一溶剂中。在实际操作中基质的溶解度应达到 5mmol/L；常用的蛋白质溶剂有：盐酸水溶液、水-乙氰混合物，水-乙醇混合物、70%甲酸。其次基质必须能很好地吸收激光，以使能量沉积在基质中而不是在分析物上。另外，基质的反应活性必须考虑：能对蛋白质或其他分析物起共价修饰作用的基质不能采用，氧化剂由于会破坏二硫键，使半胱氨酸、甲硫氨酸基团氧化，应避免使用。醛类化合物也不合适，它们会修饰氨基酸 N 端。

符合上述条件的化合物并不一定就能成为好的基质。事实上数百种已研究过的化合物中只有少数几个能作基质。表 2.2 中列出了目前常用的基质。尽管烟酸在早期研究中被广泛应用，但由于会产生许多附属峰而不再被经常使用。阿魏酸、芥子酸、2，5-二羟基苯甲酸不会产生这些强的加合峰，而且耐杂质的能力强。

有些很相似的物质有着很近似的溶解性及吸光性，但作为基质的性能却大不一样。如 4-羟基肉桂酸是很好的蛋白质基质，而 3-羟基肉桂酸却是很差的基质，这样的情况很多。少数几个实用基质效果好的原因尚不清楚。有人认为它们与蛋白质有一些特别的亲合性使蛋白质在干燥过程中能进入到固体基质中，但这种作用难以测量，也难以预测。近期有关基质的研究仍很活跃，以后仍将是 MALDI 研究的一个热点。用 MALDI-MS 分析多肽及蛋白质时，当基质选择妥当之后，即着手准备样品。常用的样品准备方法有两种，即 Tanka 法和 Hillenkamp 法。

Tanaka 等把待测的多肽溶于甘油中并与很细的金属粉末混合，然后把悬浮液滴到探头上，让激光照射，再进入质谱分析。甘油对 377nm 的激光是透明的，激光通过时与甘油不发生作用，因此引入金属粉末在溶液中形成吸收中心。尺寸小于激光波长的金属颗粒可以因激光照射而产生能量，成为激光和液体基质的媒介。但热金属颗粒又如何导致完整蛋白质离子溅出，目前还不清楚。

Hillenkamp 等认为激光解吸时是底物吸收激光而不是待测样品分子本身吸收。1985 年，他们就提出假设，认为选择合适的基质使之与样品混合就可以测量大分子量，并随后提出了"基质辅助激光解吸"这个名称。这项工作的进展并不容易，直到选用烟酸作为基质以后才有突破。烟酸和蛋白质混合的溶液滴到探头上，干了以后用激光照射，即可得到蛋白质分子离子信号。

Tanaka 法的灵敏度为 10^{-9} mol 数量级，Hillenkamp 法的灵敏度可达 10^{-12} mol 数量级，且信号强，信噪比高，因而 Hillenkamp 法被广泛采用，Tanaka 法受到的关注则相对不多。Wahl 等采用一种新方法的原理与 Tanaka 法很相似，他们把样品沉积到金箔上，激光产生的电场使金箔产生热量，再把热传给分析物，取得较好的效果。

在基质中加入少量的碳水化合物，如 D-葡萄糖、D-核糖、D-果糖，可增加分析物分子离子稳定性，提高分辨率。干燥技术也不可忽视，用真空干燥速度快而且效果好。

MALDI 与其他质谱电离源技术相比，对样品的要求很低，能耐受高浓度的盐、缓冲剂和其他非挥发性成分。仔细的样品准备工作是不必要的，这也是 MALDI 的一个显著优点。但有两种杂质的存在会严重影响分析结果：离子型去垢剂（如十二烷基硫酸钠）和低挥发溶剂（如甘油和二甲亚砜）。后者的有害作用很容易解释，因为它会破坏样品的结晶过程，或在样品-基质表面形成液膜，从而妨碍蛋白质的离子化过程。前者的不利影响可以通过使用 2，5-二羟基苯甲酸作基质加以消除。最近也有研究报道了一些 MALDI 准备过程中除杂质的简单而有效的方法。

激光条件也很重要，MALDI 使用脉冲激光，脉冲宽度 1~200nm。常用有氮激光器（337nm），Nd-YAG 激光器（355nm，266nm），红外激光器有 TEG CO_2 激光器（10.6nm），Er-YAG 激光器（2.94nm）等。

对 MALDI 产生的大质量离子进行检测是比较困难的，这些离子的质荷比很大，在离子源中得到的速度不高。当离子碰到检测器后必须转化为电子以便检测。大质量离子的速度常低于碰撞诱导电离的临界值，而使得这些离子的检测效率往往很低。因此发展高效检测器是必要的。目前 MALDI 的质量检测范围超过 300 000Da，一些生物大分子如尿素酶(271 000Da)、二聚体分子离子(345 000Da)、触酶分子(236 230Da)已被成功检测。由于 MALDI 可以轻易产生质量很大的离子，而检测大质量离子比较困难，因而 MALDI 的质量上限是检测方面的限制造成的，问题不在于离子解离方面。刚开始 MALDI-TOF 的分辨率很低（低于100），质量检测精度只有 0.1%。随着仪器的改进和新基质的引入，质量测定情况有了很大改善。测定 30 000Da 的蛋白质精度达到 0.01%。质量测定通常用精确测量过的化合物作参比,即可用内标法亦可用外标法。用 FT - MS 测多肽的准确度很高(1ppm),分辨率也很高。用 MALDI - FTMS 测短杆菌肽 S,以氩气缓冲气来降低被测物过剩的能量,分辨率达到 1 100 000。

高灵敏度是 MALDI 的另一个显著优点。分析所需要的样品量只需 1pmol 甚至更少。若样品浓度大于 0.5g/L,基质对样品的隔离作用就会受影响,从而导致信号强度下降。蛋白质在基质中的浓度达到 0.1μmol/L 就可以获得具有好的信噪比的图谱。产生质谱图所消耗的实际样品量在 10^{-18}mol 量级。

可以看出,MALDI 谱中单电荷分子离子和双电荷分子离子峰都很强。随着分析物质量的增加,双电荷离子的相对丰度增加并出现多电荷离子。基质的信号出现在低质量范围(500～1000Da),它们不仅有准分子离子和一些特别的碎片峰,还有一些光化学反应产生的加合离子。不同基质在低质量区出现的分子离子信号的强度不同,好的基质的分子离子峰比样品低,在条件好时基质峰甚至不出现。

在 MALDI - TOF 质谱中,蛋白质的质子化正离子和去质子化负离子都可被检测到。正离子谱和负离子谱的强度相似。MALDI 谱中主要信号是完整的分子离子峰,从质子化分子上丢失小的中性分子(如 H_2O,NH_3,$HCOOH$)所获得的碎片离子通常较弱,而且大分子量的蛋白质和小一些的多肽的裂解方式有所不同。大蛋白质通常丢失一些小的中性基团并给出一些低强度的不易解释的碎片峰,而小肽通常发生骨架裂解。准分子离子峰在高质量区常伴随着一些分析物与基质的加合离子峰,这种现象随着蛋白质分子分子量的增加而渐趋明显。这些加合离子可能是光化学作用的产物,他们的强度因基质而异。

生物活性分子研究中有关的结构信息是比较重要的,MALDI 可获得部分结构信息。在飞行时间质谱上实现 MS/MS 比较困难,因而通常采用 MALDI - TOF 与生化技术相结合的方法以获取结构信息。

由于 MALDI 谱图中单电荷分子离子峰占主要地位,且碎片离子少,因而这一技术是混合物分析的理想手段。在对混合物进行分析时由于不同成分的溶解性不同,样品-基质混合物的不同会产生不同的沉积作用,从而影响分析结果。这时应注意样品准备方法的选择,合适的样品准备可以避免这一问题。在分析混合物时使用芥子酸作基质比较合适,芥子酸能使物化性质相差很大的蛋白质相对均匀地解吸,产生好的分析效果。由于 MALDI 对杂质的忍耐性强,它甚至可直接用于未处理过的生物样品。

9.1.3 快原子轰击质谱 (FAB - MS)

鉴于 FAB - MS 分析的样品一般都是偶极矩大的极性分子,而非极性分子往往得不到好的 FAB 质谱图，于是对这种软电离的机理提出一种解释认为：样品先在基质内形成络合离子如 [M＋H]⁺ 以及 [M＋金属]⁺ 等（正离子 FAB－MS 谱）或脱质子离子 [M－H]⁻（负离子 FAB－MS 谱）。基质表面的这些准分子离子受到 Ar 快原子流的轰击，接受其能量，解吸脱离液面，溅入气相中。所以 FAB－MS 谱中主要出现准分子离子峰而少出现分子离子峰 M⁺，并且在基质中加入酸性（H⁺）或碱性（OH⁻）物质或金属盐类（如 NaCl 或 KCl）往往使相应准分子离子强度增大。当然也不排除在气相中，溅出的样品分子受轰击产生 M⁺ 离子（非极性分子往往通过此途径电离）。但这样的离子产生的概率，也就是其丰度比准分子离子小的多。

由于在电离过程中并未受到加热，所以 FAB 电离技术特别适合于热不稳定、高极性化合物，如蛋白质、多肽、核酸及糖类等，测出的质量数上限已可达到 10kDa。

FAB－MS 虽然测定的质量范围比 MALDI－MS 或 ESI－MS 小的多，但由于 FAB 枪结构简单，可安装在任何一种类型的质谱仪上，便于推广，并且 FAB－MS 具有信号持续时间长和重现性好等特点，所以它仍是质谱中一种常用的重要手段。

9.2 多肽和蛋白质的质谱分析

9.2.1 多肽和蛋白质的一级结构

蛋白质是生物体中含量最高、功能最重要的一类生物大分子。它存在于所有生物细胞中，约占细胞干质量的 50％ 以上，它在生命科学中所占重要位置可想而知。关于它的结构分析当然是生命科学的重要课题，而质谱法在这方面愈来愈显出威力，也愈来愈引起人们的重视。

组成蛋白质的基本单元是氨基酸，虽然蛋白质种类繁多，但是所有蛋白质都是由 20 种基本氨基酸构成的。重要氨基酸的名称及分子量列于表 9.1 中。氨基酸通过肽键（酰胺键）连接起来的化合物称为肽，由多个氨基酸组成的肽则称为多肽（polypeptide），组成多肽的氨基酸单元称为氨基酸残基。如果组成的氨基酸为数不太多时，则也可称为寡肽（oligopeptide）。多肽广泛存在于自然界中，但其中最重要的是作为蛋白质的亚单位存在。

蛋白质是一条或多条多肽链以特殊方式组合的生物大分子。蛋白质结构非常复杂，主要包括以肽链结构为基础的肽链线型序列，以及由肽链卷曲、折叠而形成的三维结构。前者称为一级结构，后者称为二级、三级或四级结构。目前质谱分析能解决的问题主要是测定蛋白质的一级结构，包括其分子量、肽链中氨基酸排列顺序以及多肽键或二硫键的数目和位置。例如蛋白质激素胰岛素的一级结构如图9.2所示。

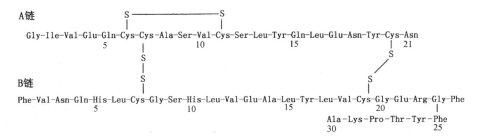

图 9.2　胰岛素的一级结构

表 9.1　常见氨基酸

	中文名称	英文名称及缩写	分子量	残基量
1	丙氨酸	Alanine, Ala	89.09	71.07
2	精氨酸	Arginine, Arg	174.20	156.18
3	门冬酰胺	Asparagine, Asn	132.12	114.10
4	门冬氨酸	Aspartic Acid, Asp	133.10	115.08
5	半胱氨酸	Cysteine, Cys	121.15	103.13
6	胱氨酸	Cystine	240.29	222.27
7	谷氨酸	Glutamic Acid, Glu	147.13	129.11
8	谷氨酰胺	Glutamine, Gln	146.15	128.13
9	甘氨酸	Glycine Gly	75.07	57.03
10	组氨酸	Histidine, His	155.16	137.14
	异亮氨酸	Isoleucine, Ile	131.17	113.15
11	亮氨酸	Leucine, Leu	131.17	113.15
12	赖氨酸	Lysine, Lys	146.19	128.17
13	甲硫氨酸	Methionine, Mef	149.21	131.19
14	苯丙氨酸	Phenylanaline, Phe	165.19	147.17
15	脯氨酸	Proline, Pro	115.13	97.11
16	丝氨酸	Serine, Ser	105.09	87.08
17	苏氨酸	Threonine, Thr	119.12	101.10
18	色氨酸	Tryptophane, Trp	204.22	186.20
19	酪氨酸	Tyrosine, Tyr	181.19	163.17
20	缬氨酸	Valine, Val	117.15	99.13

虽然用质谱法分析蛋白质的高级结构是可能的，这方面的研究正在展开[5]，由于方法尚不够成熟，所以本章不讨论。

9.2.2　多肽和蛋白质的分子量测定

1981年，Barber 等首先提出用 FAB 质谱测定肽的分子量，他们采用双聚焦质谱仪，以甘油为基质，分析一个十一肽（Met－Lys－bradykinin $M_r=1318$）。质谱中出现准分子离子 $[M+1]^+$ 强峰 $m=1319$。谱中出现的均为单电荷离子，主要包括肽离子、甘油离子和甘油簇离子。测 FAB 谱常用氩 Ar 作轰击剂，但在某些情况中用氙 Xe 效果更好一点。FAB 质谱法既可测正离子谱也可测负离子谱，由于蛋白质和多肽分子中含有多个易质子化的部位，所以一般测取其正离子谱。基质中加入酸可增强 $(M+1)^+$ 离子强度。分析疏水性肽常用极性较小的基质，如 3-硝基苄醇或其辛酯，或 N-甲酰-2-氨基乙醇。测取负离子谱时则采用碱性液体作基质，如三乙醇胺，这样的基质有助于样品分子中酸性部位脱去质子。

图 9.3 所示是一个蛋白质经胰蛋白酶消解后的一部分的质谱[6]。谱中强峰 1～11 显然是 $(M+H)^+$ 离子（较小的峰可能是碎片离子），表明样品中至少存在 11 个肽。第 7 峰右侧的多重峰是准分子离子 $(M+H)^+$ 的同位素峰。各强峰是由 ^{12}C，^1H，^{14}N 和 ^{16}O 组成的离子，也称为"单种同位素"（monoisotopic）峰，质谱精度为 ± 0.3Da。值得注意的是在某些情况中，单种同位素峰并不是强峰，而相关的同位素峰强度反而比它强。这样就使得分析一个未知物时很难确定哪个峰是单种同位素峰，以至难以精确确定样品分子量。遇到这种情况，往往降低仪器分辨率，使同位素峰重叠成为一宽峰，由峰中心位置确定分子的平均质量数。

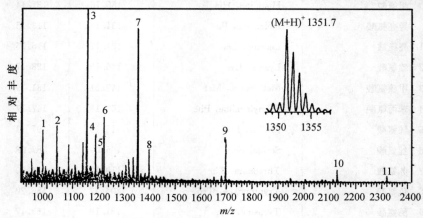

图 9.3　酶解蛋白 HPLC 馏分 FAB－MS 谱（右上图为峰 7 放大图）

平均质量数是分子中所有元素的"化学"原子量之和（即碳原子量为 12.011），而单种同位素峰质量数是各元素最轻同位素之和（即碳原子量为 12.000000）。一般情况下，除非特别说明，质谱所测分子量均为分子的平均质量数。

虽然 FAB 质谱可以分析混合肽，但是必须注意疏水性较强的肽比亲水肽更易于电离，使后者的讯号被完全压制而测不出来。所以在进行 FAB 质谱分析之前最好将混合多肽用反相 HPLC 分级，虽然每一级仍然是一个肽的混合物，但是不致在同一流出部分中同时含疏水性肽和亲水性肽（至少不会含同样大小的这些肽）。

分子量小于 6000Da 的肽或小蛋白质用 FAB 质谱分析是合适的，但是分子量再大的肽用此技术分析就困难了。更大分子量的多肽和蛋白质可用 MALDI 质谱或 ESI 质谱分析（见下）。因此 FAB-质谱只适用于分析酶水解或化学降解的蛋白质或人工合成的寡肽。虽然 FAB 质谱与色谱（HPLC 或毛细管电泳）联用的研究早已有报道，但不及下面将要讨论的 ESI-MS 与 HPLC 色谱联用方便。

用 MALDI-TOF 质谱分析蛋白质最早一例是 HillenKramp 等于 1988 年提出的，他们用紫外激光，以烟酸为基质，在 TOF 质谱仪上测出质量数高达 60,000Da 的蛋白质。MALDI-TOF 质谱的精确度开始时只有 $\pm 0.5\%$，后改进到 $\pm 0.1\% \sim 0.2\%$。曾报道用 355nm 激光照射以芥子酸（3,5-二甲氧基-4-羟基肉桂酸）为基质，用已知分子量的蛋白质为内标，测得 $M_r < 30\,000$Da 的蛋白质，精确度达 $\pm 0.01\%$[7]。MALDI-TOF 质谱以其所测质量上限高、灵敏、迅速（<1min）而用于蛋白质分析，受到广泛注意。图 9.4 为一典型例子的蛋白质 MALDI-TOF 质谱图，样品是 IgG 单克隆抗体。

后来发现 MALDI 中也可采用红外激光，如用 10.6nm 激光照射，并示出 IR 可能更优于 UV 激光。开始采用 MALDI 技术时主要注意测取高质量大分子蛋白质，其实此技术也能很好地用于测定小分子蛋白质。其下限由基质离子族背景决定，如用芥子酸作基质时下限约为 m/z 1000，用 2,5-二羟基苯甲酸时为 m/z 500。因此，在此下限以上，MALDI 可用于分析大小不同分子量的蛋白质混合物，如酶解蛋白。MALDI 质谱比 FAB 质谱所测质量上限高、操作迅速方便，并且对亲水多肽峰的压制小。MALDI-TOF 质谱的不足之处是分辨率较低（不能分辨同位素多重峰），质量精度较低，灵敏度较低。但这些缺点已为近年来关于 MALDI-TOF 仪器和基质的研究成果逐渐克服。MALDI 与离子回旋共振质谱（傅里叶变换质谱，FT-MS）联用则能更好地解决这些问题。

1988 年，Fenn 等首次成功地用电喷雾（ESI）质谱分析了蛋白质大分子。质谱中出现多电荷离子群，蛋白质样品单电荷分子离子在谱图中未出现，但多电荷离子的表观 m/z 值计算出的分子量大大超过了仪器可测质量上限。一般说来，在 ESI 条件下，能与多肽或蛋白质分子结合的质子数也就是正电荷数，是由分

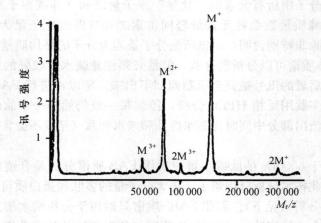

图 9.4　单克隆抗体 IgG（$M^+=m/z\,147，430\pm90$）的

MALDI - MS 谱

（在 $m/z\,300\,000$ 处清晰可见二聚体峰）基质：烟酸；

激光波长：266nm

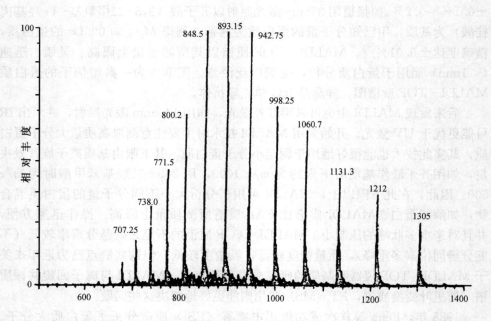

图 9.5　雌马肌红蛋白 ESI - MS 谱（$M_r=16\,951.5$）。离子 $m/z\,893.15$ 为带 19 个电荷的分子离
子，自 24^+（$m/z\,707.25$）至 13^+（$m/z\,1305$）12 个离子计算出分子量为 16，951.9 ± 1.7

子中所含碱性氨基酸（Arg，Lgs，His）总数和 N 端氨基决定的。电荷数目及分布也受实验条件影响，如溶液的 pH 值、变性剂的存在、温度等。例如牛细胞色素 C 的 ESI 质谱中，丰度最大的离子在电喷雾溶液 pH 为 5.2 时带有 10 个正电荷，在 pH 为 2.6 时带有 16 个正电荷。ESI 是由溶液喷射，所以它与 HPLC 或毛细管电泳（CIE）联用最方便。

ESI 质谱测出的分子量精度较高，原因之一是所测出的数值是各多电荷离子计算出的分子量数值的平均值，如图 9.5 所示。雌马肌红蛋白（equine myaglohin）的 ESI 质谱中有 12 个多电荷离子（13^+ 至 24^+），由它们的质荷比 m/z 值计算出的分子量 M_r 值为 16 951.7Da（数据见表 9.2），而实际值为 $M_r =$ 16 951.5Da，误差仅 0.001%。ESI‐FT 质谱分辨率很高，最近报道其分辨率可达 170 000，用之分析两种蛋白质软骨素酶 I 和 II（chondroitinase I，II），谱图中同位素峰分布清晰可辨，测出的分子量 M_r 数值与 DNA 法导出的数值最接近，表明其精度优于其他方法[8]，见表 9.3。

表 9.2　雌马肌红蛋白 ESI 质谱离子质荷比及分子量

峰号	质荷比 m/z	电荷数 n	计算分子量
1	707.25	24	16 950
2	738.0	23	16 951
3	771.5	22	16 951
4	808.2	21	16 951.2
5	848.5	20	16 950
6	893.15	19	16 950.85
7	942.75	18	1695.1
8	998.25	17	16 953.25
9	1060.7	16	16 955.2
10	1131	15	16 950
11	1212	14	16 954
12	1305	13	16 952
			平均 16 951.7

表 9.3　各种方法测出软骨素酶 M_r 比较

方　　法	软骨素酶 I		软骨素酶 II	
	M_r	偏差(Da)	M_r	偏差(Da)
DNA 法	112 508.69		11 713.68	
SDS – PAGE 法	110 000	−2500	112 000	+300
IR – MALSI/MS 法	112 324	−183	111 525	−188
ESI/Quad – MS 法	112,553	+45	111 750	+75
ESI/FT – MS 法	112 509.68	+1	111 714.68	+1

9.2.3　多肽和蛋白质的序列分析

　　用质谱法测定多肽和蛋白质的序列是根据其质谱中的碎片离子来推导的。质谱中出现的序列信息碎片主要是通过酰胺键（肽键）断裂所形成。由肽键主链简单的断裂而生成的离子按照惯例分成两类[9]：从 N 端开始以 a,b,c 表示，从 C 端开始以 x,y,z 表示，如图 9.6 所示。

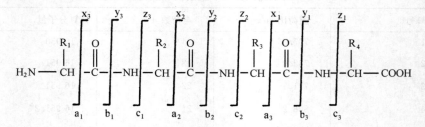

图 9.6　肽链断裂两大类示意图

　　电荷既可留在 a,b 或 c 上，也可留在 x,y 或 z 上，取决于被分析肽中的氨基酸组成。然而，实际上只有一种系列为主，上图以四肽为例，由肽主链断裂而生成的常见主要离子的代号、所含的端基以及可能的结构列于表 9.4 中。

表 9.4　四肽 $H_2NCHR_1CONHCHR_2CONHCHR_3CONHCHR_4COOH$

代号	所含端基	假设的结构
a_n	N	$H-(NHCHRCO-)_{n-1}\ NH{=}CHR_n$
b_n	N	$H-(NHCHRCO-)_{n-1}NHCHR_nCO^+$
c_n	N	$H-(NHCHRCO-)_{n-1}NHCHR_nCONH_3^+$
x_n	C	$^+OCNHCHR_nCO-(NHCHRCO-)_{n-1}OH$
y_n	C	$^+H_3NCHR_nCO-(NHCHRCO-)_{n-1}ON$
z_n	C	$^+CHR_nCO-(NHCHRCO-)_{n-1}OH$

上表中的 n 值表示断裂的肽键数。为了区别肽质谱中的离子是来自 C 端或 N 端，通常采用把肽分子进行化学衍生后再分析的办法，这些衍生一般不会改变肽断裂的途径。常用的衍生方法有 N-乙酰化（或 N-三氟乙酰化）和形成甲酯两种。前者用于"标记"N 端游离氨基（当然也包括赖氨酸侧链的氨基）；后者用于"标记"C 端的羧基（包括氨基酸侧链上的羧基）。具体做法如下：

N-乙酰化：将酞样（少于 1mg）溶于 $50\mu l$ 水中，加入 $50\mu l$ 乙酸酐，在 20℃下放置 75min，将混合物在氮流下吹至干燥。

N-三氟乙酰化：将干燥的肽样（约 $1\sim200\mu g$）加到 $100\mu l$ 氯仿或吡啶和 $30\mu l$ N-甲基-双（三氟乙酰胺）（MBTEA）中，在 20℃放置 60min，再将混合物在氮气流下吹干。

甲酯化：将重蒸的乙酰氯 $440\mu l$ 慢慢加入到通有氮气的 1.56ml 甲醇中，使混合反应 30min。取部分该反应溶液（约 $100\mu l$ 溶液用于 $40\mu g$ 肽）与干燥肽样品混合，在 20℃保持 60min。将混合物在氮气流下吹干。

乙酰化氨基肽碎片离子的 m/z 比未酰化前增加 42，三氟乙酰化氨基肽碎片离子 m/z 比未酰化前增加 96；甲酯化羧基肽碎片离子 m/z 在酯化后比酯化前增加 14，由此可鉴别 N 端和 C 端。

这些衍生化反应也可用"反应质谱法"来实现：将样品、基质（甘油）和乙酐在 FAB 源探头上混合，插入离子源中，在高温下氨基被迅速乙酰化，而羟基则否。过量的试剂在高真空下挥发逸去，质谱中出现被酰化的碎片离子，如表 9.5 所示[10]。

表 9.5 反应质谱法乙酰化前后序列离子的比较

样品：HAsp Arg Val Tyl Ile His Pro Phe OH

肽碎片离子	$m/z/\%$	
	乙酰化前	乙酰化后
b_2''	272	316(12)
a_3	343	385(20)
a_4	504	546(10)
a_5	619	661(11)
b_5	647	689(8)
c_5''	664	706(10)
a_6	756	798(9)
b_6	784	826(8)
a_7	853	895(12)
b_7	881	923(9)
MH^+	1042	1088(34)
y_2''	363	403(0)
y''_2	400	442(0)
y_4^3	512	554(0)
y_6'	775	817(0)
y_7^6	931	973(21)

肽中氨基酸组成可以借质谱中低质量区各氨基酸的特征离子来识别它们。表9.6 中列出了一些肽在 FAB 质谱低质量区所含氨基酸的特征离子[10]。这些离子的出现只与该氨基酸的存在与否有关，而与该氨基酸的数目和位置无关。

表 9.6　寡肽 FAB 质谱中氨基酸的特征离子

氨基酸	化合物 1	化合物 2	化合物 3	化合物 4	化合物 5	化合物 6	化合物 7	化合物 8	化合物 9
Asp	88	88						88	88
Arg	70		70	70,87	70,87	70		70,87	70
Val	72,41,55							41,55	41,55
Tyr	136		136	136	136	136		136	136
Ile/Leu	86	86		86			86	86	86
His	110	110				110			
Pro	70	70					70		
Phe	91					91		91	91
Thr		74						74	74
Lys		84					84	84	84
Trp		159,14,4,130				159,130			
Gly		30	30	30	30	30		30	30
Ala			44	44	44			44	44
Met					104		104	104	104
Ser						60	60	60	60
Glu						102			
Asn								87	87
Gln								84	84

化合物 1　H Asp Arg Val Tyr Ile His Pro Phe OH

化合物 2　H Pro Thr His Ile Lys Trp Gly Asp OH

化合物 3　H Ala Ala Arg Gly Arg Ala Ala Tyr NH$_2$

化合物 4　H Leu Ala Ala Arg Gly Arg Ala Ala Tyr NH$_2$

化合物 5　H Met Ala Ala Arg Gly Arg Ala Ala Tyr NH$_2$

化合物 6　H Ser Tyr Ser Met Glu His Phe Arg Trp Gly OH

化合物 7　H Leu Pro Met Ser Lys Ser OH

化合物 8　H Tyr Ala Asp Ala Ile Phe Thr Asn Ser Tyr Arg Lys Val Leu Gly Glu Leu Ser Ala Arg Lys Leu Leu Gln Asp Ole Met Ser Arg NH$_2$

化合物 9　H Tyr Arg Asp Ala Ile Phe Thr Asu Ser Tyr Arg Lys Val Leu Gly Glu Leu Ser Ala Arg Lys Leu Leu Gln Asp Ile Met Ser Arg NH$_2$

肽主键断裂的同时常伴随质子转移，质子转移数常表示在碎片代号的右上角，如 y_2^{+2}，y_2'' 表示在 y_2 断裂形成的同时有二个质子转移到带电荷离子上，即：

$$+ H_3N—CHR_3—CO—NH—CHR_4—COOH$$

除了上述这些断裂外，通常还有一些离子，它们是从氨基酸残基上失去支链生成的。这些离子称作亚铵离子（imimonium），它们又可分为 i-离子与 m-离子两种。表 9.7 列出了 i-亚铵离子与 m-亚铵离子的可能结构。前者的电荷停留在碎片支链上，故 m/z 较低，而后者的电荷停留在断裂的肽段主链上，所以 m/z 值较高。

表 9.7　亚铵离子

离　子	假设的结构
i-亚铵离子	N_2H^+═CHR
m-亚铵离子	$[H$─$(NHCHRCO$─$)_{n-1}N$═$CHCOOH]H^+$

肽质谱的解释有时因其他更复杂的分裂方式而更加困难，在某些例子中极为突出的是 C 端的重排，它会失去一些 C 端残基而生成等于截去一段肽的质子化离子，如图 9.7 所示。

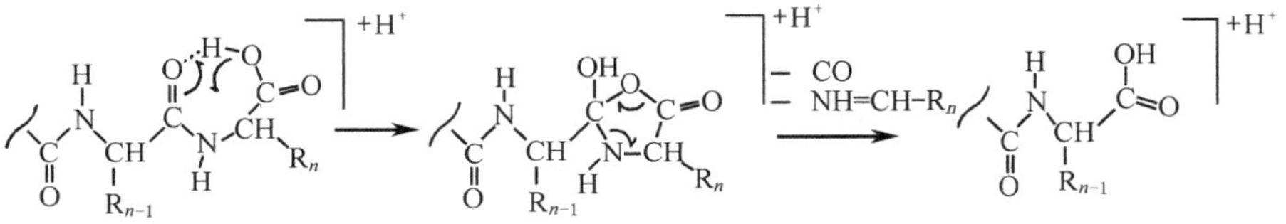

图 9.7　肽链断裂的 C 端重排

为了更加完全地得到序列离子和更好地解释肽质谱中离子的结构，往往采用串联质谱法（tandem mass spectrometry，MS/MS）。在串联质谱中，经 MS‑Ⅰ产生的待测离子或肽的准分子离子 $[M+H]^+$ 被送到碰撞室内，经惰性气体（He 或 Ar）碰撞活化而裂解。这些碎片离子经 MS‑Ⅱ分离后检测得到碰撞活化裂解（collisional activation dissociation）质谱图，简称为 CAD 谱，可推导待测离子的结构或得到更多更强的序列离子。MS/MS 既可用双聚焦磁质谱[11]（B‑E，EB‑EB），也可用 MALDI‑TOF‑四极杆联用或电喷雾三级四极杆质谱仪（ESI‑TSQ）来进行。当然用 FTMS 最好，它有超高分辨优点，并且可进行 n 次串联，$(MS/MS)^n$，FT‑MS 既可用 MALDI 电离源，也可用 ESI 源。

肽串联质谱的谱图尽管有各种内在的规律可循，但是要完美地进行解析并非轻而易举。下列各点有利于更好地解释和阐述肽的串联质谱图：

（1）寻找可能的 y_1 离子，尤其是用胰蛋白酶水解产生的肽片段（精氨酸的 y_1 离子出现在 m/z 175），赖氨酸的 y_0 出现在 m/z 147）。若 y_1 离子找到，再设法从 C 端逐渐找到 y 系列更高同系物的系列。

（2）根据 b 和 a 离子之间相差 28 质量单位的规律，找出 b 和 a 系列的离子。

如果发现这两个系列相邻同系物之间差距，即可推导出部分的序列。

（3）质量差等于氨基酸残基的表观离子序列（不是 a，b 或 y 系列）可以是由内分裂形成的，此时要考虑内分裂的 N 端基上是否有脯氨酸残基。

（4）寻找 m/z 与 [M＋H]$^+$ 离子的 m/z 相差一个氨基酸质量的高质量碎片，这种离子有助于判断 C 端的残基。

（5）注意离子质量之间的相互关系 [如 m/z（b_m）＝m/z（$MH-1-y_n$）]。

（6）若对 N 端、C 端和内分裂的判断仍有怀疑，可以考虑制备合适的衍生物，然后再分析。

（7）分析假定的序列能否解释发现的单个氨基酸的 immonium 离子。

上述各点对解释肽质子化准分子离子经低能量碰撞分裂而得的产物离子谱图（CAD 谱）提供了一些启示，而不是一种规律。实际情况可能更复杂些，个人的经验无疑对谱图的阐释起着重要的作用。

下面举两个例子：

例 1　一个寡肽甲硫氨酸脑菲肽的序列测定：

Tyr Gly Gly Phe Met　　　　　MW＋573.2

为了使 MH$^+$ 离子形成特定的碎片，进行 MS/MS 实验。使该离子经过 MS-

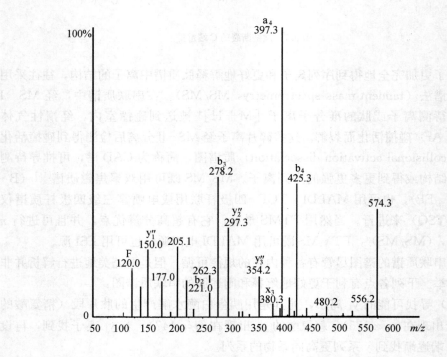

图 9.8　甲硫氨酸脑菲肽 MW573.2 的 ESI/MS/MS 分子离子谱

Ⅰ筛选进入碰撞室，离子在此与能量为 20eV 的氩气碰撞，发生离解，产生的碎片离子用MS-Ⅱ分离后检测。所得的 CAD 谱图除了含氨基酸离子即 m/z 120 的苯丙氨酸（F）外，通过检测 a,b 和 y 系列离子，提供了大量的序列信号。如图 9.8 所示。

例 2　一个十四肽——谷氨酸纤维蛋白肽 B 的系列测定

Glu Gly Val Asn Asp Asn Glu Glu Gly Phe Phe Ser Alg Arg

为使肽样品产生特定的碎片离子，进行 ESI-MS/MS 实验，使双电荷分子离子经过第一级四极杆筛选进入第二级四极杆碰撞室。离子在此与氩气以 20eV 碰撞能发生碰撞，产生的碎片离子用第三级四极杆分析。除一些氨基酸离子外，谱图以 y 系列为主的离子提供了大量的序列信息，如图 9.9 所示。

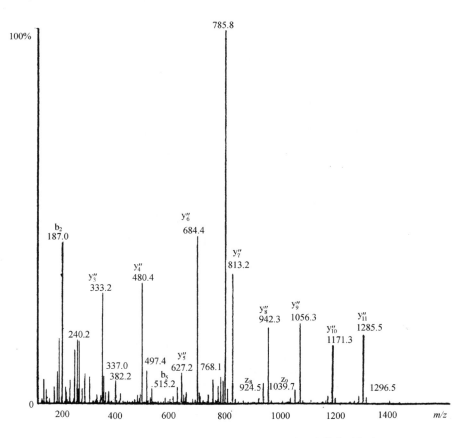

图 9.9　谷氨酸纤维蛋白肽 B（MW 1569.7）的双电荷分子离子 m/z 786 的 ESI/MS/MS 分子离子谱

"绘制肽图"（peptide mapping）是测定蛋白质序列的一个重要方法。所谓"绘制肽图"就是将蛋白质进行酶解，将酶解产物用质谱分析，得出各肽段的分子量；根据酶解的选择性，将各组分与已知结构的肽对照，或用串联质谱法将各片段肽进行测序，然后推导整个蛋白质序列[12]，见图 9.10 所示。分析酶消解蛋白质生成的肽混合物时，最常用的质谱电离源是电喷雾（ESD）和基质辅助激光解吸（MALDI）。

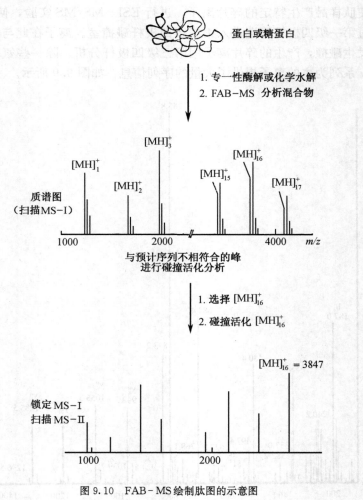

图 9.10　FAB－MS 绘制肽图的示意图

　　表 9.8 中列出了一些常用蛋白质切割试剂和切割特征。

表9.8　常用蛋白质切割试剂

切　割　试　剂	切　割　位　置
溴化氰	Met – x
胶凝乳蛋白酶	Phe，Tyr，Trp，Ile，Leu，Met – x，xPro
胰蛋白酶	Arg，Lys – x，xPro
蛋白内切酶 Arg – C	Arg – x
蛋白内切酶 Asp – N	x Asp
蛋白内切酶 Glu – C	Glu，Asp – x，xPro
蛋白内切酶 Lys – C	Lys – x

胰蛋白酶是最常用的酶之一，由于它高度的专一性（当胰凝乳蛋白酶失去活性时）、稳定性以及它通常把蛋白质分裂成一定长度的片段，适合于序列分析。由于胰蛋白酶的专一性，生成的片段只含两种碱性部位，C 端精氨酸或赖氨酸和 N 端的伯胺。胰蛋白酶分解片断的这种特征是在观察 ESI 质谱中主要的双电荷离子时发现的。含组氨酸的肽通常生成双电荷或三电荷离子，因为组氨酸是碱性的，因而也会质子化。C 端片段不含赖氨酸或精氨酸（除了 C 端含精氨酸或赖氨酸的蛋白质情况外），所以它通常只含一个碱性部位，即它的 N 端。结果是 C 端片段通常只产生单电荷离子，这是与其他酶解片段不同的地方。只要合适的 pH 值保持不变，适合于胰蛋白酶的缓冲系统很多，表 9.9 列出的条件能有效地消解蛋白质，并在质谱分析前不需要很多的样品制备工作。

表9.9　胰蛋白酶的消解条件

缓冲液	50mM Tris，10mM $CaCl_2$，pH8.4
酶与作用物之比	1∶100 或 1∶50
温度	37℃
消解时间	4～18h

在 Tris（三羟甲基氨基甲烷）缓冲液中的酶解产物能直接用 MALDI 质谱分析。相反，含碱金属盐（如磷酸钾）的缓冲液虽然可以使用，但在质谱分析前必须彻底脱盐或进行特殊的样品处理。

如果将酶消解产物在进行 MS 分析前进行 HPLC 分离，则测序效果会更好一些。自从 ESI 接口出现后，HPLC 与 MS 的联用便成了常规的分析方法。尽管现代的 ESI 接口可以适合各种不同的流动相流速和不同的添加剂，但有些色谱参数仍需加以调节，以便得到最佳的 MS 分析效果。表 9.10 列出了典型的 LC 条件。

表 9.10 典型的 LC 条件

色谱柱	1×100mm，C$_{18}$，5μm，颗粒半径 300Å
流动相	A=0.05%TFA 的水溶液
	B=0.05%TFA 的乙腈溶液
梯度	40min 内从 100%A 到 80%（或用 80min 可分离更好）
流量	50μl/min

在 LC/MS 分析时，有几个质谱操作条件需要特别注意：首先要注意的是扫描范围和速度。扫描从 200～1500Da，通常包括了大多数酶解肽片段出现的质量区域。由更低的区域开始扫描用得不多，因为与溶剂相关的离子在低 m/z 区干扰明显增加；而更高区域的扫描不一定显示出更多的组分峰，而且应注意到随着扫描质量数范围增大，灵敏度随之下降。扫描速度也应适中，否则会影响到分辨率及测定的准确度。其次，进入离子源的样品溶液不能含碱金属缓冲液，否则一定要事先经脱盐处理。通常用一根 1×10mm 可多次使用的钢性填充基体为高聚物的反相填料，将肽的酶解产物保留，而缓冲液流出，用 50μl 溶剂［水/乙腈（2：8），含 0.1%甲酸］可洗脱不少于 50pmol 的蛋白质酶解物。

ESI 质谱通常出现多电荷离子，从质谱图上读出离子的 m/z 值不是它的质量数和电荷数。如何从 m/z 值求得多电荷离子的电荷数以及肽的分子量在前面有关电喷雾质谱中已阐述过，实际上该过程一般质谱仪已提供了可自动进行运算的软件。问题是当质谱内只有一种电荷态或谱图太复杂而无法判断一系列相关的电荷态时（如酶解蛋白测序时），就必须用其他方法来核证多电荷离子的电荷状态。一般采用同位素峰测定法：对单电荷离子，它与同位素峰间的 m/z 差数为 1Da，而双电荷离子的这种 m/z 差值为 0.5Da，对三电荷离子则为 0.33Da，于是由 m/z 差值可确定离子的电荷数。

9.3 核酸的质谱分析

9.3.1 核酸的一级结构[13]

核酸（nucleic acid）存在于一切活细胞中，是与蛋白质相似的一种生物高分子，不过核酸的构成单位不是氨基酸，而是核苷酸（nucleotide）。核酸分为脱氧核糖核酸（DNA）和核糖核酸（RNA）两大类。DNA 是遗传信息的载体，RNA则是蛋白质生物合成中起重要作用的物质。所以对于它们结构的分析是生命科学中一个非常重要的课题。近年来发现质谱法是进行核酸一级结构分析的最有利手段。为了讨论核酸结构的质谱分析，有必要先简略地说明一下核酸的一级结构。

DNA 由脱氧核糖、碱基(B)及磷酸构成，RNA 则由核糖、碱基和磷酸构成。

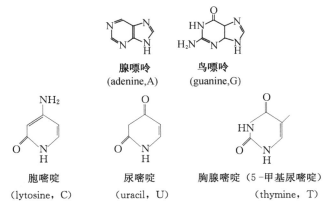

β-D-L'-脱氧核糖　　　　　　　β-D-核糖

DNA 单核苷酸　　　　　　　RNA 多核苷酸

2′-脱氧核苷-5′-磷酸　　　　　核苷-5′-磷酸

　　DNA 和 RNA 两类核酸所含的主要碱基(B)都是四种,其中有三种两者是相同的,即腺嘌呤(A)、鸟嘌呤(G)和胞嘧啶(C),另一种在 RNA 为尿嘧啶(U),在 DNA 则为胸腺嘧啶(T),即 5-甲基尿嘧啶。

腺嘌呤　　　　鸟嘌呤
(adenine,A)　　(guanine,G)

胞嘧啶　　　尿嘧啶　　　胸腺嘧啶（5-甲基尿嘧啶）
(lytosine, C)　　(uracil, U)　　　(thymine, T)

　　构成核酸大分子的基本单位是核苷酸,许多实验都证明 DNA 和 RNA 都是没有分支的多核苷酸长链。链中每个核苷酸的 5′-磷酸和相邻核苷酸的戊糖上的 3′-羟基通过磷酸酯键相连,因此多核苷酸链的连接是 3′-,5′-磷酸二酯键(用 1′, 2′,3′,4′,5′ 数码作为戊糖中碳原子编号,用 1,2,3,… 数码作为碱基杂环上原子编号,见图 9.11)。

　　多核苷酸的一级结构可表示为：

　　核酸的结构也可以简化为：

此核酸的核苷酸顺序可表示为：

5′PAPCPGPTPT3′

如果我们仅仅只关心其中的碱基顺序,则可以写成:

5′ACGTT3′

需要注意的是,上式所表示的核苷酸顺序是从左至右 $5' \rightarrow 3'$。

如果多糖核酸片段最后一个核苷酸的戊糖的 C_3'-羟基不再参与磷酸二酯键的构筑,这一端就称为 3 端;如果其 C_5-羟基不再参与磷酸二酯键的构筑就是 $5'$-端。多核苷酸片段的一端为 $3'$-端,另一端为 $5'$-端。多核苷酸的末端可以是核苷($3'$ 或 $5'$-羟基不带有磷酸基团)也可以是核苷酸($3'$ 或 $5'$-羟基上带有磷酸基团)。

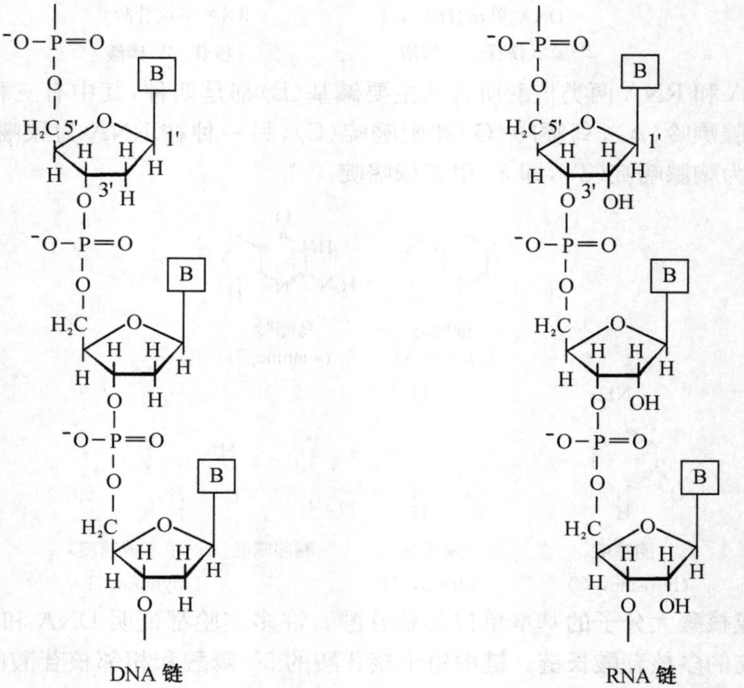

图 9.11 核酸链——DNA 链和 RNA 链

各核苷酸的分子量以及残基沿多核苷酸链排列的顺序就是核酸的一级结构,核苷酸的种类不多,但是可以因为核苷酸的数目、比例和排列顺序的不同而构成多种结构不同的核酸。由于戊糖和磷酸两成分在核酸主链上不断重复出现,各核酸所不同的只是碱基序列,因此碱基顺序是核酸的一级结构的重要内容,用质谱法测核酸一级结构,也只是测定其分子量和碱基排列顺序。

9.3.2 核酸分子量的测定

MALDI 质谱曾用来测定核酸的分子量,但比它用于测定蛋白质要困难一些。测定核酸时,其信噪比和分辨率一般比测定蛋白质时低,原因包括核酸分子带有磷酸基,极性和电负性大,容易吸收大量碱金属离子如 K^+,Na^+ 等,使核酸形成多种分子量大小不同的碱性离子加合物。它们的存在,导致离子速度空间和能量分散,从而引起核酸分子离子峰变宽,不容易准确测定其质量数。此外,核酸分子本身所带的碱基有很强的紫外吸收,使分子接受了过量辐射能而易于碎裂。这与蛋白质需借助强紫外吸收基质帮助其解吸不同,因此袭用解吸蛋白质一类基质和激光参量,将得不到好效果。所以在 20 世纪 90 年代初,MALDI - TOF 质谱已成功地分析了分子量为数十万(10^5)道尔顿的蛋白质,而当时分析的核酸只是含 4~6 个碱基,分子量为数千(10^3)道尔顿的低级寡核苷酸。近年来,由于有关 MALDI 基质的研究、样品制备技术的研究和电离机理的研究以及质谱仪功能改进取得了进展以后,才为 MALDI 质谱用于分析核酸一级结构带来了希望。

如上所述 MALDI 质谱用于分析核酸的困扰问题之一是基质或试样溶液中存在的痕量碱金属盐极易与核酸分子离子形成钾或钠的加合离子。由于加合程度参差不一,致使分子离子变成复杂的多重峰,难以准确测定分子离子的质量数。后来研究发现:若在样品中混入过量铵盐,则可以克服这种干扰,因为大量铵离子的存在,几乎全部取代了加合离子中的 K^+ 和 Na^+ 而成为铵加合离子。其中 NH_4^+ 极易转移一个质子给核苷酸中的磷酸二酯基,使后者成为游离磷酸基,而铵离子本身则转变为氨分子逸去。于是加合离子干扰消失,质谱中呈现出相应的尖锐单峰:

$$NH_4^+ \cdot {}^- O{-}PO(OR)_{\frac{-}{2}n} \longrightarrow NH_3 + HO{-}PO(OR)_{\frac{-}{2}n}$$

常用的铵盐为柠檬酸氢二铵或酒石酸二铵等。

MALDI 质谱测核酸分子量的另一个困扰问题是分子离子峰强度往往很不够,特别是长链多核苷酸更是如此,以至测不准分子量。分子离子较弱的原因是由于分子离子不稳定,发生了裂解。核酸分子中所含碱基不同,其分子稳定性不同,因而 MALDI 质谱中分子离子强度也不一样。一般说来,含胸腺嘧啶(T)的核苷酸离子稳定性较高,丰度较强,含其他碱基(A,C,G)的较弱。分子离子较弱的原因是由于分子离子发生了裂解。经研究证明,核酸裂解过程中首先发生碱基质子化,随后 N-苷键断裂失去碱基,同时磷酸二酯基的 $3'$- C—O 键断裂(图 9.12)。

DNA 是随着碱基离去而裂解。碱基脱去的一个可能机理是 1,2-反式消除反应,如上图所示,接着骨架裂解发生在核糖中的 $5'$ 位或 $3'$ 位。

由于碱基质子化是 DNA 分子离子裂解失去碱基过程中必需的第一步反应,所以碱基对质子的亲和力是影响 DNA 分子离子磷酸二酯骨架稳定性和该离子强度的重要因素。在气相中各碱基核苷与质子的亲和力是:

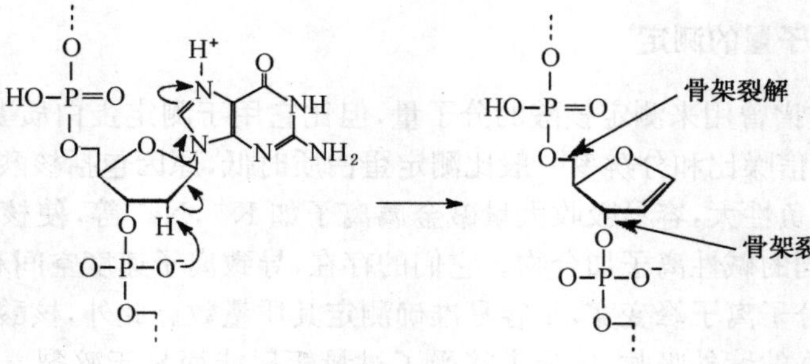

图 9.12　DNA 的裂解过程

胸腺嘧啶脱氧核苷(dT)为 224.4kcal/mol

腺嘌呤脱氧核苷(dA)为 233.6kcal/mol

胞嘧啶脱氧核苷(dC)为 233.2kcal/mol

鸟嘌呤脱氧核苷(dG)为 234.4kcal/mol

可见胸腺嘧啶脱氧核苷与质子的亲和力最低，比其他三种脱氧核苷的质子亲和力要低 8～10kcal/mol，所以胸腺嘧啶相对说来是最不容易质子化的。含这种碱基的脱氧核苷相对说来最稳定，最不易失去碱基而发生骨架裂解。RNA 的分子离子一般较 DNA 稳定，这是因为 RNA 分子内核糖环中的 2′-羟基的致稳效应。它使得脱氧核糖核酸中那样的 1，2-反式消除反应不能发生。了解了核酸质谱裂解的这些机理以后，就有可能通过化学修饰来抑制分子离子的裂解，从而提高它们的稳定性，增强它们在质谱中的丰度。例如，7-重氮嘌呤核苷酸分子离子比未修饰的相应核苷酸有较大的稳定性。又如将腺嘌呤和鸟嘌呤中 7 位的 N 原子换成 C 原子，它们对质子的亲和力就会下降，因此分子离子的稳定性也就增加。

MALDI 质谱中分子离子峰弱的另一个原因是样品在探头上解吸效率和电离效率不高。为了提高 DNA 解吸效率，一般需选择合适的基质。常用的基质为羟基芳香羧酸，如 3,5-二羟基苯甲酸、3,5-二甲氧基-4-羟基肉桂酸（芥子酸）、3-羟基吡啶、3-羟基-4-甲氧基甲醛/甲基水杨酸、2-氨基苯甲酸/烟酸等。曾有人从 46 种基质中筛选出 3-羟基吡啶-2-羧酸为分析 DNA 的最佳基质，曾用它分析了含 10～67 个碱基的单股寡核苷酸，激光波长为 353 或 266nm，分子离子强度高，裂解碎片离子少。也有人建议用 2，4，6-三羟基苯乙酮作基质。总之，到目前为止，基质的选择尚无固定的原则可循，需视不同样品对象选择合适基质。

迄今用 MALDI 质谱分析出最大分子量的 DNA 是含 500 个碱基对的双股核酸 DNA，用 PCR 扩增的噬菌体基因组，分子量为 15×10^4Da[14]，质谱图见图

9.13，用的基质是 3-羟基吡啶-2-羧酸和吡啶-2-羧酸的混合物，激光波长为266nm，加速电压为 45keV。由于采用了较大的加速电压，分子离子在加速区停留时间短，从而避免了分子离子的裂解。样品虽然是双股 DNA，但是在质谱中出现的却是单股体，这可能是由于在样品制备过程中发生了变性，或者是在质谱离子源内探头上解吸过程中转变为单股体。

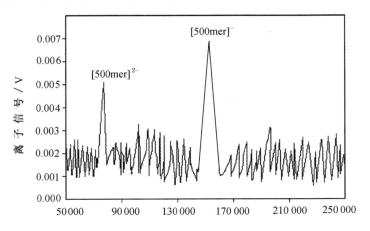

图 9.13　含 500 个碱基单股 DNA 的 MALDI-MS 负离子谱

一般说来，MALDI-OF 质谱的分辨率低，分析 DNA 有困难，特别不利于测序分析。为了提高其分辨率，曾采用"延迟萃取技术"（delayed extration）。用这种技术在 1.3m 反射式 MALDI-TOF 质谱仪上分析了含 12 个碱基的寡核苷酸分辨率达到了 7500[15]。将 MALDI 离子源与傅里叶变换质谱（FT-MS）联用，可提高分析 DNA 的分辨率，图 9.14 示出用这种质谱仪分析含 25 个碱基

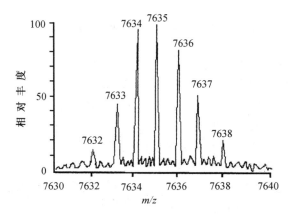

图 9.14　含 25 个碱基寡核苷酸的 MALDI-FTMS 谱

的寡核苷酸的质谱图，分辨率达 136 000[16]。

正如 MALDI 质谱一样，ESI 质谱用于分析寡核苷酸不及用于分析蛋白质顺利，也同样是两个原因，其一是碱金属离子加合物的干扰；其二是分子离子易裂解，以致强度很弱。采用加入铵盐置换的办法来消除 K+ 或 Na+ 加合离子。将寡核苷酸样品自含乙酸铵的乙醇溶液中沉淀析出，或者在样品中加入氨水溶液。若不用铵置换处理，则可观察到 ESI 质谱中几乎所有磷酸二酯基都结合有一个Na+。用铵盐处理后，甚至含高达 48 个碱基的寡核苷酸中观察不到含 Na+ 的加合离子。配有 ESI 电离源的傅里叶变换质谱仪（ESI－FTMS）可用于 DNA 分析。图 9.15 即示出用这种仪器分析含 50 个碱基的寡核苷酸，测量精度达10ppm。

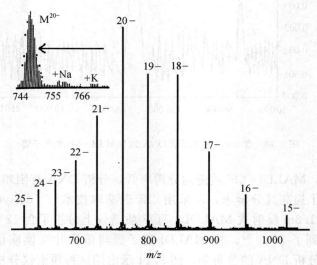

图 9.15　含 50 个碱基单股 DNA 的 ESI－FTMS 负离子谱图（左上插图为[M—20H]$^{20-}$离子区，小黑点示出理论上的同位素分布）

虽然 ESI 所产生的多电荷离子可以扩展质谱的可测质量限度，有利于测定生物大分子的分子量，但是多电荷离子不利于离子的结构测定。曾借调控样品溶液的 pH 值或在其中加入有机酸、有机碱来抑制多电荷离子的形成。也曾发现用混合溶剂，如咪唑、六氢吡啶和乙酸溶于乙氰-水（80：20）中作为样品溶剂即可抑制钾、钠加合离子的形成，又可减少多电荷程度。

用 ESI－FT 质谱可准确测定长链 DNA 的分子量，如测定双股 64 体 DNA，分子量为 39kDa，误差≤0.5Da[17]。

用 ESI－FTMS 测得核酸分子量可高达 10^8Da[18]。

9.3.3 核酸的序列分析

用质谱法进行 DNA 测序可以采用下列三种途径：

Sanger 反应质谱测序法；

酶解质谱测序法；

质谱裂解测序法。

这三种途径都可用 MALDI 质谱或 ESI 质谱来实现。现分别叙述于下：

1. Sanger 反应质谱测序法

一般常规 Sanger 测序法是将反应产物用凝胶电泳分离后放射性自显影鉴定，这是目前较普遍采用的 DNA 测序法。Sanger 反应质谱测序法就是将凝胶电泳分离鉴定这一步骤改用质谱分析，大大加快了分析速度。凝胶电泳费时，分析一个样品往往需要数小时或更长的时间，而质谱法分析一次只需数分钟。Sanger 反应后溶液是含有各种长度不同、碱基不同的寡核苷酸的混合物，键中碱基数目可能达百个以上，这就要求质谱可测质量范围需达 10^5 Da 以上，并且分辨率至少大于 500[19]。

曾用人工配制的寡核苷酸混合物模拟 Sanger 反应产物以质谱法进行分析来考核这个方法的可行性[20]。溶液中不含反应试剂（这些杂质本是可以事先自反应产物中除去的）。配制的混合物包括含 17 至 40 个碱基的四个不同长度的寡核苷酸。测得的 MALDI 质谱图如图 9.16 所示。实验结果表明大分子量的核苷酸

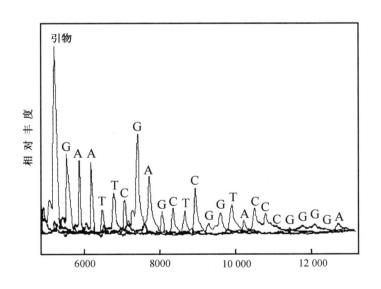

图 9.16　DNA40 体的模拟 Sager 反应液 MALOI 质谱图

分别单独测得的分子离子峰强度大于自混合物中测得的。如含 36 和 40 个碱基的寡核苷酸在混合物中因其分子离子峰太弱而无法测出。目前用于 DNA 测序的 MALDI - FT 或 ESI - FT 质谱仪灵敏度和分辨率已大为提高，在这方面的应用大有希望。

2. 酶解质谱测序法

DNA 酶解测序法在原理上与蛋白质酶解测序法完全相同：用专属特异酶在 DNA 分子中 3′ 位或 5′ 位依次切割碱基，用质谱法测量切割前后质量差数的变化即可推测出切去碱基的种类，从而获得 DNA 的序列信息。如切去一个腺嘌呤 (A) 质量丢失 313.2Da，切去一个胞嘧啶(C)质量丢失 289.2Da，切去一个鸟嘌呤 (G)质量丢失 329.2Da，切去一个胸腺嘧啶(T)质量丢失 304.2Da。为了精确区分这些质量差值，必须用高精度质谱仪，既可用 MALDI 质谱也可用 ESI 质谱。用 5′-核酸外切酶如小牛脾磷酸二酯酶和 3′-核酸外切酶如蛇毒磷酸二酯酶分别自寡核苷酸的 5′-位和 3′-位进行切割。例如，以一个 24 体为试样，以小牛脾磷酸二酯酶作为切割剂[21]，反应 50min 后取消解液进行 MALDI 质谱分析，谱图见图 9.17。图中离子峰 exoN 标记，N 代表切割数。由图可以看出各碎片峰强度相差很大，如 exoN6 峰很强而 exoN10 峰则很弱。消解速率随碱基不同而异。用酶解 MALDI - TOF质谱测序法还可以分析含化学修饰碱基的寡核苷酸，这在传统方法中是不能实现的。兹举一例说明[22]。

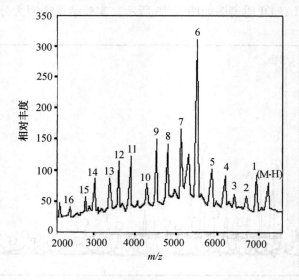

图 9.17 24 碱基寡核苷酸 CSP 消解 50 min 后的
MALDI - MS 谱图

用 2，4，6-三羟基苯乙酮作基质，配成 0.5mol/L 乙醇溶液，以带有修饰碱基 X 的寡核苷酸 5'-d（GCTTXCTCGAGT）为样品，其中 X 为 2'-O-甲基腺嘌呤从 3'位和 5'位两端分别切割。

5'→3'切割：将 1μl 小牛脾磷酸二酯酶（calf spleen phosphodiesterase，CSP）水溶液（10～3u/μl）加入到 20μl 样品水溶液（含 5～10OD/ml，150～300ug/ml）中。将混合物在 37℃恒温反应。每隔 15min 取出 1μl 反应液进行质谱分析。以 2，4，6-三羟基苯乙酮作基质，取 10μl 其乙醇溶液（0.5mol/L）加入到样品溶液中，并加入 5μl 柠檬酸氢二铵或 L-酒石酸二铵水溶液 0.1mol/L，混合均匀后，取 1μl 此混合液置于质谱离子源探头顶端，按常规进行分析测定。

3'→5'切割：取 1μl 蛇毒磷酸二酯酶（snake venom phosphodiesterase，SVP）水溶液（2×10⁻³u/μl）加入到 20μl 样品水溶液（含 5～10OD/ml，150～300μg/ml）中。将混合物在 37℃恒温反应，每隔 15min 取出 1μl 反应液，如上所述进行质谱分析。

首先，CSP 自样品寡核苷酸的 5'端循序切割，达到 X 为止，此 X 阻止进一步切割（图 9.18）。图中示出五个明显的离子峰，根据质量测得值和计算值及峰质量的差值（见表 9.11），可清楚地指定前四个碱基为 GCTT，然后用 SVP 自样品 3'端循序切割，所得各切后离子的质谱图见图 9.19 和表 9.12。由质量数可指定后面七个碱基为 TGAGCTC，将图 9.18 和图 9.19 合并考虑即可推测出整个寡核苷酸的碱基序列为 GCTTXCTCGAGT。

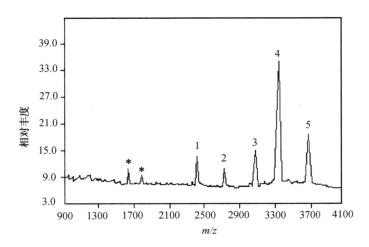

图 9.18　寡核苷酸 5'-d（GCTTXCTCGAGT）V 用 CSP 消解 30min 后的
MALDI-TOF 负离子质谱图（带 * 号的峰为第 4，5 号
峰的双电荷峰 $[M—2H]^{2-}$）

表 9.11　图 9.18 中各峰质量数

峰号	序　列	质量数		Δm
		计算值	实测值	
1	5′-d (XCTCGAGT)	2438.7	2438.3	0.4
2	5′-d (TXCTCGAGT)	2742.9	2742.8	0.1
3	5′-d (TTXCTCGAGT)	3047.1	3046.9	0.2
4	5′-d (CTTXCTCGAGT)	3336.3	3336.6	−0.3
5	5′-d (GCTTXCTCGAGT)	3665.5	3665.8	−0.3

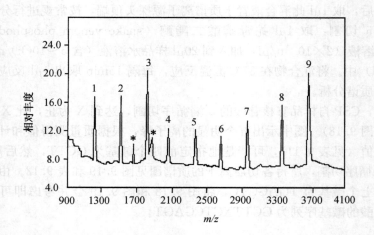

图 9.19　寡核苷酸 5′-d(GCTTXCTCGAGT)V 用 SVP 消解 30min 后的
MALDI-TOF 负离子质谱图(带 * 号的峰为第 8,9 号峰的
双电荷峰[M—2H]²⁻)

表 9.12　图 9.19 中各峰质量数

峰号	序　列	质量数		Δm
		计算值	实测值	
1	5′-d(GCTT)	1163.8	1163.9	−0.1
2	5′-d(GCTTX)	1507.1	1506.9	0.2
3	5′-d(GCTTXC)	1796.2	1796.2	0
4	5′-d(GCTTXCT)	2100.4	2100.5	−0.1
5	5′-d(GCTTXCTC)	2389.6	2389.8	−0.2
6	5′-d(GCTTXCTCG)	2718.9	2719.3	−0.4
7	5′-d(GCTTXCTCGA)	3032.1	3032.1	−0.7
8	5′-d(GCTTXCTCGAG)	3361.3	3362.0	−0.7
9	5′-d(GCTTXCTCGAGT)	3665.5	3666.0	−0.5

3. 质谱裂解测序法

在用质谱法测生物大分子的分子量时,总希望分子离子稳定,少发生裂解,以避免分子离子峰太弱影响测定分子量精度。而在质谱裂解法测定 DNA 序列时,则希望获得足够多而强的碎片离子峰信息以求确定 DNA 链的序列。质谱裂解测定 DNA 序列宜用 MALDI - FT 质谱仪或 ESI - FT 质谱仪。在 FT 质谱仪中离子回旋共振腔俘获离子,延长离子在质谱仪中停留时间,提供多级串联质谱碰撞机会以及 FT 质谱仪的高分辨,这些都有利于碎片离子的形成和鉴定,有利于 DNA 序列的测定。若用 MALDI - TOF 质谱仪,则宜用反射式 TOF 质谱仪以延长离子飞行时间,增加裂解机会,同时采用延迟萃取技术以提高分辨率。曾报道用 ESI - FT 质谱测定了一个 50 体未知 DNA 的序列[23],并验证了 42,50,51,55,60,72,100,108 体 DNA 的序列,分子量误差为 0.2Da。

9.4 糖类的质谱分析

9.4.1 概述

生物学家曾经长期认为糖类的生物功能只是为生物抗体提供能源、维持生命而已。但是近年分子生物学、细胞生物学和生物化学等的发展,揭示了许多重要的生物活性物质含有糖成分。糖链上结合蛋白质、脂质及磷酸脂等成为一类"糖复合物"(glycoconjugate)。如血浆、酶、激素及细胞外膜中均含有糖蛋白,某些抗菌素、毒素、凝集素等含有糖的复合物。糖复合物作为信息分子对于细胞的识别、增生、分异以及维持生物体免疫系统、生殖系统、神经系统和新陈代谢平衡都具有重要作用,同时有些寡糖和多糖具有增强免疫力,抗辐射、抗肿瘤活性,可作为药物应用。于是糖类遂成为继蛋白质和核酸之后又一类为人们所重视的生物大分子。生物学界在探索生物活性分子的结构与功能的研究中,迫切要求解决测定糖的结构,糖的结构比蛋白质和核酸要复杂得多。寡糖和多糖的糖链是由含多元羟基的环状己糖或戊糖通过苷键连接而成。各羟基在环上有顺反异构,各单糖分子上有五个手性碳,连接的位置和构型多种多样。例如,三个相同的氨基酸只能构成一种形式的三肽,而三个己糖能构成 176 种异构体,可以想象寡糖和多糖结构的复杂性,测定它们的难度有多大。测定糖类结构包括这些内容:(1)分子量;(2)糖链中糖残基的种类和数量;(3)糖残基接合的位置——连接点;(4)构型。

关于测定寡糖和多糖的结构,传统的化学和生化方法是用酸全部水解后,经纸色谱或薄层色谱与标准样品对照 R_f 值鉴定单糖成分,并用气相色谱法测出各糖的相对含量。用过碘酸氧化、Smith 降解等确定糖的连接点,然后用酶降解,逐步测出糖链顺序,用光散射法或凝胶渗透色谱法测出多糖的平均分子量。这样的测量程度既繁复又费时,工作量很大,分析精度不高,所需样品量大(至少数十毫克),并且分析结果也没有全部解决糖的结构问题。于是人们转而向仪器分析求助,采用各种波谱分析法(IR,NMR,MS 和 X 光单晶衍射)。在这些波谱法中,NMR 法在解决糖的立体化学(构型和构象)方面起着重要作用,特别是用高分辨超导核磁共振谱(2D - NMR 或 3D - NMR)。但是多糖核磁共振谱的解析非常困难,因为讯号峰重叠严重,并且这个方法的灵敏度不高,进行多维核磁共振分析往往需要毫克数量的样品,不适合机体内痕量糖复合物的分析。而质谱法则是解决糖结构的有效手段。

前面提到的 FAB,ESI 和 MALDI 软电离技术都适合于分析高极性、难挥发、热不稳定的糖类样品,TOF - MS 和 FT - MS 则是测大分子糖分子量的最佳选择,比光散射法或凝胶渗透法精度高得多,特别是在 LC/MS 和 MS/MS 对于分析糖复合物或多糖降解后的混合物中单糖和寡糖糖残基的鉴定和序列测定。是不是质谱法已全面和彻底地解决了糖的结构分析问题呢? 当然不是。在连接点的确定和测序中,质量数相同的异构体的区分,特别是糖的立体化学结构等的质谱法尚待研究完善。

为了说明多糖在质谱中的断裂,习惯上采用下列碎片代号表示[24],如图 9.20 所示。

图中示出糖链非还原端断裂(向左)用 A,B 和 C 表示,还原端断裂(向右)用 X,Y,Z 表示。碎片 A,B 符号左上角所注明的数字表示环中两根断裂键所连碳原子的编号,代号右下角数字表示残基序号,序号后的 α,β,γ 等表示有关支链,α 表示质量最大的支链。

关于单糖和双糖的鉴定分析和糖苷中糖链的分析已分别在第六章(反应质谱法)和第八章(结构测定示例)中描述。本节只讨论寡糖、多糖和糖复合物的质谱分析。

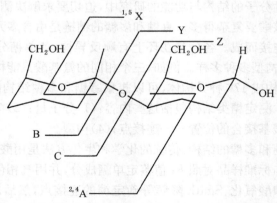

图 9.20　多糖断裂表示法

9.4.2 寡糖的质谱分析

糖蛋白或其他糖复合物都含寡糖链,多糖也是由寡糖重复单位聚合而成,所以解决寡糖的结构是解决糖复合物和多糖结构的关键。MALDI－TOF－MS 用于测寡糖分子量是好的,但它产生的碎片离子较少,提供的结构信息不多。近来用源后衰减技术(postsource decay, PSD)来弥补此缺点,用于测寡糖结构[25]。但是最有效的方法还是 MALDI－FTMS/MS 法。兹举一例于下:

用波长为 337nm 的氮激光,2,5-二羟基苯甲酸溶于乙醇(50mg/ml)为基质。取自人乳中分得的两种寡糖(Ⅰ)和(Ⅱ)作样品,溶于甲醇中(1mg/ml)。取 1μl 糖样液滴在 MALDI 离子源探头尖端,用于燥热空气流吹干,加入 1μl 0.01mol/L NaCl溶液以增强信号强度,然后将 1μl 基质滴入探头尖端。将探头伸入离子源,按常规操作 FTMS 仪[26]。

寡糖(Ⅰ)的质谱与 CAD 谱示于图 9.21 中,其中示出进入 MS-Ⅱ的单纯(M+Na)$^+$峰。表 9.13 示出质谱和 CAD(也称碰撞诱导离解,collisional induced dissociation, CID)谱中碎片离子的归属。由此表可以看出许多碎片离子在质谱中不出现而在 CAD 谱中出现,由此可知 MS/MS 技术在 MALDI－MS 测量分析中的重要功能。表 9.14 列出寡糖(Ⅱ)质谱和 CAD 谱中碎片离子归属,由质谱数据推导两种寡糖结构如图 9.22 所示。

表 9.13 寡糖(Ⅰ)的质谱和 CAD 谱碎片

m/z	碎 片	MS	MS/MS
1327.5	$^{0,2}A_4$	+	+
1241.4	Y_{3X}''	+	+
1225.4	$Y_{3X}'(1-3$ 或 $1-4)$	－	+
1181.4	$^{0,2}A_4/Y_{3X}''$	+	+
1121.4	$Y_{3X}''/^{2,4}A_4$	－	+
1095.4	$Y_{3\alpha}''/Y_{3\beta}''$	+	+
1079.4	Y_{3X}'/Y_{3X}''	－	+
1061.4	$Y_{3X}'/Y_{3X}''/-H_2O$	－	+
1035.3	$Y_{3\alpha}''/Y_{3\beta}''/^{0,2}A_4$	－	+
975.3	$Y_{3\alpha}''/Y_{3\beta}''/^{2,4}A_4$	－	+
933.3	$Y_{3\alpha}''/Y_{3\beta}''/Y_{3X}'$	－	+
915.3	$Y_{3\alpha}''/Y_{3\beta}''/Z_{3X}'$	－	+
876.3	Y_2	+	+
771.3	$Y_{3\alpha}''/Y_{3\beta}''/Y_{3\alpha}'/Y_\beta'$	－	+
730.2	Y_2/Y_{3X}''	+	+
714.2	Y_2/Y_{3X}'	－	+

"＋"表示该碎片在谱中出现,"－"表示不出现所有其他碎片是上述裂解的组合。

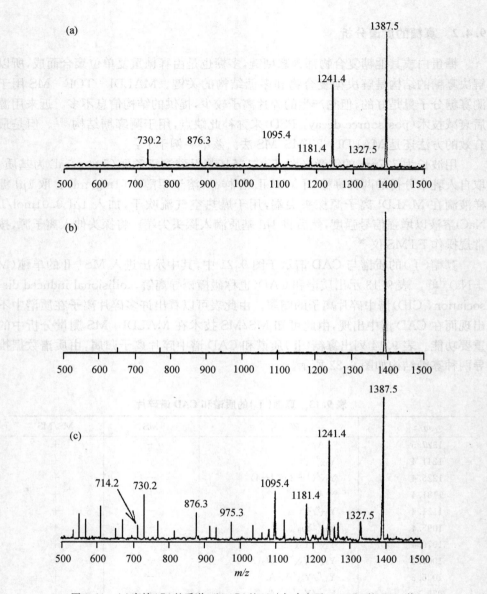

图 9.21 (a)寡糖(Ⅰ)的质谱;(b)(Ⅰ)的 Na⁺加合离子;(c)(Ⅰ)的 CAD 谱

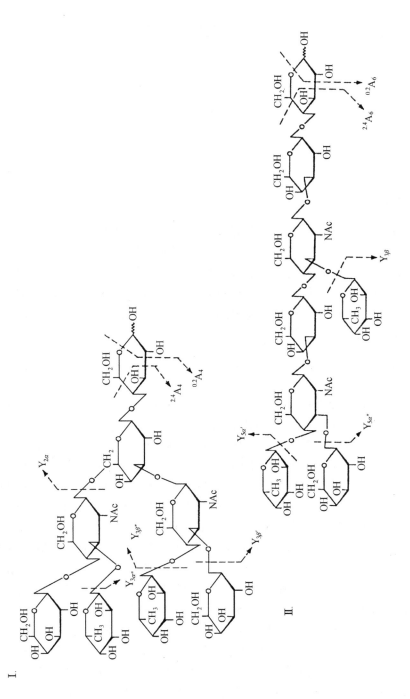

图9.22 寡糖(I)和(II)的结构

表 9.14 寡糖（Ⅱ）的 CAD 谱碎片

m/z	裂 解 类 型
1327.5	交叉环裂解，$^{0,2}A_6$
1241.4	苷键断裂（失去岩藻糖），$Y_{3\beta}$ 或 $Y_{5\alpha}''$
1181.4	$^{0,2}A_6/Y_{3\beta}$ 或 $^{0,2}A_6/Y_{5\alpha}''$
1121.4	$^{2,4}A_6/Y_{3\beta}$ 或 $^{2,4}A_6/Y_{5\alpha}''$
1095.4	$Y_{3\beta}/Y_{5\alpha}''$

9.4.3 糖复合物的质谱分析

糖复合物在质谱分析之前先要用酶降解，将寡糖链切割下来，用 HPLC 分离纯化后，再进行质谱分析。因为寡糖在一般紫外检测范围无吸收，为了便于在 HPLC 中采用高灵敏紫外检测，需要将寡糖先进行衍生化，引入强紫外吸收的基团[27]。例如，对氨基苯甲酯乙酯（diaminobenzoic acid ethyl ester，ABEE）就是一种常用的寡糖衍生化试剂，它能很迅速地与寡糖中醛基发生缩合反应，几乎定量地产生席夫碱（Shiff's base）：

$$\text{CHO} + \text{H}_2\text{N} - \bigcirc - \text{COOC}_2\text{H}_5 \longrightarrow \text{CH} = \text{N} - \bigcirc - \text{COOC}_2\text{H}_5$$

席夫碱有强的紫外吸收，便于痕量寡糖的检测，特别适合于糖复合物酶消解液中寡糖的 HPLC 分离检测，在质谱分析时并不需要将衍生试剂基团脱除下来就可以直接进质谱分析。图 9.23 示出一个自巨球蛋白血清症患者血清中分离出的免疫球蛋白（IgM），经内切糖苷酶 H 消解、ABEE 衍生化、HPLC 分离后所得到的寡糖二次离子质谱图（liquid secondary ion mass spectrometry，LSIMS，其原理类似于 FABMS）。由碎片离子可推测这寡糖是由甘露糖（mannose，Man）和 N-乙酰氨基葡萄糖（N-acetylglucosamine，Glc Nac）组成。在由八个甘露糖线性排列组成的寡糖的负离子 LSIMS 谱中，碎片峰强度从低质量到高质量端逐渐减弱。但是在支链的分支点处断裂的碎片离子峰强度明显较强，例如图中的 m/z 369，1017，1341 和 1503 峰是强峰，于是推测出分支结构如图 9.23 所示。

MALDI - MS 常用于糖复合物的分析[28]，一般 MALDI - MS 谱中碎片离子少。如果出现多个强峰，这暗示样品是一个混合物，那些强峰不是碎片离子峰而很可能是混合物中各组分的分子离子峰。MALDI - MS 不易安装 MS/MS，所以常用 MALDI - FTMS 来测糖复合物的酶消解液中用 HPLC 分离出的寡糖。天然存在的糖复合物寡糖键的组成有一定规律，了解这些规律有利于结构判断。例如哺乳动物机体中糖复合物所含 N-联结的寡糖一般只含三种类型的单糖，即己糖

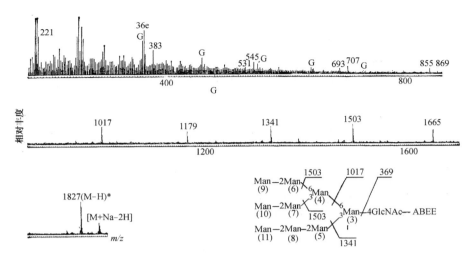

图 9.23　从 IgM 中得到的糖链 I 的 ABEE 衍生物（MW 1828.6）的负离子 LSIMS 谱

〔甘露糖（Man）、半乳糖（Gal）和葡萄糖（Glc）〕、去氧己糖〔岩藻糖（Fuc）和 N-乙酰氨基己糖〔N-乙酰氨基半乳糖（Gal Nac）、N-乙酰氨基葡萄糖（Glc Nac）〕。自寡糖质谱中质量数可以判断其结构。例如，一个天然哺乳动物 N-联结的寡糖质量数为 1665，可能是（己糖）$_5$·（N-乙酰氨基己糖）组成。表 9.15 列出了糖复合物中寡糖所含常见单糖残基的质量数，可供推测糖复合物糖链结构时参考。

表 9.15　糖复合物中寡糖所含常见单糖残基的质量数

单　　糖	化学式	单种同位素质量	化学质量
戊碳糖	$C_5H_8O_4$	132.0423	132.12
去氧己糖	$C_6H_{10}O_4$	146.0579	146.74
己糖	$C_6H_{10}O_5$	162.0528	162.14
己糖醛酸	$C_6H_8O_6$	176.0321	176.13
钠盐	$C_6H_{17}O_6Na$	198.0140	198.11
N-乙酰氨基己糖	$C_6H_{13}NO_5$	203.0794	203.19
N-乙酰甘露糖胺	$C_{11}H_{17}NO_8$	291.0954	291.26
丙酮酸钠盐	$C_{11}H_{16}NO_8Na$	313.0773	313.24

然而，必须强调指出，单凭质谱数据推导的结构必须用其他方法核证，如用 GC/MS，MS/MS 和 NMR 等。

参 考 文 献

[1] J. A. Loo et al. , Anal. Biochem. , 1989, 179:404

[2] R. Feng et al. , Anal. Chem. , 1992, 64(16):2090

[3] R. Feng et al. , J. Am. Soc. Mass Spectrom. , 1991, 2:387

[4] (a) K. Tanaka et al. , Rapid Commun. Mass Spectrom. , 1988, 2:151
    (b) F. Hillenkramp et al. , Anal. Chem. , 1988, 60:2299

[5] F. W. McLafferty, J. Am. Chem. Soc. , 1998, 120:4542

[6] K. Biemann, Annu. Rev. Biochem. , 1992, 61:977

[7] R. C. Beavis et al. , Anal. Chem. , 1990, 62:1836

[8] F. W. McLafferty, J. Am. Soc. Mass Spectrom. , 1997, 8:380

[9] P. Roepstoff et al. , Biomed. Mass Spectrom. , 1984, 11(6):540

[10] 杨厚俊，陈耀祖等，Chin. J. Chem. , 1993, 11(6):540

[11] 杨厚俊，陈耀祖等，Chem. Res. Chin. Univ. , 1993, 9(4):288

[12] 陈耀祖，杨厚俊，分析化学前沿（高鸿主编），科学出版社，1991

[13] P. Roepstoff, Mass Spectrom. Rev. , 1996, 15:67

[14] K. Tang et al. , Rapid Commun. Mass Spectrom. , 1994, 8:727

[15] P. Juhasz et al. , Anal. Chem. , 1996, 68:941

[16] Y. Li et al. , Anal. Chem. , 1996, 68:2090

[17] F. W. McLafferty et al. , J. Am. Soc. Mass Spectrom. , 1996, 7:1266

[18] R. Chen et al. , Anal. Chem. , 1995, 67:1159

[19] K. K. Murray, J. Mass Spectrom. , 1996, 31:1203

[20] M. C. Fitzgerald et al. , Rapid Commun. Mass Spectrom. , 1993, 7:895

[21] C. M. Bentzlev et al. , Anal. Chem. , 1996, 68:2141

[22] U. Pieles et al. , Nucleic Acids Res. , 1993, 21(14):3191

[23] F. W. McLafferty et al. , J. Am. Chem. Soc. , 1996, 118:9352

[24] Doman et al. , Glycocongugate J. , 1988, 5:397

[25] B. Spengler et al. , J. Mass Spectrom. , 1995, 30:782

[26] B. Lebrilla et al. , Anal. Chem. , 1996, 68:2331

[27] 蒋可，A. L. Burlingame，化学通报，1990, (6):30

[28] D. J. Harvey, J. Chromatogr. A. , 1996, 720:724

附录 I 分子的质子亲和度(*PA*)和气相碱度(*GB*)

化学式	结构	PA		GB	
		$kJ \cdot mol^{-1}$	$kcal \cdot mol^{-1}$	$kJ \cdot mol^{-1}$	$kcal \cdot mol^{-1}$
CH_2N_2	CH_2NN	858.9	205.5	826.7	197.8
CH_2O	$CH_2{=}O$	712.9	170.6	683.3	163.5
CH_2O_2	HCO_2H	742.0	177.5	710.3	169.9
CH_2S	$CH_2{=}S$	759.7	181.7	730.5	174.8
CH_3Br	CH_3Br	664.2	158.9	638.0	152.6
CH_3Cl	CH_3Cl	647.3	154.9	621.1	148.6
CH_3F	CH_3F	598.9	143.3	571.5	136.7
CH_3I	CH_3I	691.7	165.5	665.5	159.2
CH_3N	$CH_2{=}NH$	852.9	204.0	818.7	195.9
CH_3NO	$HCONH_2$	822.2	196.7	791.2	189.3
CH_3NO_2	CH_3NO_2	754.6	180.5	721.6	172.6
CH_3NO_2	CH_3ONO	798.9	191.1	766.4	183.3
CH_3NO_3	CH_3ONO_2	733.6	175.5	714.8	171.0
CH_4O	CH_3OH	754.3	180.5	724.5	173.3
CH_4S	CH_3SH	773.4	185.0	742.0	177.5
CH_5N	CH_3NH_2	899.0	215.1	864.5	206.8
CH_5N_3	$(NH_2)_2C{=}NH$	986.3	236.0	949.4	227.1
C_2H_2	C_2H_2	641.4	153.4	616.7	147.5
C_2H_2O	$CH_2{=}C{=}O$	825.3	197.4	793.6	189.9
C_2H_2S	$CH_2{=}C{=}S$	826.2	197.7	795.4	190.3
C_2H_3N	CH_3CN	779.2	186.4	748.0	178.9
C_2H_3N	CH_3NC	839.1	200.7	806.6	193.0
C_2H_4	$CH_2{=}CH_2$	680.5	162.8	651.5	155.9
C_2H_4O	$c\text{-}C_2H_4O$	774.2	185.2	745.3	178.3
C_2H_4O	CH_3CHO	768.5	183.9	736.5	176.2
$C_2H_4O_2$	CH_3CO_2H	783.7	187.5	752.8	180.1
$C_2H_4O_2$	HCO_2CH_3	782.5	187.2	751.5	179.8
C_2H_5Br	C_2H_5Br	696.2	166.6	669.7	160.2
C_2H_5Cl	C_2H_5Cl	693.4	165.9	666.9	159.5
C_2H_5F	C_2H_5F	683.4	163.5	655.8	156.9
C_2H_5I	C_2H_5I	724.8	173.4	698.3	167.1
C_2H_5N	$CH_2{=}CHNH_2$	898.9	215.0	866.5	207.3
C_2H_5N	aziridine	905.5	216.6	872.5	208.7
C_2H_5N	$CH_3CH{=}NH$	885.1	211.7	852.6	204.0
C_2H_5N	$CH_2{=}NCH_3$	884.6	211.6	852.1	203.9
C_2H_5NO	$HCONHCH_3$	851.3	203.7	820.3	196.2
C_2H_5NO	CH_3CONH_2	863.6	206.6	832.6	199.2

化学式	结构	PA		GB	
		kJ·mol⁻¹	kcal·mol⁻¹	kJ·mol⁻¹	kcal·mol⁻¹
$C_2H_5NO_2$	$C_2H_5NO_2$	765.7	183.2	733.2	175.4
$C_2H_5NO_2$	glycine	886.5	212.1	852.2	203.9
C_2H_6	C_2H_6	596.3	142.7	569.9	136.3
C_2H_6O	C_2H_5OH	776.4	185.7	746.0	178.5
C_2H_6O	$(CH_3)_2O$	792.0	189.5	764.5	182.9
C_2H_6OS	$(CH_3)SO$	884.4	211.6	853.7	204.2
$C_2H_6O_2$	$HO(CH_2)_2OH$	815.9	195.2	773.6	185.1
C_2H_6S	$(CH_3)_2S$	830.9	198.8	801.2	191.7
C_2H_6S	C_2H_5SH	789.6	188.9	758.4	181.4
$C_2H_6S_2$	CH_3SSCH_3	815.3	195.0	782.8	187.3
C_2H_7N	$C_2H_5NH_2$	912.0	218.2	878.0	210.0
C_2H_7N	$(CH_3)_2NH$	929.5	222.4	896.5	214.5
C_2H_7NO	$NH_2(CH_2)_2OH$	930.3	222.6	896.8	214.5
$C_2H_8N_2$	$NH_2(CH_2)_2NH_2$	951.6	227.7	912.5	218.3
C_3H_3N	$CH_2{=}CHCN$	784.7	187.7	753.7	180.3
C_3H_3NO	oxazole	876.4	209.7	844.5	202.0
C_3H_3NO	isooxazole	848.6	203.0	816.8	195.4
C_3H_3NS	thiazole	904.0	216.3	872.1	208.6
C_3H_4	$CH_2{=}C{=}CH_2$	775.3	185.5	745.8	178.4
C_3H_4	cyclopropene	818.5	195.8	787.8	188.5
C_3H_4	CH_3CCH	748.0	178.9	723.0	173.0
$C_3H_4N_2$	pyrazole	894.1	213.9	860.5	205.9
C_3H_4O	$CH_3CH{=}CO$	834.1	199.5	803.4	192.2
C_3H_4O	$CH_2{=}CHCHO$	797.0	190.7	765.1	183.0
$C_3H_4O_3$	$1,3-dioxolane-2-one$	814.2	194.8	784.4	187.7
C_3H_5N	C_2H_5CN	794.1	190.0	763.0	182.5
C_3H_6	$CH_3CH{=}CH_2$	751.6	179.8	722.7	172.9
C_3H_6	c-C_3H_6	750.3	179.5	722.2	172.8
C_3H_6O	$CH_2{=}CHOCH_3$	859.2	205.6	830.3	198.6
C_3H_6O	C_2H_5CHO	786.0	188.0	754.0	180.4
C_3H_6O	$(CH_3)_2CO$	812.0	194.3	782.1	187.1
$C_3H_6O_2$	$HCO_2C_2H_5$	799.4	191.2	768.4	183.8
$C_3H_6O_2$	$CH_3CO_2CH_3$	821.6	196.6	790.7	189.2
$C_3H_6O_2$	$C_2H_5CO_2H$	797.2	190.7	766.2	183.3
$C_3H_6O_3$	$(CH_3O)_2CO$	830.2	198.6	799.2	191.2
C_3H_6S	$CH_2{=}CHSCH_3$	858.2	205.3	829.3	198.4
C_3H_7N	c-$C_3H_5NH_2$	904.7	216.4	869.9	208.1
C_3H_7N	$CH_2{=}CHCH_2NH_2$	909.5	217.6	875.5	209.4
C_3H_7N	$(CH_3)_2C{=}NH$	932.3	223.0	898.2	214.9

化学式	结构	PA		GB	
		kJ·mol^{-1}	kcal·mol^{-1}	kJ·mol^{-1}	kcal·mol^{-1}
C_3H_7N	$CH_2{=}C(CH_3)NH_2$	941.8	225.3	909.3	217.5
C_3H_7NO	$C_2H_5CONH_2$	876.2	209.6	845.3	202.2
C_3H_7NO	$CH_3CONHCH_3$	888.5	212.6	857.6	205.2
$C_3H_7NO_2$	alanine	901.6	215.7	867.7	207.6
$C_3H_7NO_2$	sarcosine	921.2	220.4	888.7	212.6
$C_3H_7NO_2S$	cysteine	903.2	216.1	869.3	208.0
$C_3H_7NO_3$	serine	914.6	218.8	880.7	210.7
C_3H_8	C_3H_8	625.7	149.7	607.8	145.4
C_3H_8O	$i\text{-}C_3H_7OH$	793.0	189.7	762.6	182.4
C_3H_8O	$n\text{-}C_3H_7OH$	786.5	188.2	756.1	180.9
C_3H_8O	$CH_3OC_2H_5$	808.6	193.4	781.2	186.9
$C_3H_8O_2$	$CH_3O(CH_2)_2OH$	768.8	183.9	729.8	174.6
$C_3G_8O_2$	$HO(CH_2)_3OH$	876.2	209.6	825.9	197.6
$C_3H_8O_3$	glycerol	874.8	209.3	820.0	196.2
C_3H_8S	$i\text{-}C_3H_7SH$	803.6	192.2	772.3	184.8
C_3H_8S	$n\text{-}C_3H_7SH$	794.9	190.2	763.6	182.7
C_3H_8S	$CH_3SC_2H_5$	846.5	202.5	815.3	195.0
$C_3H_9BO_3$	$B(OCH_3)_3$	815.8	195.2	783.4	187.4
C_3H_9N	$(CH_3)_3N$	948.9	227.0	918.1	219.6
C_3H_9N	$n\text{-}C_3H_7NH_2$	917.8	219.6	883.9	211.5
C_3H_9N	$i\text{-}C_3H_7NH_2$	923.8	221.0	889.0	212.7
C_3H_9N	$CH_3NHC_2H_5$	942.2	225.4	909.2	217.5
C_3H_9NO	$NH_2(CH_2)_3OH$	962.5	230.3	917.3	219.4
C_3H_9NO	$CH_3O(CH_2)_2NH_2$	928.6	222.2	894.6	214.0
$C_3H_9O_3P$	$P(OCH_3)_3$	929.7	222.4	899.9	215.3
C_3H_9P	$P(CH_3)_3$	958.8	229.4	926.3	221.6
$C_3H_{10}N_2$	$NH_2(CH_2)_3NH_2$	987.0	236.1	940.0	224.9
$C_4H_4N_2$	pyrazine	877.1	209.8	847.0	202.6
$C_4H_4N_2$	pyridazine	907.2	217.0	877.1	209.8
$C_4H_4N_2$	pyrimidine	885.8	211.9	855.7	204.7
$C_4H_4N_2O_2$	uracil	872.7	208.8	841.7	201.4
C_4H_4O	furan	803.4	192.2	770.9	184.4
C_4H_4S	thiophene	815.0	195.0	784.3	187.6
C_4H_5N	pyrrole	875.4	209.4	843.8	201.9
C_4H_5NS	2-methylthiazole	930.6	222.6	898.7	215.0
$C_4H_5N_3O$	cytosine	949.9	227.2	918.0	219.6
C_4H_6	$CH_2{=}C{=}CHCH_3$	778.9	186.3	749.8	179.4
C_4H_6	cyclobutene	784.4	187.7	753.6	180.3
C_4H_6	1-methylcyclopropene	856.0	204.8	826.9	197.8

化学式	结构	PA		GB	
		kJ·mol⁻¹	kcal·mol⁻¹	kJ·mol⁻¹	kcal·mol⁻¹
C_4H_6	CH_3CCCH_3	775.8	185.6	745.1	178.3
C_4H_6	$CH_2=CHCH=CH_2$	783.4	187.4	757.6	181.2
C_4H_6O	$CH_2=C(CH_3)CHO$	808.7	193.5	776.8	185.8
C_4H_6O	$CH_3CH=CHCHO$	830.8	198.8	799.0	191.1
C_4H_6O	2,5 - dihydrofuran	823.4	197.0	796.0	190.4
C_4H_6O	2,3 - dihydrofuran	866.9	207.4	834.4	199.6
C_4H_6O	$CH_2=CHCOCH_3$	834.7	199.7	802.8	192.1
C_4H_6O	cyclobutanone	802.5	192.0	772.7	184.9
$C_4H_6O_2$	$CH_2=C(CH_3)CO_2H$	816.7	195.4	785.7	188.0
$C_4H_6O_2$	$CH_3CO-COCH_3$	801.9	191.8	770.1	184.2
$C_4H_6O_2$	γ - butyrolactone	840.0	201.0	808.1	193.3
$C_4H_6O_2$	$CH_3CO_2CH=CH_2$	813.9	194.7	782.9	187.3
$C_4H_6O_2$	$CH_2=CHCO_2CH_3$	825.8	197.6	794.8	190.1
C_4H_7N	$n-C_3H_7CN$	798.4	191.0	767.7	183.7
C_4H_7N	$i-C_3H_7CN$	803.6	192.2	772.8	184.9
$C_4H_7NO_4$	aspartic acid	908.9	217.4	875.0	209.3
C_4H_8	$E-CH_3CH=CHCH_3$	747.0	178.7	719.9	172.2
C_4H_8	$(CH_3)_2C=CH_2$	802.1	191.9	775.6	185.6
$C_4H_8N_2O_3$	asparagine	929.0	222.2	891.5	213.3
C_4H_8O	$C_2H_5OCH=CH_2$	870.1	208.2	840.4	201.1
C_4H_8O	tetrahydrofuran	822.1	196.7	794.7	190.1
C_4H_8O	$i-C_3H_7CHO$	797.3	190.7	765.5	183.1
C_4H_8O	$n-C_3H_7CHO$	792.7	189.6	760.8	182.0
C_4H_8O	$CH_3COC_2H_5$	827.3	197.9	795.5	190.3
C_4H_8O	$CH_2=C(CH_3)OCH_3$	894.9	214.1	866.1	207.2
$C_4H_8O_2$	$HCO_2CH(CH_3)_2$	811.3	194.1	780.3	186.7
$C_4H_8O_2$	1,4 - dioxane	797.4	190.8	770.0	184.2
$C_4H_8O_2$	1,3 - dioxane	825.4	197.5	796.2	190.5
$C_4H_8O_2$	$CH_3CO_2C_2H_5$	835.7	199.9	804.7	192.5
$C_4H_8O_2$	$HCO_2(n-C_3H_7)$	804.9	192.6	773.9	185.1
$C_4H_8O_2$	$C_2H_5CO_2CH_3$	830.2	198.6	799.2	191.2
$C_4H_8O_2$	$CH_2=C(OCH_3)_2$	957.0	228.9	928.1	222.0
$C_4H_8S_2$	$CH_2=C(SCH_3)_2$	931.1	222.8	902.2	215.8
C_4H_9N	$(CH_3)_2NCH=CH_2$	956.8	228.9	924.4	221.1
C_4H_9N	$CH_2=C(CH_3)CH_2NH_2$	917.5	219.5	883.5	211.4
C_4H_9NO	$C_2H_5CONHCH_3$	920.4	220.2	889.4	212.8
C_4H_9NO	$i-C_3H_7CONH_2$	878.6	210.2	846.7	202.6
C_4H_9NO	$n-C_3H_7CONH_2$	878.4	210.1	847.4	202.7
$C_4H_9NO_3$	$CH_3CONHC_2H_5$	898.0	214.8	867.0	207.4

化学式	结构	PA		GB	
		kJ·mol^{-1}	kcal·mol^{-1}	kJ·mol^{-1}	kcal·mol^{-1}
C_4H_{10}	$i\text{-}C_4H_{10}$	677.8	162.2	671.3	160.6
$C_4H_{10}N_2$	piperazine	943.7	225.8	914.7	218.8
$C_4H_{10}O$	$C_2H_5CH(OH)CH_3$	815.0	195.0	784.6	187.7
$C_4H_{10}O$	$n\text{-}C_4H_9OH$	789.2	188.8	758.9	181.6
$C_4H_{10}O$	$i\text{-}C_4H_9OH$	793.7	189.9	762.2	182.3
$C_4H_{10}O$	$t\text{-}C_4H_9OH$	802.6	192.0	772.2	184.7
$C_4H_{10}O$	$(CH_3)_2CHOCH_3$	826.3	197.7	797.1	190.7
$C_4H_{10}O$	$n\text{-}C_3H_7OCH_3$	814.9	195.0	785.7	188.0
$C_4H_{10}O$	$(C_2H_5)_2O$	828.4	198.2	801.0	191.6
$C_4H_{10}O_2$	$CH_3OCH_2CH_2OCH_3$	858.0	205.3	820.2	196.2
$C_4H_{10}O_2$	$HO(CH_2)_4OH$	915.6	219.0	854.9	204.5
$C_4H_{10}S$	$C_2H_5CH(SH)CH_3$	813.0	194.5	781.7	187.0
$C_4H_{10}S$	$n\text{-}C_4H_9SH$	801.7	191.8	770.5	184.3
$C_4H_{10}S$	$i\text{-}C_4H_9SH$	802.6	192.0	771.4	184.5
$C_4H_{10}S$	$t\text{-}C_4H_9SH$	816.4	195.3	785.1	187.8
$C_4H_{10}S$	$(C_2H_5)_2S$	856.7	205.0	827.0	197.8
$C_4H_{11}N$	$n\text{-}C_4H_9NH_2$	921.5	220.5	886.6	212.1
$C_4H_{11}N$	$s\text{-}C_4H_9NH_2$	929.7	222.4	895.7	214.3
$C_4H_{11}N$	$i\text{-}C_4H_9NH_2$	924.8	221.2	890.8	213.1
$C_4H_{11}N$	$t\text{-}C_4H_9NH_2$	934.1	223.5	899.9	215.3
$C_4H_{11}N$	$CH_3NH(i\text{-}C_3H_7)$	952.4	227.8	919.4	220.0
$C_4H_{11}N$	$(C_2H_5)_2NH$	952.4	227.8	919.4	220.0
$C_4H_{11}N$	$(C_2H_5)N(CH_3)_2$	960.1	229.7	929.1	222.3
$C_4H_{11}NO$	$NH_2(CH_2)_4OH$	984.5	235.5	932.1	223.0
$C_4H_{11}NO_2$	$(HOCH_2CH_2)_2NH$	953.0	228.0	920.0	220.1
$C_4H_{12}N_2$	$NH_2(CH_2)_4NH_2$	1005.6	240.6	954.3	228.3
C_5H_5N	pyridine	930.0	222.5	898.1	214.9
C_5H_6	1,3 - cycopentadiene	831.6	198.9	798.4	191.0
$C_5H_6N_2$	2 - pyridinamine	947.2	226.6	915.3	219.0
$C_5H_6N_2$	3 - pyridinamine	954.4	228.3	922.6	220.7
$C_5H_6N_2$	4 - pyridinamine	979.7	234.4	947.8	226.7
C_5H_6O	2 - methylfuran	865.9	207.2	833.5	199.4
C_5H_6O	3 - methylfuran	854.0	204.3	821.5	196.5
C_5H_6S	2 - methylthiophene	859.0	205.5	826.5	197.7
C_5H_8	$(CH_3)_2CHCCH$	814.9	195.0	787.8	188.5
C_5H_8	$C_2H_5CCCH_3$	810.2	193.8	778.0	186.1
C_5H_8	$c\text{-}C_3H_5CH{=}CH_2$	816.3	195.3	787.5	188.4
C_5H_8	1 - methylcyclobutene	841.4	201.3	807.3	193.1
C_5H_8	$c\text{-}C_5H_8$	766.3	183.3	733.8	175.6

化学式	结构	PA		GB	
		kJ·mol^{-1}	kcal·mol^{-1}	kJ·mol^{-1}	kcal·mol^{-1}
C_5H_8	$CH_2\!=\!CHC(CH_3)\!=\!CH_2$	826.4	197.7	797.6	190.8
C_5H_8O	cyclopentanone	823.7	197.1	794.0	190.0
C_5H_8O	$CH_3CH\!=\!CHCOCH_3$	864.3	206.8	832.5	199.2
$C_5H_8O_2$	$CH_3CH\!=\!CHCO_2CH_3$	851.3	203.7	820.4	196.3
$C_5H_8O_2$	$CH_3COCH_2COCH_3$	873.5	209.0	836.8	200.2
$C_5H_8O_2$	$CH_2\!=\!C(CH_3)CO_2CH_3$	831.4	198.9	800.5	191.5
$C_5H_8O_2$	$(CH_3)_2C\!=\!CHCO_2H$	822.9	196.9	791.9	189.4
C_5H_9N	$n\text{-}C_4H_9CN$	802.4	192.0	771.7	184.6
C_5H_9N	$t\text{-}C_4H_9CN$	810.9	194.0	780.2	186.7
$C_5H_9NO_2$	proline	920.5	220.2	886.0	212.0
$C_5H_9NO_4$	glutamic acid	913.0	218.4	879.1	210.3
$C_5H_9N_3$	histamine	999.8	239.2	961.9	230.1
C_5H_{10}	$(CH_3)_2C\!=\!CHCH_3$	808.8	193.5	779.9	186.6
$C_5H_{10}N_2O_3$	glutamine	937.8	224.4	900.0	215.3
$C_5H_{10}O$	$(C_2H_5)_2CO$	836.8	200.2	807.0	193.1
$C_5H_{10}O$	$n\text{-}C_3H_7COCH_3$	832.7	199.2	800.9	191.6
$C_5H_{10}O$	$i\text{-}C_3H_7COCH_3$	836.3	200.1	804.4	192.4
$C_5H_{10}O$	$n\text{-}C_4H_9CHO$	796.6	190.6	764.8	183.0
$C_5H_{10}O$	$C_2H_5OCH\!=\!CHCH_3$	876.6	209.7	847.7	202.8
$C_5H_{10}O$	$C_2H_5OCH_2CH\!=\!CH_2$	833.7	199.4	804.5	192.5
$C_5H_{10}O_2$	$cis\text{-}1,2\text{-cyclopentanediol}$	885.6	211.9	853.1	204.1
$C_5H_{10}O_2$	$C_3H_7CO_2CH_3$	836.4	200.1	805.4	192.7
$C_5H_{10}O_2$	$CH_3CO_2(i\text{-}C_3H_7)$	836.6	200.1	805.6	192.7
$C_5H_{11}N$	piperidine	954.0	228.2	921.0	220.3
$C_5H_{11}NO_2$	valine	910.6	217.8	876.7	209.7
$C_5H_{11}NO_2S$	methionine	935.4	223.8	901.5	215.7
$C_5H_{12}O$	$C_2H_5O(i\text{-}C_3H_7)$	842.7	201.6	813.5	194.6
$C_5H_{12}O$	$n\text{-}C_4H_9OCH_3$	820.3	196.2	791.2	189.3
$C_5H_{12}O$	$t\text{-}C_4H_9OCH_3$	841.6	201.3	812.4	194.4
$C_5H_{12}O$	$neo\text{-}C_5H_{11}OH$	795.5	190.3	765.2	183.1
$C_5H_{12}O_2$	$CH_3O(CH_2)_3OCH_3$	897.2	214.6	858.6	205.4
$C_5H_{12}S$	$neo\text{-}C_5H_{11}SH$	809.5	193.7	778.2	186.2
$C_5H_{13}N$	$n\text{-}C_5H_{11}NH_2$	923.5	220.9	889.5	212.8
$C_5H_{13}N$	$neo\text{-}C_5H_{11}NH_2$	928.3	222.1	894.0	213.9
$C_5H_{13}N$	$t\text{-}C_5H_{11}NH_2$	937.8	224.4	903.6	216.2
$C_5H_{13}N$	$(CH_3)_2N(i\text{-}C_3H_7)$	970.6	232.2	939.6	224.8
$C_5H_{13}N$	$(CH_3)_2N(n\text{-}C_3H_7)$	962.8	230.3	931.9	222.9
$C_5H_{13}N$	$(CH_3)(C_2H_5)_2N$	971.0	232.3	940.0	224.9
$C_5H_{13}N$	$(CH_3)(i\text{-}C_3H_7)NH$	960.0	229.7	926.7	221.7

化学式	结构	PA		GB	
		kJ · mol^{-1}	kcal · mol^{-1}	kJ · mol^{-1}	kcal · mol^{-1}
$C_5H_{14}N_2$	1,5 - diaminopentane	999.6	239.1	946.2	226.4
C_6H_4	*ortho*-benzyne	841.0	201.2	808.5	193.4
$C_6H_4O_2$	*p*-benzoquinone	799.1	191.2	769.3	184.0
C_6H_5Br	C_6H_5Br	754.1	180.4	725.8	173.6
C_6H_5Cl	C_6H_5Cl	753.1	180.2	724.6	173.3
C_6H_5F	C_6H_5F	755.9	180.8	726.6	173.8
C_6H_5NO	C_6H_5-NO	854.3	204.4	823.6	197.0
$C_6H_5NO_2$	C_6H_5-NO$_2$	800.3	191.5	769.5	184.1
C_6H_6	C_6H_6	750.4	179.5	725.4	173.5
C_6H_6O	C_6H_5OH	817.3	195.5	786.3	188.1
C_6H_7N	$C_6H_5NH_2$	882.5	211.1	850.6	203.5
C_6H_7N	2 - methyl pyridine	949.1	227.1	917.3	219.4
C_6H_7N	3 - methyl pyridine	943.4	225.7	911.6	218.1
C_6H_7N	2 - methyl pyridine	947.2	226.6	915.3	219.0
C_6H_7NO	2 - HO-C$_6$H$_4$NH$_2$	898.8	215.0	866.9	207.4
C_6H_7NO	3 - HO-C$_6$H$_4$NH$_2$	898.8	215.0	866.9	207.4
C_6H_7NO	2 - CH$_3$O-pyridine	934.7	223.6	902.8	216.0
C_6H_7NO	3 - CH$_3$O-pyridine	942.7	225.5	910.9	217.9
C_6H_7NO	4 - CH$_3$O-pyridine	961.7	230.1	929.8	222.4
C_6H_7NS	2 - CH$_3$S-pyridine	937.8	224.4	906.0	216.7
C_6H_7NS	3 - CH$_3$S-pyridine	936.5	224.0	904.7	216.4
C_6H_7NS	4 - CH$_3$S-pyridine	955.2	228.5	923.3	220.9
C_6H_8	1,3 - cyclohexadiene	837.0	200.2	804.5	192.5
C_6H_8	1,4 - cyclohexadiene	837.0	200.2	808.0	193.3
$C_6H_8N_2$	1,2 - C$_6$H$_4$(NH$_2$)$_2$	896.5	214.5	865.8	207.1
$C_6H_8N_2$	1,3 - C$_6$H$_4$(NH$_2$)$_2$	929.9	222.5	899.2	215.1
$C_6H_8N_2$	1,4 - C$_6$H$_4$(NH$_2$)$_2$	905.9	216.7	874.0	209.1
C_6H_8O	2,4 - dimethylfuran	894.7	214.0	862.3	206.3
C_6H_8O	2,5 - dimethylfuran	865.9	207.2	835.2	199.8
C_6H_8O	3,4 - dimethylfuran	869.0	207.9	838.3	200.6
$C_6H_8O_2$	1,2 - cyclohexanedione	849.6	203.3	818.9	195.9
$C_6H_8O_2$	1,3 - cyclohexanedione	881.2	210.8	849.4	203.2
$C_6H_8O_2$	1,4 - cyclohexanedione	812.5	194.4	782.7	187.2
$C_6H_9N_3O_2$	histidine	988.0	236.4	950.2	227.3
C_6H_{10}	*c*-C$_6$H$_{10}$	784.5	187.7	752.0	179.9
C_6H_{10}	CH$_3$CH=CHC(CH$_3$)=CH$_2$	864.9	206.9	836.0	200.0
C_6H_{10}	CH$_2$=C(CH$_3$)C(CH$_3$)=CH$_2$	835.0	199.8	807.8	193.3
C_6H_{10}	CH$_3$CH=C(CH$_3$)CH=CH$_2$	852.3	203.9	823.4	197.0
$C_6H_{10}N_2$	1,3,5 - trimethylpyrazole	949.3	227.1	917.4	219.5

化学式	结构	PA		GB	
		kJ · mol⁻¹	kcal · mol⁻¹	kJ · mol⁻¹	kcal · mol⁻¹
$C_6H_{10}N_2$	3,4,5 – trimethylpyrazole	949.3	227.1	916.0	219.1
$C_6H_{10}O$	$(CH_2\!=\!CHCH_2)_2O$	827.4	197.9	800.0	191.4
$C_6H_{10}O$	cyclohexanone	841.0	201.2	811.2	194.1
$C_6H_{10}O_2$	$CH_3CO(CH_2)_2COCH_3$	892.0	213.4	851.8	203.8
$C_6H_{11}N$	$(CH_2\!=\!CHCH_2)_2NH$	949.3	227.1	916.3	219.2
$C_6H_{11}NO_3$	$CH_3CONHCH(CH_3)CO_2CH_3$	938.6	224.5	888.0	212.4
$C_6H_{11}N_3O_4$	triglycine	966.8	231.3	916.8	219.3
C_6H_{12}	cyclohexane	686.9	164.3	666.9	159.5
C_6H_{12}	1 – hexene	805.2	192.6	776.3	185.7
C_6H_{12}	$CH_3CH\!=\!C(CH_3)C_2H_5$	812.9	194.5	784.0	187.6
C_6H_{12}	$(CH_3)_2C\!=\!C(CH_3)_2$	813.9	194.7	785.9	188.0
C_6H_{12}	$(CH_3)_2C\!=\!CHC_2H_5$	812.0	194.3	783.1	187.3
$C_6H_{12}O$	$t\text{-}C_4H_9COCH_3$	840.1	201.0	808.2	193.3
$C_6H_{12}O$	hexanone	843.2	201.7	811.3	194.1
$C_6H_{12}O_2$	$cis – 1,3 –$ cyclohexanediol	882.2	211.1	849.7	203.3
$C_6H_{12}O_2$	$trans – 1,3 –$ cyclohexanediol	828.6	198.2	797.9	190.9
$C_6H_{13}N$	$n\text{-}PrCH\!=\!NEt$	955.5	228.6	923.0	220.8
$C_6H_{13}N$	$c\text{-}C_6H_{11}NH_2$	934.4	223.5	899.6	215.2
$C_6H_{13}NO$	$n\text{-}Pr\text{-}CONMe_2$	921.7	220.5	890.8	213.1
$C_6H_{13}NO$	$t\text{-}Pr\text{-}CONMe_2$	923.7	221.0	891.8	213.3
$C_6H_{13}NO$	CH_3CONEt_2	925.4	221.4	894.4	214.0
$C_6H_{13}NO_2$	leucine	914.6	218.8	880.6	210.7
$C_6H_{13}NO_2$	isoleucine	917.4	219.5	883.5	211.4
$C_6H_{14}N_2O_2$	lysine	996.0	238.3	951.0	227.5
$C_6H_{14}N_2O_4$	arginine	1051.0	251.4	1006.6	240.8
$C_6H_{14}O$	$(n\text{-}Pr)_2O$	837.9	200.5	810.5	193.9
$C_6H_{14}O$	$(i\text{-}Pr)_2O$	855.5	204.7	828.1	198.1
$C_6H_{14}O$	$EtO\text{-}t\text{-}C_4H_9$	856.0	204.8	826.9	197.8
$C_6H_{14}O$	$neo\text{-}C_5H_{11}OCH_3$	825.8	197.6	796.7	190.6
$C_6H_{14}O_2$	$MeO(CH_2)_2OMe$	931.5	222.8	880.6	210.7
$C_6H_{15}N$	Et_3N	981.8	234.9	951.0	227.5
$C_6H_{15}N$	$n\text{-}C_6H_{13}NH_2$	927.5	221.9	893.5	213.8
$C_6H_{15}N$	$(n\text{-}Pr)_2NH$	962.3	230.2	929.3	222.3
$C_6H_{15}N$	$(i\text{-}Pr)_2NH$	971.9	232.5	938.6	224.5
$C_6H_{15}N$	$n\text{-}C_4H_9\text{—}NMe_2$	969.2	231.9	938.2	224.4
$C_6H_{15}N$	$sec\text{-}C_4H_9\text{—}NMe_2$	975.9	233.5	945.1	226.1
$C_6H_{15}N$	$i\text{-}C_4H_9\text{—}NMe_2$	968.7	231.7	937.8	224.4
$C_6H_{15}NO$	$t\text{-}C_4H_9\text{—}NMe_2$	979.6	234.4	948.6	226.9
$C_6H_{15}OP$	Et_3PO	936.6	224.1	906.8	216.9

化学式	结构	PA		GB	
		kJ·mol^{-1}	kcal·mol^{-1}	kJ·mol^{-1}	kcal·mol^{-1}
$C_6H_{15}O_4P$	(EtO)$_3$PO	909.3	217.5	879.6	210.4
$C_6H_{15}P$	Et$_3$P	984.5	235.5	952.0	227.8
$C_6H_{16}N_2$	1,6 - diaminohexane	999.5	239.1	946.2	226.4
C_7H_5OCl	3 - Cl—C$_6$H$_4$—CHO	813.0	194.5	781.1	186.9
C_7H_5OCl	4 - Cl—C$_6$H$_4$—CHO	831.3	198.9	799.4	191.2
C_7H_5N	C$_6$H$_5$CN	811.5	194.1	790.9	189.2
C_7H_5N	C$_6$H$_5$NC	868.4	207.8	836.0	200.0
$C_7H_5NO_3$	4 - O$_2$N—C$_6$H$_4$—CHO	795.1	190.2	763.2	182.6
C_7H_6NOCl	3 - Cl—C$_6$H$_4$—CONH$_2$	877.2	209.9	846.3	202.5
C_7H_6NOCl	4 - Cl—C$_6$H$_4$—CONH$_2$	877.2	209.9	846.3	202.5
C_7H_6NOF	3 - F—C$_6$H$_4$—CONH$_2$	877.2	209.9	846.3	202.5
C_7H_6NOF	4 - F—C$_6$H$_4$—CONH$_2$	877.2	209.9	846.3	202.5
$C_7H_6N_2O_3$	3 - O$_2$N—C$_6$H$_4$—CONH$_2$	854.2	204.4	823.2	196.9
$C_7H_6N_2O_3$	4 - O$_2$N—C$_6$H$_4$—CONH$_2$	845.3	202.2	814.4	194.8
C_7H_6O	C$_6$H$_5$CHO	834.0	199.5	802.1	191.9
$C_7H_6O_2$	C$_6$H$_5$CO$_2$H	821.1	196.4	790.1	189.0
C_7H_7Br	2 - Br—C$_6$H$_4$—Me	775.3	185.5	745.8	178.4
C_7H_7Br	3 - Br—C$_6$H$_4$—Me	782.0	187.1	752.5	180.0
C_7H_7Br	4 - Br—C$_6$H$_4$—Me	775.3	185.5	745.8	178.4
C_7H_7Cl	2 - Cl—C$_6$H$_4$—Me	790.5	189.1	761.1	182.1
C_7H_7Cl	3 - Cl—C$_6$H$_4$—Me	783.9	187.5	754.5	180.5
C_7H_7Cl	4 - Cl—C$_6$H$_4$—Me	762.9	182.5	735.2	175.9
C_7H_7F	2 - F—C$_6$H$_4$—Me	773.3	185.0	743.8	177.9
C_7H_7F	3 - F—C$_6$H$_4$—Me	785.4	187.9	756.0	180.9
C_7H_7F	4 - F—C$_6$H$_4$—Me	763.8	182.7	736.1	176.1
C_7H_7NO	C$_6$H$_5$CONH$_2$	892.1	213.4	861.2	206.0
C_7H_7NO	4 - NH$_2$—C$_6$H$_4$—CHO	910.4	217.8	878.6	210.2
$C_7H_7NO_2$	4 - O$_2$N—C$_6$H$_4$—Me	815.2	195.0	782.7	187.2
$C_7H_7NO_2$	2 - NH$_2$—C$_6$H$_4$—CO$_2$H	901.5	215.7	869.0	207.9
$C_7H_7NO_2$	3 - NH$_2$—C$_6$H$_4$—CO$_2$H	864.7	206.9	832.3	199.1
$C_7H_7NO_2$	4 - NH$_2$—C$_6$H$_4$—CO$_2$H	864.7	206.9	832.3	199.1
C_7H_8	C$_6$H$_5$Me	784.0	187.6	756.3	180.9
$C_7H_8N_2O$	3 - NH$_2$—C$_6$H$_4$—CONH$_2$	900.9	215.5	869.9	208.1
$C_7H_8N_2O$	4 - NH$_2$—C$_6$H$_4$—CONH$_2$	927.9	222.0	896.9	214.6
C_7H_8O	C$_6$H$_5$CH$_2$OH	778.3	186.2	748.0	178.9
C_7H_8O	C$_6$H$_5$OMe	839.6	200.9	807.2	193.1
C_7H_8S	C$_6$H$_5$SMe	872.6	208.8	843.7	201.8
C_7H_9N	2 - Me—C$_6$H$_4$—NH$_2$	890.9	213.1	859.1	205.5
C_7H_9N	3 - Me—C$_6$H$_4$—NH$_2$	895.8	214.3	864.0	206.7

化学式	结构	PA		GB	
		kJ·mol^{-1}	kcal·mol^{-1}	kJ·mol^{-1}	kcal·mol^{-1}
C_7H_9N	4-Me—C_6H_4—NH_2	896.7	214.5	864.8	206.9
C_7H_9N	2,3-dimethyl pyridine	958.9	229.4	927.0	221.8
C_7H_9N	2,4-dimethyl pyridine	962.9	230.4	930.8	222.7
C_7H_9N	2,5-dimethyl pyridine	958.8	229.4	926.9	221.7
C_7H_9NO	2-MeO—C_6H_4—NH_2	905.2	216.6	873.3	208.9
C_7H_9NO	3-MeO—C_6H_4—NH_2	913.0	218.4	881.1	210.8
C_7H_9NO	4-MeO—C_6H_4—NH_2	900.3	215.4	868.5	207.8
$C_7H_{11}N$	2,6-dimethylaniline	901.7	215.7	869.8	208.1
C_7H_{12}	Me_2C=CHC(Me)=CH_2	886.5	212.1	857.6	205.2
$C_7H_{12}O$	cycloheptanone	845.6	202.3	815.9	195.2
C_7H_{14}	Me_2C=CHCHMe_2	812.0	194.3	783.1	187.3
$C_7H_{14}O$	(n-Pr)$_2$O	845.0	202.2	815.3	195.0
$C_7H_{14}O$	(i-Pr)$_2$O	850.3	203.4	820.5	196.3
$C_7H_{18}N_2$	1,7-diaminoheptane	998.5	238.9	944.9	226.1
$C_8H_4N_2$	1,3-(CN)$_2$—C_6H_4	779.3	186.4	750.4	179.5
$C_8H_4N_2$	1,4-(CN)$_2$—C_6H_4	779.0	186.4	751.8	179.9
C_8H_8	cubane	859.9	205.7	833.6	199.4
C_8H_8	C_6H_5CH=CH_2	839.5	200.8	809.2	193.6
C_8H_8O	3-Me—C_6H_4—CHO	840.0	201.0	808.1	193.3
C_8H_8O	4-Me—C_6H_4—CHO	851.8	203.8	820.0	196.2
C_8H_8O	C_6H_5COCH$_3$	861.1	206.0	829.3	198.4
$C_8H_8O_2$	2-Me—C_6H_4—CO$_2$H	838.8	200.7	807.8	193.3
$C_8H_8O_2$	3-Me—C_6H_4—CO$_2$H	829.8	198.5	798.8	191.1
$C_8H_8O_2$	4-Me—C_6H_4—CO$_2$H	836.7	200.2	805.7	192.8
$C_8H_8O_2$	C_6H_5CO$_2$CH$_3$	850.5	203.5	819.5	196.1
C_8H_9NO	3-Me—C_6H_4—CONH$_2$	900.9	215.5	869.9	208.1
C_8H_9NO	4-Me—C_6H_4—CONH$_2$	900.9	215.5	869.9	208.1
$C_8H_9NO_2$	3-MeO—C_6H_4—CONH$_2$	900.9	215.5	869.9	208.1
$C_8H_9NO_2$	4-MEO—C_6H_4—CONH$_2$	900.3	215.4	869.4	208.0
C_8H_{10}	o-xylene	796.0	190.4	768.3	183.8
C_8H_{10}	m-xylene	812.1	194.3	786.2	188.1
C_8H_{10}	p-xylene	794.4	190.0	766.8	183.4
C_8H_{10}	C_6H_5Et	788.0	188.5	760.3	181.9
$C_8H_{11}N$	C_6H_5NMe_2	941.1	225.1	909.2	217.5
$C_8H_{11}N$	C_6H_5NEt	924.8	221.2	892.9	213.6
$C_8H_{11}N$	3-Et—C_6H_4—NH_2	897.9	214.8	866.1	207.2
$C_8H_{11}N$	C_6H_5CH$_2$CH$_2$NH$_2$	936.2	224.0	902.3	215.9
$C_8H_{12}O$	2,3,4,5-tetramethylfuran	915.5	219.0	884.8	211.7
$C_8H_{18}O$	(n-C$_4$H$_9$)$_2$O	845.7	202.3	818.3	195.8

化学式	结构	PA		GB	
		kJ · mol^{-1}	kcal · mol^{-1}	kJ · mol^{-1}	kcal · mol^{-1}
$C_8H_{18}O$	$(s\text{-}C_4H_9)_2O$	865.9	207.2	838.5	200.6
$C_8H_{18}O$	$(t\text{-}C_4H_9)_2O$	887.4	212.3	860.0	205.7
$C_8H_{19}N$	$(n\text{-}C_4H_9)_2NH$	968.5	231.7	935.3	223.8
$C_8H_{19}N$	$(s\text{-}C_4H_9)_2NH$	980.7	234.6	947.5	226.7
$C_8H_{19}N$	$(i\text{-}C_4H_9)_2NH$	958.1	229.2	925.1	221.3
$C_8H_{19}N$	$(t\text{-}C_4H_9)_2NH$	987.9	236.3	954.7	228.4
C_9H_7NO	$3-CN-C_6H_4-COCH_3$	827.2	197.9	795.4	190.3
C_9H_7NO	$4-CN-C_6H_4-COCH_3$	826.8	197.8	795.0	190.2
$C_9H_7NO_2$	$3-CN-C_6H_4-CO_2CH_3$	817.4	195.6	786.5	188.2
$C_9H_7NO_2$	$4-CN-C_6H_4-CO_2CH_3$	816.6	195.4	785.6	187.9
C_9H_8O	2 - methylbenzofuran	859.6	205.6	827.2	197.9
C_9H_{10}	$3-Me-C_6H_4-CH=CH_2$	849.4	203.2	820.5	196.3
C_9H_{10}	$4-Me-C_6H_4-CH=CH_2$	861.7	206.1	832.8	199.2
$C_9H_{10}N_2O_3$	$3-O_2N-C_6H_4-CONMe_2$	900.9	215.5	869.9	208.1
$C_9H_{10}N_2O_3$	$4-O_2N-C_6H_4-CONMe_2$	900.9	215.5	869.9	208.1
$C_9H_{10}O$	C_6H_5COEt	867.4	207.5	835.6	199.9
$C_9H_{10}O$	$C_6H_5CH_2COCH_3$	842.6	201.6	810.8	194.0
$C_9H_{10}O$	$3-Me-C_6H_4-COCH_3$	868.2	207.7	836.4	200.1
$C_9H_{10}O$	$4-Me-C_6H_4-COCH_3$	875.5	209.4	843.6	201.8
$C_9H_{10}OS$	$3-MeS-C_6H_4-COCH_3$	866.6	207.3	834.7	199.7
$C_9H_{10}OS$	$4-MeS-C_6H_4-COCH_3$	888.2	212.5	856.3	204.9
$C_9H_{10}O_2$	$3-MeO-C_6H_4-COCH_3$	871.2	208.4	839.3	200.8
$C_9H_{10}O_2$	$4-MeO-C_6H_4-COCH_3$	895.6	214.3	863.7	206.6
$C_9H_{10}O_2$	$2-Me-C_6H_4-CO_2CH_3$	858.3	205.3	827.3	197.9
$C_9H_{10}O_2$	$3-Me-C_6H_4-CO_2CH_3$	857.7	205.2	826.8	197.8
$C_9H_{10}O_3$	$3-MeO-C_6H_4-CO_2CH_3$	856.7	205.0	825.8	197.6
$C_9H_{10}O_3$	$4-MeO-C_6H_4-CO_2CH_3$	870.6	208.3	839.6	200.9
$C_9H_{11}NO$	$C_6H_5CONMe_2$	932.7	223.1	901.8	215.7
$C_9H_{11}NO_2$	phenylalanine	922.9	220.8	888.9	212.7
$C_9H_{11}NO_3$	tyrosine	926.0	221.5	892.1	213.4
$C_9H_{12}N_2O$	$3-NH_2-C_6H_4-CONMe_2$	944.4	225.9	913.5	218.5
$C_9H_{12}N_2O$	$4-NH_2-C_6H_4-CONMe_2$	956.9	228.9	925.9	221.5
$C_9H_{12}O_3$	$1,3,5-C_6H_3(OMe)_3$	926.7	221.7	898.2	214.9
$C_9C_{18}O$	$(n\text{-}C_4H_9)_2O$	853.7	204.2	821.9	196.6
$C_9H_{18}O$	$(t\text{-}C_4H_9)_2O$	861.3	206.1	831.5	198.9
$C_9H_{21}N$	$(n\text{-}Pr)_3N$	991.0	237.1	960.1	229.7
$C_{10}H_8$	naphthalene	802.9	192.1	779.4	186.5
$C_{10}H_9N$	1 - naphthalenamine	907.0	217.0	875.1	209.4
$C_{10}H_{10}Fe$	ferrocene	863.6	206.6	841.3	201.3

化学式	结构	PA		GB	
		kJ·mol⁻¹	kcal·mol⁻¹	kJ·mol⁻¹	kcal·mol⁻¹
$C_{10}H_{10}N_2$	1,8 - diaminonaphthalene	944.5	226.0	912.1	218.2
$C_{10}H_{10}O_2$	$3 - CH_3CO—C_6H_4—COCH_3$	852.0	203.8	822.3	196.7
$C_{10}H_{10}O_2$	$4 - CH_3CO—C_6H_4—COCH_3$	850.8	203.5	821.0	196.4
$C_{10}H_{10}O_4$	$3 - CH_3CO_2—C_6H_4—CO_2CH_3$	843.5	201.8	814.3	194.8
$C_{10}H_{10}O_4$	$4 - CH_3CO_2—C_6H_4—CO_2CH_3$	843.2	201.7	812.5	194.3
$C_{10}H_{12}O_2$	$2,3 - Me_2—C_6H_3—CO_2CH_3$	863.6	206.6	832.7	199.2
$C_{10}H_{12}O_2$	$2,4 - Me_2—C_6H_3—CO_2CH_3$	868.2	207.7	837.2	200.3
$C_{10}H_{12}O_2$	$2,5 - Me_2—C_6H_3—CO_2CH_3$	864.7	206.9	833.7	199.4
$C_{10}H_{12}O_2$	$2,6 - Me_2—C_6H_3—CO_2CH_3$	855.3	204.6	824.3	197.2
$C_{10}H_{12}O_2$	$3,4 - Me_2—C_6H_3—CO_2CH_3$	868.5	207.8	837.5	200.4
$C_{10}H_{12}O_2$	$3,5 - Me_2—C_6H_3—CO_2CH_3$	864.3	206.8	833.4	199.4
$C_{10}H_{13}NO$	$3 - Me—C_6H_4—CONMe_2$	927.0	221.8	869.0	207.9
$C_{10}H_{13}NO$	$4 - Me—C_6H_4—CONMe_2$	927.0	221.8	869.0	207.9
$C_{10}H_{13}NO_2$	$3 - MeO—C_6H_4—CONMe_2$	927.0	221.8	869.0	207.9
$C_{10}H_{13}NO_2$	$4 - MeO—C_6H_4—CONMe_2$	948.3	226.9	917.4	219.5
$C_{10}H_{13}NO_2$	$3 - Me_2N—C_6H_4—CO_2Me$	930.2	222.5	903.8	216.2
$C_{10}H_{13}NO_2$	$4 - Me_2N—C_6H_4—CO_2Me$	920.6	220.2	894.1	213.9
$C_{10}H_{14}$	$n-C_4H_9—C_6H_5$	791.9	189.4	764.2	182.8
$C_{10}H_{22}O$	$(n-C_5H_{11})_2O$	852.7	204.0	825.3	197.4
$C_{10}H_{23}N$	$n-C_{10}H_{21}NH_2$	930.4	222.6	896.5	214.5
HCl	HCl	556.9	133.2	530.1	126.8
HF	HF	484.0	115.8	456.7	109.3
HI	HI	627.5	150.1	601.2	143.9
HNO_3	HNO_3	751.4	179.8	731.5	175.0
H_2	H_2	422.3	101.0	394.7	94.4
H_2N_2	HN=NH	803.0	192.1	772.3	184.8
H_2O	H_2O	691.0	165.3	660.0	157.9
H_2O_2	H_2O_2	674.5	161.4	643.8	154.0
H_2S	H_2S	705.0	168.7	673.8	161.2
H_2SO_4	H_2SO_4	699.4	167.3	666.9	159.5
H_3N	NH_3	853.6	204.2	819.0	195.9
H_3O_3P	H_3PO_3	821.3	196.5	788.8	188.7
H_3P	PH_3	785.0	187.8	750.9	179.6
H_4N_2	H_2NNH_2	853.2	204.1	822.4	196.7
He	He	177.8	42.5	148.5	35.5
Kr	Kr	424.6	101.6	402.4	96.3
NO	NO	531.8	127.2	505.3	120.9
NO_2	NO_2	591.0	141.4	560.3	134.0
N_2	N_2	493.8	118.1	464.5	111.1

化学式	结构	PA		GB	
		kJ $\cdot$ mol^{-1}	kcal $\cdot$ mol^{-1}	kJ $\cdot$ mol^{-1}	kcal $\cdot$ mol^{-1}
N_2O	N_2O 对 N	549.8	131.5	523.3	125.2
N_2O	N_2O 对 O	575.2	137.6	548.7	131.3
Ne	Ne	198.8	47.6	174.4	41.7
O_2	O_2	421.0	100.7	396.3	94.8
O_2S	SO_2	672.3	160.8	643.3	153.9
Xe	Xe	499.6	119.5	478.1	114.4

[1]E. P. L. Hunter,S. G. Lias,J. Phys. Chem. Ref. Data, 1998,27,413~656.

附录Ⅱ 离子和中性物种的热化学数据[1]

分子式	结构式/名称	电离能 (eV)	$\Delta_f H_{(离子)}$ kcal·mol^{-1}	kJ·mol^{-1}	$\Delta_f H_{(中性)}$ kcal·mol^{-1}	kJ·mol^{-1}
CH	CH	10.64	387.8	1622.4	142.4	595.8
CHBr$_2$	CHBr$_2$	7.4	224	936	54	227
CHBr$_3$	CHBr$_3$	10.48	247.4	1035.0	5.7	23.8
CHCl	CHCl	9.84	298	1247	71	297
CHCl$_2$	CHCl$_2$	8.1	212	887	26	108
CHCl$_3$	CHCl$_3$	11.37	237	992	−25.0	104.8
CHF	CHF	10.49	268	1121	26	109
CHF$_2$	CHF$_2$	8.78	146	611	−57	−237
CHF$_3$	CHF$_3$	13.86	154	642	−166	−695
CHI$_3$	CHI$_3$	9.25	241	1010	28	118
CHN	HCN	13.60	346	1447	32.3	135.1
	HNC	12.5±0.1	336	1407	48	201
CHNO	HNCO	11.61	243	1015	25	105
CHNO	HCNO	10.83	302	1263	52	218
CHO	HCO	8.10	197.3	825.6	10.7	44.8
	COH		230	963		
CHO$_2$	COOH		141	589		
CHS	HCS	>7.3	243	1018	73	305
CHS$_2$	HSCS		229	959		
CH$_2$	CH$_2$	10.396	331	1386	93	390
CH$_2$Br	CH$_2$Br	7.9	224	937	42	174
CH$_2$BrCl	CH$_2$BrCl	10.77	259	1084	11	45
CH$_2$Br$_2$	CH$_2$Br$_2$	10.50	242	1013	0±1	0±4
CH$_2$Cl	CH$_2$Cl	8.6	229.2	959.0	31	130
CH$_2$ClF	CH$_2$FCl	11.71	208	869	−62±2	−261±8
CH$_2$Cl$_2$	CH$_2$Cl$_2$	11.32	238	997	−22.9±0.2	−95.7±0.8
CH$_2$F	CH$_2$F	9.05	199	833	−8±2	−33±8
CH$_2$F$_2$	CH$_2$F$_2$	12.71	185	773	−108±2	−453±8
CH$_2$I$_2$	CH$_2$I$_2$	9.46	246	1031	28±5	118±21
CH$_2$N$_2$	CH$_2$N$_2$	8.999	263	1098	55±4	230±17
	H$_2$NCN	10.4	272	1137	32	134
CH$_2$O	CH$_2$O	10.874	224.8	940.5	−26.0±0.2	−108.7±0.7
	HCOH		230	962		
CH$_2$O$_2$	HCOOH	11.33	170.7	714.3	−90.5±0.1	−378.8±0.5
	C(OH)$_2$		175	732		
CH$_3$	CH$_3$	9.84	261.3±0.4	1093±1.7	34.8±0.3	145.8±1
CH$_3$Br	CH$_3$Br	10.541	234	979	−9.1±0.3	−38.1±1.3
	CH$_2$BrH		237	990		

分子式	结构式/名称	电离能 (eV)	$\Delta_f H_{(离子)}$		$\Delta_f H_{(中性)}$	
			kcal·mol^{-1}	kJ·mol^{-1}	kcal·mol^{-1}	kJ·mol^{-1}
CH_3Cl	CH_3Cl	11.22	239	1000	-19.6 ± 0.1	82.0 ± 0.5
	CH_2ClH		246	1029		
CH_3Cl_3Si	CH_3SiCl_3	11.36	131	547	-131	-549
CH_3Co	CH_3Co	7.0	257	1075	96	400
CH_3Cr	CH_3Cr	7.2	257	1075	90	375
CH_3F	CH_3F	12.47	228	956	-59	-247
	CH_2FH		110	462		
CH_3F_3Si	CH_3SiF_3	12.48	-8	-33	-296	-1237
CH_3Fe	CH_3Fe	8.1	257	1075	71	298
CH_3Hg	CH_3Hg		221	926		
CH_3HgI	CH_3HgI	9.0	213	891	5.3 ± 0.4	22.4 ± 1.9
CH_3I	CH_3I	9.538	223.6	935.7	3.7 ± 0.2	15.4 ± 0.9
CH_3Mn	CH_3Mn		223	934		
CH_3N	$CH_2{=}NH$	9.9	260	1090	32	135
	$HCNH_2$		258	1079		
CH_3NO	$HCONH_2$	10.16	190	794	-44.5	-186
	$CH_2{=}NOH$	10.6	240	1004	7	29
	CH_3NO	9.3	231	967	17 ± 0.7	70 ± 3
CH_3NO_2	CH_3NO_2	11.02	236	987	-17.9 ± 0.2	-74.8 ± 1.0
	CH_3ONO	10.38	223	935	-15.9 ± 0.2	-66.5 ± 0.9
CH_3NO_3	CH_3ONO_2	11.53	237	990	-29 ± 1	-122 ± 4
CH_3NS	$HCSNH_2$	8.69	210	877	9	39
CH_3N_3	CH_3N_3	9.81	293	1227	67	280
CH_3Ni	CH_3Ni		265	1109		
CH_3O	CH_3O	8.6	201	842	3.7 ± 0.7	15.5 ± 2.9
CH_3O_2	$HC(OH)_2$		96	403		
	CH_2OOH		185	774		
CH_3O_3	$C(OH)_3$		37	155		
CH_3S	CH_2SH		206	862		
	CH_3S	8.06	215	901	29.4 ± 2.1	123.0 ± 8.8
CH_3S_2	CH_3SS	8.0	200	835	16	69
CH_3Sc	CH_3Sc	5.1	212	887	93	391
CH_3Se	CH_2SeH		219	916		
CH_3Ti	CH_3Ti	6.3	248	1039	102	426
CH_3V	CH_3V	6.6	263	1102	111	463
CH_3Xe	CH_3Xe		210	877		
CH_3Zn	CH_3Zn	7.2	213	890	47	197
CH_4	CH_4	12.615	271	1132	-17.8 ± 0.1	-74.5 ± 0.4
CH_4N	$CH_2{=}NH_2$	6.1	178	745	38 ± 2	159 ± 8
	CH_3NH	6.7	199	833	43.6 ± 3.0	182.4 ± 12.5

分子式	结构式/名称	电离能 (eV)	$\Delta_f H_{(离子)}$		$\Delta_f H_{(中性)}$	
			kcal·mol^{-1}	kJ·mol^{-1}	kcal·mol^{-1}	kJ·mol^{-1}
CH_4NO_2	CH_3NO_2H		169	705		
CH_4N_2	(E)-$CH_3N{=}NH$	8.8	248	1037	45±2	188±8
CH_4N_2O	$(NH_2)_2CO$	9.7	165	690	−58.8±0.5	−245.9±2.1
CH_4O	CH_3OH	10.85	202	845.3	−48.2±0.1	−201.6±0.2
	CH_2OH_2		195±2	815±8		
CH_4S	CH_3SH	9.44	212.3	888.2	−5.5±0.1	−22.9±0.6
	CH_2SH_2		219	916		
CH_5	CH_5		216	905		
CH_5N	CH_3NH_2	8.97	205	858	−5.5±0.1	−23.0±0.4
	CH_2NH_3		203	850		
CH_5O	CH_3OH_2		136	567		
CH_6N	CH_3NH_3		173	723		
CH_6N_2	CH_3NHNH_2	7.67	199	835	22.6	94.6
CN	CN	14.09	428.9	1794.6	104.0	435.1
CO	CO	14.014	296.7	1241.6	−26.4	−110.5
CO_2	CO_2	13.773	223.6	935.4	−94.1	−393.5
CS	CS	11.33	327	1368	64	267
CS_2	CS_2	10.069	260	1088	28	117
C_2ClF_3	$F_2C{=}CFCl$	9.81	89	374	−137±2	−573±8
C_2ClF_5	CF_3CF_2Cl	12.6	23	98	−267±1	−1118±4
C_2Cl_2	$ClC{\equiv}CCl$	10.09	271.9	1137.8	54.3	227.0
$C_2Cl_2F_2$	$CF_2{=}CCl_2$	9.65	142	593	−81±3	−338±11
C_2Cl_2O	$Cl_2C{=}C{=}O$	9.0	191	799	−16	−69
$C_2Cl_2O_2$	$(COCl)_2$	10.91	173	724	−79±1	−329±5
$C_2Cl_3F_3$	CF_3CCl_3	11.5	92	385	−173±2	−725±10
C_2Cl_3N	CCl_3CN	11.89	294	1229	20	82
C_2Cl_4	$CCl_2{=}CCl_2$	9.32	212	888	−3±0.5	−11±2
C_2Cl_4O	CCl_3COCl	11.0	198	828	−56±2	−236±9
C_2Cl_6	CCl_3CCl_3	11.1	220	921	−36±1	−150±5
C_2F_3N	CF_3CN	13.86	200	837	−119.4	−499.8
C_2F_4	$CF_2{=}CF_2$	10.12	75	316	−158±0.7	−659±3
C_2F_5	CF_3CF_2		0	0	−213±1	−893±4
C_2F_6	CF_3CF_3	13.4	−12	−50	−321	−1343
C_2HCl_3	$ClCH{=}CCl_2$	9.47	214	895	−4.5±0.7	−19±3
C_2HCl_3O	CCl_3CHO	10.5	195	816	−47	−197
$C_2HF_3O_2$	CF_3CO_2H	11.46	18	75	−246.3	−1030.7
C_2H_2	$HC{\equiv}CH$	11.40	317.4	1327.9	54.5	228.0
$C_2H_2Br_2$	$CH_2{=}CBr_2$	9.78	247	1034	21	90
$C_2H_2Cl_2$	$CH_2{=}CCl_2$	9.79	226	947	0.5±0.2	2.3±0.7

分子式	结构式/名称	电离能 (eV)	$\Delta_f H_{(离子)}$		$\Delta_f H_{(中性)}$	
			kcal·mol^{-1}	kJ·mol^{-1}	kcal·mol^{-1}	kJ·mol^{-1}
$C_2H_2Cl_2O$	$CHCl_2CHO$	10.5	199	833	-43 ± 5	-180 ± 20
	$CH_2ClCOCl$	11.0	195	815	-59 ± 2	-246 ± 9
$C_2H_2Cl_3O_2$	$CCl_3C(OH)_2$		76	318		
$C_2H_2Cl_4$	$(CHCl_2)_2$	<11.62	232	971	-36 ± 1	-150 ± 5
$C_2H_2F_2$	$CH_2\!=\!CF_2$	10.29	155	648	-82 ± 2	-345 ± 10
$C_2H_2F_3$	CF_3CH_2	10.6 ± 0.1	120	506	-124 ± 2	-517 ± 8
$C_2H_2F_3NO$	CF_3CONH_2	10.8	49	206	-200	-836
$C_2H_2F_3O_2$	$CF_3C(OH)_2$		-50	-208		
C_2H_2N	CH_2CN	10.0	290	1214	59 ± 2	245 ± 10
C_2H_2O	$CH_2\!=\!C\!=\!O$	9.61	210.2	879.6	-11.4 ± 0.6	-47.7 ± 2.5
C_2H_2S	$CH_2\!=\!C\!=\!S$	8.77	242	1011	39	165
C_2H_3	$CH_2\!=\!CH$	8.9	265.9	1112	63.4 ± 1	265.3 ± 4
C_2H_3BrO	CH_3COBr	10.4 ± 0.1	194	813	-45.5	-190.4
C_2H_3Cl	$CH_2\!=\!CHCl$	9.99 ± 0.02	236	987	5	23
C_2H_3ClO	CH_3COCl	10.85	192	804	-58	-243
$C_2H_3Cl_3$	CH_3CCl_3	11.0	219	916	-34.6	-144.9
C_2H_3F	$CH_2\!=\!CHF$	10.36	205.8	861.1	-33.2	-138.8
C_2H_3FO	CH_3COF	11.51	159	667	-106	-444
$C_2H_3F_2$	CH_3CF_2	7.92	109	458	-72 ± 2	-303 ± 8
$C_2H_3F_3$	CH_3CF_3	12.9 ± 0.1	118	496	-179	-749
$C_2H_3F_3O$	CF_3CH_2OH	11.49	53	221	-212 ± 1	-888 ± 5
C_2H_3N	CH_3CN	12.19	299	1251	18	74
	CH_3NC	11.24	300	1257	41	173
C_2H_3NS	CH_3SCN	9.96	268	1121	38	160
C_2H_3O	CH_3CO	7.0	156	653	-6 ± 0.5	-24 ± 2
	$CH_2\!=\!COH$		192	803		
C_2H_3S	CH_3CS		204	853		
C_2H_4	$CH_2\!=\!CH_2$	10.507	254.8	1066	12.5	52.2
$C_2H_4Cl_2$	CH_3CHCl_2	11.06	224	936	-31	-131
$C_2H_4Cl_2$	CH_2ClCH_2Cl	11.04	222	931	-32	-134
C_2H_4O	CH_3CHO	10.229	196.3	821.1	-39.6	-165.8
	$CH_2\!=\!CHOH$	9.14	181	757	-30	-125
	CH_3COH		207	865		
	oxirane	10.566	231.0	966.8	-12.6	-52.6
$C_2H_4O_2$	HCO_2CH_3	10.815	164.4	688.0	-85.0	-355.5
	CH_3CO_2H	10.66	142.5	596.4	-103.3	-432.1
	$CH_2\!=\!C(OH)_2$		120	503		
	$HOCH\!=\!CHOH$	9.62	146	612	-76	-316
C_2H_5	C_2H_5	8.13	215.6	902	28	118
C_2H_5Br	C_2H_5Br	10.28	222.2	929.6	-14.9	-62.3

分子式	结构式/名称	电离能 (eV)	$\Delta_f H_{(离子)}$		$\Delta_f H_{(中性)}$	
			kcal·mol^{-1}	kJ·mol^{-1}	kcal·mol^{-1}	kJ·mol^{-1}
C_2H_5Cl	C_2H_5Cl	10.97	226	946	-26.8	-112.1
C_2H_5ClHg	C_2H_5HgCl	9.9	212	888	-16 ± 1	-67 ± 4
C_2H_5F	C_2H_5F	11.6	205	856	-63	-263
C_2H_5I	C_2H_5I	9.346	213.3	891.9	-2.2	-9.0
C_2H_5N	$CH_2=NCH_3$	9.4	234	979	17	72
	$CH_3CH=NH$	9.6	222	930	2 ± 4	8 ± 17
	$CH_2=CHNH_2$	8.20	196	820	7	29
C_2H_5NO	CH_3CONH_2	9.65	165	693	-57.0	-238.3
	$HCONHCH_3$	9.79	181	758	-45	-187
$C_2H_5NO_2$	$H_2NCH_2CO_2H$	8.8	109	458	-93 ± 1	-391 ± 5
	$C_2H_5NO_2$	10.88	226.5	947.5	-24.4	-102.2
	C_2H_5ONO	10.53	218	913	-25	-103
$C_2H_5NO_3$	$C_2H_5ONO_2$	11.22	222	928	-36.8	-154.1
C_2H_5O	CH_3CHOH	6.7	139	583	-16 ± 1	-66 ± 4
	CH_3OCH_2	6.94	157	657	-3 ± 1	-13 ± 4
	$CH_2=CHOH_2$		148	619		
$C_2H_5O_2$	$CH_3C(OH)_2$		72	302		
	$HC(OH)OCH_3$		92	386		
C_2H_6	CH_3CH_3	11.52	245.6	1028	-20.1	-84
C_2H_6Cl	C_2H_5ClH		170	711		
	CH_3ClCH_3		177	743		
C_2H_6F	C_2H_5FH		138	577		
	CH_3FCH_3		147	614		
C_2H_6Hg	$(CH_3)_2Hg$	9.10	232	972	22.5	94.0
C_2H_6N	$CH_3NH=CH_2$	5.9	166	695	30	126
	$CH_3CH=NH_2$	5.7	157	657	26	109
C_2H_6O	C_2H_5OH	10.47	185.3	775.4	-56.1	-234.8
	CH_3CHOH_2		179.0	748.2		
	$CH_2CH_2OH_2$		175.2	732.3		
	CH_3OCH_3	10.025	187.2	783.3	-44.0	-184.0
	$CH_3O(H)CH_2$		186.4	779.3		
C_2H_7	C_2H_7		202	845		
C_2H_7N	$C_2H_5NH_2$	8.86	193	807	-11.3	-47.5
	CH_3CHNH_3		191	799		
	$CH_2CH_2NH_3$		190	795		
C_2H_7NO	$H_2N(CH_2)_2OH$	8.96	159	662	-48	-202
$C_2H_8N_2$	$H_2N(CH_2)_2NH_2$	8.6	194	812	-4.3 ± 0.5	-17.8 ± 2.1
C_3	C_3	12.1	479	2004	200 ± 4	837 ± 17
C_3F_6O	$(CF_3)_2CO$	11.44	-70	-293	-334	-1397
C_3F_9N	$(CF_3)_3N$	11.7	-168	-703	-438	-1832
C_3H	$HCCC$		381	1593		

分子式	结构式/名称	电离能 (eV)	$\Delta_f H_{(离子)}$		$\Delta_f H_{(中性)}$	
			kcal·mol^{-1}	kJ·mol^{-1}	kcal·mol^{-1}	kJ·mol^{-1}
$C_3H_2N_2$	$CH_2(CN)_2$	12.70	356	1491	63.5	265.5
C_3H_2O	$CH_2=C=C=O$	9.12	233	975	23	95
C_3H_3	$CH_2C≡CH$	8.68	282	1179	82	343
C_3H_3FFO	CH_3COCF_3	10.67	52	217	−194	−812
C_3H_3N	$CH_2=CHCN$	10.91	296	1237	44	184
C_3H_3NO	$HC≡CCONH_2$	9.85	244	1023	17	73
C_3H_3O	$CH_2=CHCO$	7.0	179	751	17	72
C_3H_4	$CH_2=C=CH_2$	9.69	269	1126	45.6	190.6
	$CH_3C≡CH$	10.36	283.5	1186.2	44.6±0.5	186.6±2
C_3H_4O	$CH_3CH=C=O$	8.95	181	759	−25	−105
	$CH_2=CHCHO$	10.103	215	898	−18	−77
	$HC≡CCH_2OH$	10.51	253	1060	11	46
	$HC≡COCH_3$	9.48	236	989	18	74
	cyclopropanone	9.1	214	894	4	16
$C_3H_4O_2$	$CH_2=CHCO_2H$	10.60	167	699	−77	−324
	CH_3COCHO	9.60	156	655	−65±1	−275±5
	β-propiolactone	9.70	156	653	−67.6	−282.9
C_3H_5	$CH_2CH=CH_2$	8.13	226.0	945.0	39	163
C_3H_5Br	$CH_2=CHCH_2Br$	10.06	243	1018	11.4±0.6	47.7±2.4
C_3H_5Cl	$CH_2=CHCH_2Cl$	9.9	227	949	−1.3	−5.6
C_3H_5F	$CH_2=CHCH_2F$	10.11	196	819	−37	−156
C_3H_5N	C_2H_5CN	11.84	285	1194	12.3	51.5
	C_2H_5NC	11.2	292	1222	33.8±1	141.4±4.2
C_3H_5NO	C_2H_5NCO	10.1	196	819	−37	−155
	$CH_2=CHCONH_2$	9.5	172	722	−47	−195
C_3H_5O	C_2H_5CO	5.7	141	591	−10±1	−43±4
	$CH_2=CHCHOH$		153	642		
C_3H_6	$CH_3CH=CH_2$	9.73	229	959	4.8±0.2	20.2±0.4
	cyclopropane	9.86	240	1004	12.7	53.3
C_3H_6O	C_2H_5CHO	9.953	184.7	772.9	−44.8±0.4	−187.4±1.5
	$(CH_3)_2CO$	9.705	171.9	719.2	−51.9	−217.2
	$CH_2=CHCH_2OH$	9.67	193	809	−30±0.5	−124±2
	$CH_2=C(OH)CH_3$	8.67	158	661	−42	−176
	$CH_2=CHOCH_3$	8.93	182	762	−24±2	−100±8
	oxetane	9.668	203.7	852.3	−19.2	−80.5
	methyloxirane	10.22	213	891	−22.6	−94.7
	cyclopropanol	9.10	188	785	−22	−93
$C_3H_6O_2$	$C_2H_5CO_2H$	10.53	136	567	−107	−448
	$HCO_2C_2H_5$	10.61	153	637	−92	−387
	$CH_3CO_2CH_3$	10.27	139	581	−98	−410

分子式	结构式/名称	电离能 (eV)	$\Delta_f H_{(离子)}$ kcal·mol^{-1}	kJ·mol^{-1}	$\Delta_f H_{(中性)}$ kcal·mol^{-1}	kJ·mol^{-1}
$C_3H_6O_2$	$CH_2{=}C(OH)OCH_3$		114	477		
	$CH_3CH{=}C(OH)_2$		104	437		
$C_3H_6O_3$	$(CH_3O)_2CO$	10.5	103	432	-139	-581
C_3H_6S	$(CH_3)_2CS$	<8.60	<196	<821	-2	-9
	$CH_2{=}CHCH_2SH$	9.25	228	956	15 ± 2	64 ± 9
	$CH_2{=}CHSCH_3$	8.2	207	865	18	74
C_3H_7	$n\text{-}C_3H_7$	8.09	211	881	24.0	100.5
	$i\text{-}C_3H_7$	7.36	190.9	798.9	22.3 ± 0.6	93.3 ± 2.5
C_3H_7Br	$n\text{-}C_3H_7Br$	10.18	214	898	-20.2	-84.5
	$i\text{-}C_3H_7Br$	10.07	209	873	-23.4	-98.3
C_3H_7Cl	$n\text{-}C_3H_7Cl$	10.82	218	911	-31.6	-132.4
	$i\text{-}C_3H_7Cl$	10.78	214	895	-34.6	-145.0
C_3H_7F	$n\text{-}C_3H_7F$	11.3	192	804	-68	-286
	$i\text{-}C_3H_7F$	11.08	185	776	-70	-293
C_3H_7I	$n\text{-}C_3H_7I$	9.269	206	862	-7.8	-32.5
	$i\text{-}C_3H_7I$	9.175	202	844	-9.9 ± 0.4	-41.6 ± 1.7
C_3H_7N	$CH_2{=}CHCH_2NH_2$	8.76	213	893	11	48
C_3H_7NO	$HCON(CH_3)_2$	9.13	165	689	-45.8 ± 0.4	-191.7 ± 1.7
	$(CH_3)_2C{=}NOH$	9.1	195	815	-15 ± 3	-63 ± 12
	$CH_3CONHCH_3$	9.3	158	661	-56	-236
$C_3H_7NO_2$	$n\text{-}C_3H_7NO_2$	10.81	220	919	-29.7	-124.0
	$i\text{-}C_3H_7NO_2$	10.71	214	894	-33.2	-139.0
	$n\text{-}C_3H_7ONO$	10.34	210	879	-28 ± 1	-119 ± 4
	$i\text{-}C_3H_7ONO$	10.23	204	854	-32 ± 1	-133 ± 4
	$H_2N(CH_2)_2CO_2H$	8.8	101	425	-101	-424
	$CH_3NHCH_2CO_2H$	8.4	106	443	-88	-367
	$H_2NCH_2CO_2CH_3$	9.1	121	505	-89	-373
C_3H_7O	$n\text{-}C_3H_7O$	9.02	847	-10	-41	
	$i\text{-}C_3H_7O$	9.20	197	825	-15	-63
	C_2H_5CHOH		131	550		
	$(CH_3)_2COH$		117	490		
	$C_2H_5OCH_2$		142	593		
	CH_3CHOCH_3		134	562		
$C_3H_7O_2$	$CH(OCH_3)_2$		97	406		
C_3H_8	C_3H_8	10.95	227.5	951.5	-25.0	-104.5
C_3H_8N	$CH_3CHCHNH_2$		152	636		
	$(CH_3)_2CNH_2$	5.4	141	590	17	69
	$CH_3CH_2NHCH_2$		156	653		
	$CH_3CHNHCH_3$		147	615		
	$CH_2N(CH_3)_2$	5.7	158	661	26	109
C_3H_8O	$n\text{-}C_3H_7OH$	10.22	175	731	-60.9	-254.8
	$i\text{-}C_3H_7OH$	10.12	168	704	-65.1	-272.5

分子式	结构式/名称	电离能 (eV)	$\Delta_f H$（离子）		$\Delta_f H$（中性）	
			kcal·mol^{-1}	kJ·mol^{-1}	kcal·mol^{-1}	kJ·mol^{-1}
C_3H_8O	$C_2H_5OCH_3$	9.72	172	721	−51.7	−216.4
	$CH_2CH_2CH_2OH_2$		171	714		
$C_3H_8O_2$	$(CH_3O)_2CH_2$	9.5	136	568	−83.2	−348.2
	$HO(CH_2)_2OCH_3$	9.6	134	562	−87	−364
C_3H_8S	$n\text{-}C_3H_7SH$	9.195	195.8	819.2	−16.2	−67.9
	$i\text{-}C_3H_7SH$	9.14	193	806	−18.2	−76.2
	$C_2H_5SCH_3$	8.54	183	764	−14.2	−59.6
C_3H_9Al	$(CH_3)_3Al$	<9.76	<206	<861	−19±3	−81±12
C_3H_9B	$(CH_3)_3B$	9.5	190	794	−29±2	−123±10
$C_3H_9BO_3$	$(CH_3O)_3B$	10.0	15	65	−215	−900
C_3H_9N	$n\text{-}C_3H_7NH_2$	8.78	186	777	−16.8	−70.2
	$i\text{-}C_3H_7NH_2$	8.72	181	758	−20.0	−83.8
	$(CH_3)NH(C_2H_5)$	8.15	177	740	−11	−46
	$(CH_3)_3N$	7.82	175	731	−5.7	−23.7
C_3H_9NO	$HO(CH_2)_3NH_2$	9.0	156	650	−52	−218
	$CH_3O(CH_2)_2NH_2$	8.9	161	675	−44±0.7	−184±3
C_3H_9OP	$(CH_3)_3PO$	9.5	115	482	−104±2	−434±8
$C_3H_9O_3P$	$(CH_3O)_3P$	8.50	29	123	−167±5	−697±20
C_3H_9P	$(CH_3)_3P$	8.06	162	677	−24±1	−101±4
C_3H_9Si	$(CH_3)_3Si$	6.5	150	630	−0.8±2	−3±8
$C_3H_{10}Si$	$(CH_3)_3SiH$	9.9	189	792	−39±1	−163±4
C_4H_2	$HC\equiv C-C\equiv CH$	10.180	340	1422	105	440
$C_4H_2Br_2S$	2,5 - dibromothiophene	<8.49	<233	<976	38	157
$C_4H_2O_2$	cyclobutendione	9.79	239	1002	14	57
$C_4H_2O_3$	maleic anhydride	10.8	154	644	−95±1	−398±5
C_4H_3N	$CH_2=C=CHCN$	10.1	259	1084	26	110
	$CH_3C\equiv CCN$	10.78	329	1378	81	338
$C_4H_3NO_3$	2 - Nitrofuran	<9.75	218	910	−7	−31
C_4H_4	$CH_2=C=C=CH_2$	9.15	294.5	1232	83	349
	$CH_2=CHC\equiv CH$	9.58	294	1229	73	305
$C_4H_4N_2$	$NC(CH)_2CN$	12.1	329	1377	50.1	209.7
	pyridazine	8.64	266	1112	66.5	278.3
	pyrimidine	9.23	260	1087	47.0	196.6
	pyrazine	9.29	261	1092	46.8	196.0
$C_4H_4N_2O_2$	2 - nitropyrrole	9.30	237	990	23	93
C_4H_4O	$CH_3CH=C=C=O$	8.68	215	900	15	63
	$CH_2=CHCH=C=O$	8.29	195	817	4	17
	$CH_2=C=CHCHO$	9.5	236	987	18	75
	$HC\equiv CCH_2CHO$	9.85	247	1034	20	84

分子式	结构式/名称	电离能 (eV)	$\Delta_f H_{(离子)}$		$\Delta_f H_{(中性)}$	
			kcal·mol^{-1}	kJ·mol^{-1}	kcal·mol^{-1}	kJ·mol^{-1}
C$_4$H$_4$O	CH$_3$C≡CCHO	10.20	253	1057	17	73
	CH$_2$=C=C=CHOH		222	931		
	furan	8.883	196.5	822.3	−8.3	−34.8
	butenone	9.3	223	933	8	33
C$_4$H$_4$O$_2$	HC≡CCO$_2$CH$_3$	10.3	214	894	−24	−100
	cyclobuta-1,2-dione	9.4	178	745	−39	−163
	diketene	9.6	176	736	−45.5	−190.3
C$_4$H$_4$O$_3$	succinic anhydride	10.6	119	498	−125	−525
C$_4$H$_4$O$_4$	fumaric acid	10.7	85	352	−162	−680
C$_4$H$_4$S	thiophene	8.87	232	971	27.5	115.0
C$_4$H$_5$	CH$_2$=Ċ—CH=CH$_2$		246	1029		
	HC≡C—CH—CH$_3$	7.97	257	1074	73	305
	CH$_3$C≡CCH$_2$	7.95	252	1056	69	289
C$_4$H$_5$F$_3$O$_2$	CF$_3$CO$_2$C$_2$H$_5$	11.0	5	19	−249	−1042
C$_4$H$_5$N	CH$_2$=CHCH$_2$CN	10.20	273	1140	37	156
	CH$_2$=C(CN)CH$_3$	10.34	269	1128	31	130
	pyrrole	8.208	215.2	900.2	25.9	108.3
C$_4$H$_6$	CH$_2$=C=CHCH$_3$	9.03	247	1033	38.8	162.3
	CH$_3$C≡CCH$_3$	9.562	255.2	1068	34.7	145.4
	cyclobutene	9.43	255	1067	37.5±0.4	156.7±1.5
C$_4$H$_6$N	(CH$_3$)$_2$CCN	8.2	229	960	40.3±2.2	168.6±9.2
C$_4$H$_6$O	C$_2$H$_5$CH=C=O	8.80	171	714	−32	−135
	(CH$_3$)$_2$C=C=O	8.45	163	681	−32±1	−134±4
	CH$_2$=C(CH$_3$)CHO	9.86	199	834	−28	−117
	CH$_2$=CHCOCH$_3$	9.64	189	792	−33	−138
	CH$_3$C≡COCH$_3$	8.79	206	860	2.9	12.1
	CH$_3$C≡CCH$_2$OH	9.78	227	948	1.1	4.6
	CH$_2$=C=CHOCH$_3$	8.64	207	866	7.7	32.2
	HC≡CCH$_2$OCH$_3$	9.78	240	1005	14.7	61.5
C$_4$H$_6$O	cyclobutanone	9.354	194	814	−21	−89
C$_4$H$_6$O$_2$	Z-CH$_3$CH=CHCO$_2$H	10.08	150	626	−83	−346
	E-CH$_3$CH=CHCO$_2$H	9.9	145	605	−84	−350
	CH$_2$=CHCH$_2$CO$_2$H	9.75	141	589	−84	−352
	CH$_2$=C(CH$_3$)CO$_2$H	10.15	146	610	−88	−369
	CH$_3$CO$_2$CH=CH$_2$	9.19	137	572	−75.3	−314.9
	CH$_2$=CHCO$_2$CH$_3$	9.9	154	643	−75	−312
	(CH$_3$CO)$_2$	9.24	135	564	−78.2	−327.1
	c-C$_3$H$_5$—CO$_2$H	10.64	167	699	−78	−328
C$_4$H$_6$O$_3$	acetic anhydride	10.0	95	398	−135.6	−567.3
C$_4$H$_6$O$_4$	(CO$_2$CH$_3$)$_2$	10.0	69	289	−162	−676

分子式	结构式/名称	电离能 (eV)	$\Delta_f H_{(离子)}$ kcal・mol^{-1}	kJ・mol^{-1}	$\Delta_f H_{(中性)}$ kcal・mol^{-1}	kJ・mol^{-1}
C_4H_7	$CH_3CHCH{=}CH_2$	7.49	202	845	31.7	132.6
	$CH_2{=}C(CH_3)CH_2$	7.90	211	883	29	121
	$CH_3C{=}CHCH_3$		213	893		
	$CH_2{=}CHCH_2CH_2$	8.04	231	968	46	191
C_4H_7N	$n\text{-}C_3H_7CN$	11.2	266	1112	7	31
	$n\text{-}C_3H_7NC$	11.8	302	1262	29.5	123.4
	$i\text{-}C_3H_7CN$	11.3	266	1115	5.8	24.5
C_4H_7NO	$\gamma\text{-}$butyrilactam	9.2	161	675	-51	-213
$C_4H_7NO_3$	Ac-Gly	9.4	72	303	-144	-604
$C_4H_7O_2$	$CH_2{=}CHC(OH)OCH_3$		92	386		
	$CH_3CHCO_2CH_3$		115	480		
C_4H_8	1-butene	9.58	221	924	-0.1 ± 0.1	-0.4 ± 0.5
	i-butene	9.239	209	874	-4.0	-16.9
	$Z-2-$butene	9.108	208	871	-1.9	-7.8
	$E-2-$butene	9.100	207	866	-2.9	-12.2
	cyclobutane	9.92	235	985	6.8	28.4
	methylcyclopropane	9.46	224	938	5.5	23
$C_4H_8N_2O_2$	$(CONHCH_3)_2$	9.33	121	504	-95	-396
C_4H_8O	$n\text{-}C_3H_7CHO$	9.84	177	742	-49.6	-207.5
	$i\text{-}C_3H_7CHO$	9.705	172	721	-51.5	-215.6
	$C_2H_5COCH_3$	9.51	162	677	-57.5	-240.8
	$CH_3CH_2CH{=}CHOH$		150	628	-42	-177
	$CH_2{=}CH(CH_2)_2OH$	9.56	184	770	-36	-152
	$CH_2{=}C(CH_3)CH_2OH$	9.26	176	734	-38	-159
	$(CH_3)_2C{=}CHOH$	8.27	145	607	-46	-192
	$CH_3CH_2C(OH){=}CH_2$	8.36	150	628	-43	-179
	$CH_2{=}CHCH_2OCH_3$	9.56	195	817	-25	-105
	$CH_2{=}CHOC_2H_5$	8.8	169	708	-34	-141
	$CH_2{=}C(CH_3)OCH_3$	8.64	164	688	-35	-146
	THF	9.41	173	724	-44.0	-184.2
$C_4H_8O_2$	$n\text{-}C_3H_7CO_2H$	10.17	121	507	-113 ± 1	-473 ± 4
	$i\text{-}C_3H_7CO_2H$	10.33	123	517	-115	-480
	$HCO_2\text{-}n\text{-}C_3H_7$	10.52	132	553	-110	-462
	$CH_3CO_2C_2H_5$	10.01	125	523	-106.1	443.9
	$C_2H_5CO_2CH_3$	10.15	131	547	-103	-432
	$C_2H_5CH{=}C(OH)_2$		97	405		
	$(CH_3)_2C{=}C(OH)_2$		92	387		
	$CH_3COCH_2OCH_3$	9.66	143	598	-80	-334
	1,4-dioxane	9.19	136	571	-75.5	-316.0

分子式	结构式/名称	电离能 (eV)	$\Delta_f H_{(离子)}$ kcal·mol^{-1}	$\Delta_f H_{(离子)}$ kJ·mol^{-1}	$\Delta_f H_{(中性)}$ kcal·mol^{-1}	$\Delta_f H_{(中性)}$ kJ·mol^{-1}
C_4H_9	$n\text{-}C_4H_9$	8.02	203	849	18	74
	$s\text{-}C_4H_9$	7.25	183	766	17.0	71.0
	$i\text{-}C_4H_9$	7.93	199	832	16	70
	$t\text{-}C_4H_9$	6.70	165.8	693.7	11.0	46.2
C_4H_9Br	$n\text{-}C_4H_9Br$	10.67	209	874	−36.9	−154.5
	$s\text{-}C_4H_9Br$	10.53	204	855	−38±2	−161±8
	$i\text{-}C_4H_9Br$	10.66	208	869	−38±2	−159±8
	$t\text{-}C_4H_9Br$	10.61	201	842	−43.5	−182.1
C_4H_9Cl	$n\text{-}C_4H_9Cl$	10.67	209	874	−36.9	−154.5
	$s\text{-}C_4H_9Cl$	10.53	204	855	−38±2	−161±8
	$i\text{-}C_4H_9Cl$	10.66	208	869	−38±2	−159±8
	$t\text{-}C_4H_9Cl$	10.61	201	842	−43.5	−182.1
C_4H_9I	$n\text{-}C_4CH_9I$	9.229	200	838	−12	−52
	$s\text{-}C_4H_9I$	9.09	195	815	−15	−62
	$i\text{-}C_4H_9I$	9.202	197	826	−15	−62
	$t\text{-}C_4H_9I$	9.02	191	798	−17.2±0.5	−72.0±2.2
C_4H_9N	$CH_2{=}C(CH_3)CH_2NH_2$	8.8	207	866	5	21
	tetrahydropyrrole	8.0	184	771	−0.8	−3.4
C_4H_9NO	$t\text{-}C_4H_9NO$	7.5	163	681	−10±1	−43±5
	$CH_3CON(CH_3)_2$	8.81	147	617	−56	−233
$C_4H_9NO_2$	$H_2N(CH_2)_3CO_2H$	8.7	95	398	−105	−441
	$C_2H_5CH(NH_2)CO_2H$	8.70	97	402	−104±2	−437±10
	$H_2NCH_2CO_2C_2H_5$	8.8	107	447	−96	−402
	$n\text{-}C_4H_9NO_2$	10.71	213	889	−34.4	−143.9
	$s\text{-}C_4H_9NO_2$	10.71	208	870	−39.1	−163.6
C_4H_9O	$n\text{-}C_4H_9O$	9.22	196	820	−17	−69
	$(CH_3)_2COCH_3$		114	477		
$C_4H_9O_3$	$C(OCH_3)_3$		53	223		
C_4H_{10}	$n\text{-}C_4H_{10}$	10.53	213	889	−30.2	−126.5
	$i\text{-}C_4H_{10}$	10.57	212	885	−32.1	−134.5
$C_4H_{10}O$	$n\text{-}C_4H_9OH$	10.06	166	696	−65.7	−275.0
	$s\text{-}C_4H_9OH$	9.88	158	660	−70.5	−295.0
	$i\text{-}C_4H_9OH$	10.12	166	692	−67.8	−283.6
	$t\text{-}C_4H_9OH$	9.97	155	650	−74.7	−312.5
	$(C_2H_5)_2O$	9.51	159	666	−60.1	−251.7
	$n\text{-}C_3H_7OCH_3$	9.42	160	671	−56.8	−237.9
	$i\text{-}C_3H_7OCH_3$	9.42	157	657	−60.2	−252.0
$C_4H_{10}O_2$	$CH_3O(CH_2)_3OH$	9.3	122	509	−93	−388
	$C_2H_5O(CH_2)_2OH$	9.6	126	528	−95	−398
	$CH_3O(CH_2)_2OCH_3$	9.3	133	557	−81	−340
	$CH_3CH(OCH_3)_2$	9.65	129	541	−93.1	−389.7
$C_4H_{10}O_3$	$CH(OCH_3)_3$	9.5	89	372	−130	−545

分子式	结构式/名称	电离能 (eV)	$\Delta_f H_{(离子)}$ kcal·mol^{-1}	kJ·mol^{-1}	$\Delta_f H_{(中性)}$ kcal·mol^{-1}	kJ·mol^{-1}
$C_4H_{10}O_3S$	$(C_2H_5O)_2SO$	9.68	91	382	−132	−552
$C_4H_{11}N$	$n\text{-}C_4H_9NH_2$	8.71	179	748	−22	−92
	$s\text{-}C_4H_9NH_2$	8.70	176	734	−25.0	−104.8
	$i\text{-}C_4H_9NH_2$	8.70	177	741	−23.6	−98.8
	$i\text{-}C_4H_9NH_2$	8.64	170	713	−28.9	−120.9
	$(C_2H_5)_2NH$	8.01	167	700	−17.4	−72.6
	$C_2H_5N(CH_3)_2$	7.74	167	701	−11	−48
$C_4H_{11}P$	$t\text{-}C_4H_9PH_2$	8.9	181	757	−24	−102
	$(C_2H_5)_2PH$	8.69	176	736	−24	−102
$C_4H_{12}Pb$	$(CH_3)_4Pb$	8.50	229	956	33±1	136±4
$C_4H_{12}Si$	$(CH_3)_4Si$	9.80	170	711	−55.7±0.7	−233.0±2.9
$C_4H_{12}Sn$	$(CH_3)_4Sn$	8.89	200	838	−5±0.5	−20±2
$C_5H_4N_2O_2$	3 - nitropyridine	10.3	270	1130	33	136
	4 - nitropyridine	10.4	273	1140	33	136
$C_5H_4O_2$	furaldehyde	9.21	176	738	−36±1	−151±5
$C_5H_4O_3$	furoic acid	9.16	118	493	−93±0.7	−391±3
C_5H_5N	pyridine	9.25	247	1032	33	140
C_5H_5NO	3 - hydroxypyridine	9.15	200	839	−11±0.5	−44±2
	4 - hydroxypyridine	9.75	215	900	−10±0.5	−41±2
C_5H_6	$CH_2{=}C{=}CHCH{=}CH_2$	8.88	265	1108	60	251
	$Z\text{-}CH_3CH{=}CHC{\equiv}CH$	9.14	272	1138	61±1	256±4
	$E\text{-}CH_3CH{=}CHC{\equiv}CH$	9.05	270	1130	61±0.7	257±3
	$CH_2{=}CHC{\equiv}CCH_3$	9.00	267	1118	60	250
	$CH_2{=}C(CH_3)C{\equiv}CH$	9.23	275	1148	62	258
	cyclopentandiene	8.56	229	957	31±1	131±4
C_5H_6O	2 - methylfuran	8.39	174	730	−19	−80
	3 - methylfuran	8.64	182	763	−17	−71
C_5H_6S	2−methylthiophene	8.61	218	914	20.0	83.5
	3 - methylthiophene	8.40	213	893	19.7	82.6
C_5H_7	$CH_2{=}CHCHCH{=}CH_2$	7.25	220	922	53	222
	$HC{\equiv}CC(CH_3)_2$	7.44	234	981	63	263
C_5H_7N	N-methylpyrrole	7.94	207.6	869.2	24.6	103.1
	2 - methylpyrrole	7.78	197	825	18	74
C_5H_7O	$(CH_3)_2C{=}CHCO$		138	577		
C_5H_8	$CH_2{=}C{=}CHC_2H_5$	9.22	246	1030	33.6	140.7
	$Z\text{-}CH_2{=}CHCH{=}CHCH_3$	8.63	218	914	19.4	81.1
	$E\text{-}CH_2{=}CHCH{=}CHCH_3$	8.59	216	905	18.2	76.3
	$CH_2{=}CHCH_2CH{=}CH_2$	9.62	247	1034	25.3	105.7
	$CH_3CH{=}C{=}CHCH_3$	8.7	232	972	31.8	133.1

分子式	结构式/名称	电离能 (eV)	$\Delta_f H_{(离子)}$ kcal·mol⁻¹	kJ·mol⁻¹	$\Delta_f H_{(中性)}$ kcal·mol⁻¹	kJ·mol⁻¹
C_5H_8	$CH_2=C(CH_3)CH=CH_2$	8.84	221.8	927.9	17.9	75
	$C_3H_7C\equiv CH$	10.05	266	1114	34.4±1	144±4
	$C_2H_5C\equiv CCH_3$	9.44	248	1039	30.6±1	128±4
	$(CH_3)_2CHC\equiv CH$	9.97	262	1098	32.5	136
	cyclopentene	9.01	216	905	8.6	36
C_5H_8O	$E\text{-}C_2H_5CH=CHCHO$	9.70	194	810	−30	−126
	$CH_3CH=C(CH_3)CHO$	9.60	188	787	−33	−139
	$C_2H_5COCH=CH_2$	9.50	186	781	−33	−136
	$E\text{-}CH_3CH=CHCOCH_3$	9.39	175	732	−42	−174
	$CH_2=C(CH_3)COCH_3$	9.50	177	741	−42	−176
	cyclopentanone	9.25	167	698	−46	−194
$C_5H_8O_2$	$C_2H_5CH=CHCO_2H$	10.14	144	601	−90±2	−377±8
	$(CH_3)_2C=CHCO_2H$	9.63	124	519	−98	−410
	$CH_3CH=C(CH_3)CO_2H$	9.50	121	507	−98	−410
	$CH_2=C(C_2H_5)CO_2H$	10.06	139	582	−93	−389
	$CH_2=C(CH_3)CH_2CO_2H$	9.52	128	536	−92	−383
	$CH_3CH=CHCH_2CO_2H$	9.41	126	527	−91	−381
	$CH_2=CHCO_2C_2H_5$	>10.13	>147	>617	−90	−377
	$CH_2=C(CH_3)CO_2CH_3$	9.7	141	588	−83	−348
	$CH_3COCH_2COCH_3$	8.85	112	470	−92	−384
	$CH_3CO_2C(CH_3)=CH_2$	9.1	126	529	−83	−349
C_5H_9	$CH_2=CHCH-C_2H_5$	7.30	193	810	25	106
C_5H_9N	$n\text{-}C_4H_9NC$	11.1	280	1173	24	102
C_5H_{10}	1 – pentene	9.52	214	897	−5.1	−21.4
	$Z\text{-}2$ – pentene	9.036	202.0	845.3	−6.3	−26.5
	$E\text{-}2$ – pentene	9.036	200.8	840.3	−7.5	−31.5
	$(CH_3)_2CHCH=CH_2$	9.52	213	891	−6.5	−27.4
	$C_2H_5C(CH_3)=CH_2$	9.13	202	845	−8.5	−35.6
	$(CH_3)_2C=CHCH_3$	8.68	190	795	−10.1	−42.1
	cyclopentane	10.51	224	936	−18.7	−78.4
	methylcyclobutane	9.60	221	923	−0.7	−3
	ethylcyclopentane	9.50	218	912	−1	−5
$C_5H_{10}O$	$n\text{-}C_4H_9CHO$	9.74	169	709	−55.1	−230.5
	$s\text{-}C_4H_9CHO$	9.59	165	689	−56	−236
	$i\text{-}C_4H_9CHO$	9.70	167	699	−57	−237
	$t\text{-}C_4H_9CHO$	9.50	161	673	−58	−244
	$n\text{-}C_3H_7COCH_3$	9.38	154.4	645.9	−61.9	−259.1
	$i\text{-}C_3H_7COCH_3$	9.30	151.8	634.9	−62.7	−262.4
	$(C_2H_5)_2CO$	9.31	153	639.9	−61.7	−258.4
	$CH_2=CH(CH_2)_3OH$	9.42	176	737	−41	−172
	$CH_2=CHC(CH_3)_2OH$	9.90	198	830	−30	−125

分子式	结构式/名称	电离能 (eV)	$\Delta_f H$(离子)		$\Delta_f H$(中性)	
			kcal·mol^{-1}	kJ·mol^{-1}	kcal·mol^{-1}	kJ·mol^{-1}
$C_5H_{10}O$	$CH_2{=}CHCH(OH)C_2H_5$	9.40	173	725	-43	-182
	$CH_2{=}CHO{-}CH(CH_3)_2$	8.90	164	685	-42 ± 1	-174 ± 5
	tetrahydropyran	9.25	160	669	-53.3	-223.0
$C_5H_{10}O_2$	$n\text{-}C_4H_9CO_2H$	10.53	126	526	-117	-490
	$i\text{-}C_4H_9CO_2H$	10.51	119	499	-123	-515
	$t\text{-}C_4H_9CO_2H$	10.08	110	460	-122	-512
	$HCO_2(CH_2)_3CH_3$	10.50	139	583	-103	-430
	$CH_3CO_2(CH_2)_2CH_3$	10.04	123	515	-109	-454
	$CH_3CO_2{-}CH(CH_3)_2$	9.99	115	482	-115.1	-481.5
	$C_2H_5CO_2C_2H_5$	10.00	120	501	-111	-464
	$n\text{-}C_3H_7CO_2CH_3$	10.07	124	520	-108	-452
	$i\text{-}C_3H_7CO_2CH_3$	9.86	118	495	-109	-456
C_5H_{11}	$CH_3(CH_2)_4$	7.85	194	812	13	56
	$CH_3(CH_2)_2CH{-}CH_3$	7.1	175	732	12	50
	$(CH_3)_2C{-}C_2H_5$	6.6	158	661	6.5	27
	$(CH_3)_3C{-}CH_2$	7.88	190	795	8	33
$C_5H_{11}Br$	$n\text{-}C_5H_{11}Br$	10.09	202	844	-30.8	-129.1
	$i\text{-}(CH_3)_3CCH_2Br$	10.04	196	822	-35	-147
$C_5H_{11}N$	$C_2H_5CH{=}NC_2H_5$	8.7	201	839	0	0
	$(CH_3)_2C{=}NC_2H_5$	8.83	195	816	-9 ± 2	-36 ± 9
	$(CH_3)_2NCH_2CH{=}CH_2$	7.84	195	813	14	57
	piperidine	8.05	174	728	-11.7	-48.9
	N-methyltetrahydropyrrole	8.41	193	809	-0.5 ± 0.5	-2 ± 2
C_5H_{12}	$n\text{-}C_5H_{12}$	10.35	204	852	-35.0	-146.5
	$i\text{-}C_5H_{12}$	<10.22	<199	<832	-36.7	-153.8
	$neo\text{-}C_5H_{12}$	<10.21	<195	<818	-40.0	-167.4
$C_5H_{12}O$	$n\text{-}C_5H_{11}OH$	10.00	160	668	-70.9	-296.7
	$C_2H_5CH(CH_3)CH_2OH$	9.86	155	649	-72.2	-302.0
	$n\text{-}C_3H_7CH(CH_3)OH$	9.78	151	630	-75.0	-313.8
	$(C_2H_5)_2CH{-}OH$	9.78	150	628	-75.4	-315.5
	$i\text{-}C_3H_7{-}CH(CH_3)OH$	10.01	155	650	-75.4	-315.7
$C_5H_{12}O$	$C_2H_5C(CH_3)_2{-}OH$	9.80	147	615	-79.1	-330.8
	$n\text{-}C_4H_9{-}OCH_3$	9.54	158	662	-61.7	-258.1
	$n\text{-}C_3H_7{-}OC_2H_5$	9.45	153	640	-65.0	-272.2
	$t\text{-}C_4H_9{-}OCH_3$	9.24	145	608	-67.8	-283.6
$C_5H_{12}O_2$	$CH_3O{-}(CH_2)3{-}OCH_3$	9.3	126	526	-89	-371
$C_5H_{12}O_3$	$CH_3C(OCH_3)_3$	9.65	82	343	-140	-588
$C_5H_{13}N$	$n\text{-}C_5H_{11}NH_2$	8.67	174	726	-26	-110
	$t\text{-}C_5H_{11}NH_2$	8.46	165	689	-30	-127
	$neo\text{-}C_5H_{11}NH_2$	8.54	166	692	-31	-132

分子式	结构式/名称	电离能 (eV)	$\Delta_f H_{(离子)}$		$\Delta_f H_{(中性)}$	
			kcal·mol^{-1}	kJ·mol^{-1}	kcal·mol^{-1}	kJ·mol^{-1}
$C_5H_{13}N$	$(C_2H_5)_2(CH_3)N$	7.50	156	654	−17	−70
	$(CH_3)_2(i\text{-}C_3H_7)N$	7.3	150	628	−18	−76
C_6Cl_6	C_6Cl_6	8.98	196.4	821.7	−10.7	−44.7
C_6F_6	C_6F_6	9.906	2	10	−226±2	−946±8
$C_6H_3Cl_3$	1,2,3 - trichlorobenzene	9.18	209.8	877.6	−1.9	−8.1
	1,2,4 - trichlorobenzene	9.04	210	880	1.9	8.1
	1,3,5 - trichlorobenzene	9.32	215	899	0	0
$C_6H_3F_3$	1,2,3 - trifluorobenzene	9.7	107	448	−117	−488
	1,2,4 - trifluorobenzene	9.30	96	401	−119	−496
	1,3,5 - trifluorobenzene	9.64	100	418	−122	−512
$C_6H_3N_3O_6$	1,3,5 - trinitrobenzene	10.96	268	1119	15	62
C_6H_4	benzyne	8.6	313	1311	115	481
$C_6H_4Br_2$	o-dibromobenzene	8.8	234	981	31.5	132
	m-dibromobenzene	8.85	235	985	31	131
	p-dibromobenzene	8.7	232	970	31	131
$C_6H_4Cl_2$	o-dichlorobenzene	9.08	217.3	909.1	7.9	33.0
	m-dichlorobenzene	9.11	216.8	907.1	6.7	28.1
	p-dichlorobenzene	8.89	210.9	882.3	5.9	24.6
$C_6H_4F_2$	o-difluorobenzene	9.28	144	602	−702	−293.8
	m-difluorobenzene	9.33	141	591	−73.9	−309.2
	p-difluorobenzene	9.14	137	575	−73.3	−306.6
$C_6H_4N_2O_4$	o-dinitrobenzene	10.71	267	1119	21	86
	m-dinitrobenzene	10.43	255	1065	14	59
	p-dinitrobenzene	10.3	251	1051	14±0.7	57±3
$C_6H_4O_2$	o-quinone	9.3	189	791	−25±1	−106±4
	p-quinone	10.04	202	846	−29±1	−123±4
C_6H_5	C_6H_5	8.25	269.3	1126.9	79±1	329±4
C_6H_5Br	C_6H_5Br	8.98	232	971	24.9±0.7	104.3±3.1
C_6H_5Cl	C_6H_5Cl	9.06	222	929	13.0	54.4
C_6H_5ClO	m-chlorophenol	8.65	163	682	−37±2	−153±9
	p-chlorophenol	8.69	165	692	−35±2	−146±9
C_6H_5F	C_6H_5F	9.20	184.4	771.6	−27.7	−116.0
C_6H_5FO	o-fluorophenol	8.68	131	548	−69	−289
	m-fluorophenol	8.73	131	547	−71	−295
	p-fluorophenol	8.5	126	529	−70	−291
$C_6H_5NO_2$	$C_6H_5NO_2$	9.86	243	1019	16.1	67.6
$C_6H_5NO_3$	o-nitrophenol	9.1	187	780	−23	−98
	m-nitrophenol	9.0	181	757	−27	−111
	p-nitrophenol	9.1	182	−762	−28	−116
C_6H_6	$CH_2=C=CHCH=C=CH_2$	8.53	295	1234	98	411
	$HC\equiv CCH_2CH=C=CH_2$	9.40	316	1321	99	414

分子式	结构式/名称	电离能 (eV)	$\Delta_f H$(离子) kcal·mol^{-1}	kJ·mol^{-1}	$\Delta_f H$(中性) kcal·mol^{-1}	kJ·mol^{-1}
C$_6$H$_6$	HC≡CCH=CHCH=CH$_2$	9.20	299	1253	87	365
	CH$_2$=CHC≡CCH=CH$_2$	8.50	280	1172	84	352
	HC≡CC≡CC$_2$H$_5$	9.41	312	1306	95	398
	HC≡CCH$_2$C≡CCH$_3$	9.50	317	1328	98	411
	HC≡CCH$_2$CH$_2$C≡CH	9.90	327	1369	99	414
	CH$_3$C≡CC≡CCH$_3$	8.92	296	1238	90	377
	benzene	9.2459	233.2	975.8	19.8	82.9
C$_6$H$_6$ClN	o-chloroaniline	8.50	211	881	15	61
	m-chloroaniline	8.09	200	836	13	55
	p-chloroaniline	8.18	202	844	13	55
C$_6$H$_6$FN	o-fluoroaniline	8.18	164	683	−25	−106
	m-fluoroaniline	8.32	165	691	−27	−112
	p-fluoroaniline	8.18	163	680	−26	−109
C$_6$H$_6$N$_2$O$_2$	o-nitroaniline	8.27	206	862	15±1	64±4
	m-nitroaniline	8.31	207	864	15±0.5	62±2
	p-nitroaniline	8.34	205	860	13±0.5	55±2
C$_6$H$_6$O	C$_6$H$_5$—OH	8.47	173	722	−23.0	−96.3
C$_6$H$_6$O$_2$	o-C$_6$H$_4$(OH)$_2$	8.15	123	514	−65±1	−272±4
	m-C$_6$H$_4$(OH)$_2$	8.2	123	514	−65.6	−274.7
	p-C$_6$H$_4$(OH)$_2$	7.95	121	505	−63	−262
C$_6$H$_7$N	C$_6$H$_5$—NH$_2$	7.72	198	829	20.8	87.1
	o-methylpyridine	9.02	232	969	23.7	99.2
	m-methylpyridine	9.04	234	979	25.4	106.4
	p-methylpyridine	9.04	233	976	24.8	103.8
C$_6$H$_7$NO	o-methoxypyridine	8.7	189	787	−12	−52
	m-methoxypyridine	9.34	211	885	−4	−17
	p-methoxypyridine	9.58	218	911	−3	−13
C$_6$H$_8$	E-CH$_2$=C=CHCH=CHCH$_3$	8.32	244	1020	52	217
	Z-CH$_2$=C=CHCH=CHCH$_3$	8.31	233	973	41	171
	E-CH$_2$=CHCH=CHCH=CH$_2$	8.28	231	965	40	166
	CH$_3$CH=C=CHCH=CH$_2$	8.56	250	1048	53	222
	CH$_2$=C=C(CH$_3$)CH=CH$_2$	8.54	249	1040	52	216
	CH$_2$=C=CHC(CH$_3$)=CH$_2$	8.54	249	1040	52	216
	C$_2$H$_5$C≡CCH=CH$_2$	8.91	260	1090	55	230
	CH$_3$C≡CC(CH$_3$)=CH$_2$	8.72	253	1058	52	217
	1,3-cyclohexadiene	8.25	215.6	902.3	25.4	106.3
	1,4-cyclohexadiene	8.82	229	959	25.8	107.9
C$_6$H$_8$N$_2$	o-diaminobenzene	7.2	188	787	22±1	92±5
	m-diaminobenzene	7.14	186	777	21	88
	o-diaminobenzene	6.87	181	760	23	97

分子式	结构式/名称	电离能 (eV)	$\Delta_f H_{(离子)}$		$\Delta_f H_{(中性)}$	
			kcal·mol^{-1}	kJ·mol^{-1}	kcal·mol^{-1}	kJ·mol^{-1}
C_6H_8O	$HC{\equiv}CCOCH_2CH_2CH_3$	10.00	233	975	2.5	10.5
	2,5 - dimethylfuran	8.25	165	690	−25	−106
	2 - ethylfuran	8.45	171	715	−24	−100
C_6H_8S	2,5 - dimethylthiophene	8.10	199	932	12	50
	3,4 - diemthylthiophene	8.55	209	875	12	50
	2 - ethylthiophene	8.67	215	898	15	61
C_6H_9N	2,4 - dimethylpyrrole	7.54	184	767	10	42
	2,5 - dimethylpyrrole	7.69	187	782	9.5	39.8
	2 - ethylpyrrole	7.97	197	823	13	54
C_6H_{10}	$CH_2{=}C{=}CHCH_2C_2H_5$	9.00	237	990	29	122
	$CH_2{=}CHCH_2CH_2CH{=}CH_2$	9.29	234	980	20.1	84.1
	$CH_2{=}C{=}C(CH_3)C_2H_5$	8.74	227	951	26	108
	$(CH_3)_2C{=}CHCH{=}CH_2$	8.25	201	839	10	42
	$CH_2{=}C(CH_3)CH_2CH{=}CH_2$	9.16	228	956	17	72
	$CH_2{=}CHCH(CH_3)CH{=}CH_2$	9.40	235	985	19	78
	$CH_2{=}C(CH_3)C(CH_3){=}CH_2$	8.71	211	884	10	42
	$CH_2{=}C(C_2H_5)CH{=}CH_2$	8.79	216	904	13	56
	$C_4H_9C{\equiv}CH$	9.95	258	1082	29	122
	$C_3H_7C{\equiv}CCH_3$	9.366	242	1012	26	108
	$C_2H_5C{\equiv}CC_2H_5$	9.323	240	1005	25±0.5	106±2
	$(CH_3)_2CHCH_2C{\equiv}CH$	9.83	254	1064	28	116
	$C_2H_5CH(CH_3)C{\equiv}CH$	9.79	253	1058	27	113
	$(CH_3)_3CC{\equiv}CH$	9.80	251	1051	25±0.7	106±3
	$(CH_3)_2CHC{\equiv}CCH_3$	9.31	238	995	23	97
	cyclohexene	8.945	205.2	858.4	−1.1	−4.6
$C_6H_{10}O$	$E{-}n{-}C_3H_7CH{=}CHCHO$	9.65	187	782	−36	−149
	$C_2H_5CH{=}C(CH_3)CHO$	9.54	181	758	−39	−162
	$CH_3CH{=}C(C_2H_5)CHO$	9.53	181	757	−39	−162
	$i{-}C_3H_7COCH{=}CH_2$	9.39	177	741	−39	−165
	$E{-}CH_3CH{=}CHCOC_2H_5$	9.32	175	730	−40	−169
	$CH_3CH{=}C(CH_3)COCH_3$	9.35	172	719	−44	−183
	$(CH_3)_2C{=}CHCOCH_3$	9.08	165	693	−44	−183
	cyclohexanone	9.14	157	656	−54	−226
C_6H_{12}	$n{-}C_4H_9CH{=}CH_2$	9.44	207.7	869.0	−10.0	−41.8
	$n{-}C_3H_7{-}CH{=}CHCH_3$	8.97	195.5	817.8	−11.4	−47.7
	$C_2H_5CH{=}CHC_2H_5$	8.95	195.2	816.7	−11.2	−46.8
	$C_2H_5CH_2C(CH_3){=}CH_2$	9.08	195	817	−14.2	−59.4
	$C_2H_5CH(CH_3)CH{=}CH_2$	9.44	206	961	−11.8	−49.5
	$(CH_3)_2CHCH_2CH{=}CH_2$	9.45	206	861	−12	−51

分子式	结构式/名称	电离能 (eV)	$\Delta_f H$(离子)		$\Delta_f H$(中性)	
			kcal·mol^{-1}	kJ·mol^{-1}	kcal·mol^{-1}	kJ·mol^{-1}
C$_6$H$_{12}$	(C$_2$H$_5$)$_2$C=CH$_2$	9.06	196	818	−13.4	−56.0
	(CH$_3$)$_2$CHC(CH$_3$)=CH$_2$	9.07	194	812	−15.1	−63.3
	(CH$_3$)$_3$CCH=CH$_2$	9.45	203	851	−14.5	−60.7
	(CH$_3$)$_2$C=C(CH$_3$)$_2$	8.27	174	729	−16.6	−69.3
	(CH$_3$)$_2$C=CHC$_2$H$_5$	8.58	182	761	−16.0	−66.8
	cyclohexane	9.86	198	828	−29.5	−123.3
C$_6$H$_{12}$O	n-C$_5$H$_{11}$CHO	9.67	164	686	−59	−247
	neo-C$_5$H$_{11}$CHO	9.61	158	658	−64	−269
	n-C$_4$H$_9$COCH$_3$	9.35	150	624	−66	−278
	s-C$_4$H$_9$COCH$_3$	9.21	144	602	−69	−287
	i-C$_4$H$_9$COCH$_3$	9.30	145	610	−69	−287
	t-C$_4$H$_9$COCH$_3$	9.11	141	589	−69.3	−289.8
	n-C$_3$H$_7$COC$_2$H$_5$	9.12	143	601	−67	−279
	i-C$_3$H$_7$COC$_2$H$_5$	9.10	141	592	−68.3	−286.1
	c-C$_6$H$_{11}$—OH	9.75	155.5	650.7	−69.3	−290.0
C$_6$H$_{12}$O$_2$	CH$_3$(CH$_2$)$_4$CO$_2$H	10.12	111	463	−122.8	−513.6
	CH$_3$CO$_2$(CH$_2$)$_3$CH$_3$	10.0	114	479	−116.1	−485.6
	CH$_3$CO$_2$CH(CH$_3$)C$_2$H$_5$	9.90	109	454	−120	−501
	CH$_3$(CH$_2$)$_3$CO$_2$CH$_3$	10.4	127	532	−112.7	−471.5
	t-C$_4$H$_9$CO$_2$CH$_3$	9.90	111	464	−117	−491
C6H$_{13}$N	c-C$_6$H$_{11}$—NH$_2$	8.62	174	727	−25	−105
C$_6$H$_{13}$NO	CH$_3$CON(C$_2$H$_5$)$_2$	8.60	130	543	−69	−287
C$_6$H$_{14}$	n-C$_6$H$_{14}$	10.13	194	810	−39.9	−167.1
	(CH$_3$)$_2$CH(CH$_2$)$_2$CH$_3$	10.12	191	802	−41.6	−173.8
	(C$_2$H$_5$)$_2$CHCH$_3$	10.08	191	801	−40.9	−171.3
	(CH$_3$)$_2$CHCH(CH$_3$)$_2$	10.02	189	791	−42.1	−176.2
	(CH$_3$)$_3$CC$_2$H$_5$	10.06	188	787	−43.9	−183.9
C$_6$H$_{14}$O	n-C$_6$H$_{13}$—OH	9.89	153	639	−75.3	−315.1
	n-C$_4$H$_9$CH(OH)CH$_3$	9.80	146	612	−80	−334
	C$_2$H$_5$CH(OH)C$_3$H$_7$	9.63	143	597	−79	−332
	(CH$_3$)$_2$CHCH$_2$CH$_2$OCH$_3$	9.65	154	646	−68	−285
	(CH$_3$)$_2$CHCH$_2$OC$_2$H$_5$	9.30	140	585	−75	−312
	(CH$_3$)$_3$CCH$_2$OCH$_3$	9.41	146	610	−71	−297
	n-C$_5$H$_{11}$OCH$_3$	9.67	157	656	−66	−277
	n-C$_4$H$_9$OC$_2$H$_5$	9.36	146	610	−70	−294
	s-C$_4$H$_9$OC$_2$H$_5$	9.32	140	587	−75	−312
	t-C$_4$H$_9$OC$_2$H$_5$	9.39	139	582	−77	−324
	(n-C$_3$H$_7$)$_2$O	9.27	144	601	−70	−293
	(i-C$_3$H$_7$)$_2$O	9.20	136	569	−76.2	−318.8
C$_6$H$_{14}$O$_2$	CH$_3$CH(OC$_2$H$_5$)$_2$	9.78	117	490	−108.4	−453.5
C$_6$H$_{14}$O$_3$	CH$_3$O(CH$_2$CH$_2$O)$_2$CH$_3$	9.8	107	448	−119	−498

続表

分子式	结构式/名称	电离能 (eV)	$\Delta_f H_{(离子)}$ kcal·mol^{-1}	kJ·mol^{-1}	$\Delta_f H_{(中性)}$ kcal·mol^{-1}	kJ·mol^{-1}
	n-C$_6$H$_{13}$NH$_2$	8.63	167	700	-32	-133
	n-C$_4$H$_9$N(CH$_3$)$_2$	8.35	172	722	-20	-84
	i-C$_4$H$_9$N(CH$_3$)$_2$	8.31	170	711	-22	-91
C$_6$H$_{15}$N	t-C$_4$H$_9$N(CH$_3$)$_2$	8.08	166	694	-21	-86
	$(n$-C$_3$H$_7)_2$NH	7.84	153	640	-27.7	-116.0
	$(i$-C$_3$H$_7)_2$NH	7.73	144	602	-34.4	-144
	(C$_2$H$_5$)$_3$N	7.50	151	631	-22.1	-92.8
C$_6$H$_{15}$NO$_3$	N(CH$_2$CH$_2$OH)$_3$	7.9	49	205	-133	-558
C$_6$H$_{15}$O$_3$P	(C$_2$H$_5$O)$_3$P	8.4	0.6	2.5	-193 ± 1	-808 ± 4
C$_6$H$_{15}$O$_4$P	(C$_2$H$_5$O)$_3$PO	9.79	-58	-242	-284 ± 1	-1187 ± 4
C$_6$H$_{15}$P	(C$_2$H$_5$)$_3$P	8.15	134	561	-54	-225
C$_7$H$_5$ClO	C$_6$H$_5$—COCl	9.54	195	817	-25 ± 1	-103 ± 4
C$_7$H$_5$N	C$_6$H$_5$—CN	9.62	274	1147	52	219
C$_7$H$_5$NO$_3$	p-O$_2$N—C$_6$H$_4$—CHO	10.27	249	1043	12	52
C$_7$H$_5$O	C$_6$H$_5$—CO		168 ± 1	705 ± 4		
C$_7$H$_6$O	C$_6$H$_5$—CHO	9.49	210	879	-9 ± 0.5	-37 ± 2
C$_7$H$_6$O$_2$	C$_6$H$_5$—CO$_2$H	9.47	148	620	-70.3	-294.1
	p-HO—C$_6$H$_4$—CHO	9.32	159	666	-56 ± 2	-233 ± 8
C$_7$H$_7$	c-C$_7$H$_7$	6.24	203	849	59	247
	C$_6$H$_5$—CH$_2$	7.20	215	899	49	204
	C$_6$H$_5$—CH$_2$Br	9.0	224	935	16	67
C$_7$H$_7$Br	o-Br—C$_6$H$_4$—CH$_3$	8.58	213	890	15	62
	m-Br—C$_6$H$_4$—CH$_3$	8.79	217	909	15	61
	p-Br—C$_6$H$_4$—CH$_3$	8.67	217	908	17	71
	C$_6$H$_5$—CH$_2$Cl	9.14	215	899	4 ± 0.7	17 ± 3
C$_7$H$_7$Cl	o-Cl—C$_6$H$_4$—CH$_3$	8.83	208	871	4	18
	m-Cl—C$_6$H$_4$—CH$_3$	8.83	208	871	4	18
	p-Cl—C$_6$H$_4$—CH$_3$	8.69	205	856	4	18
C$_7$H$_7$NO	C$_6$H$_5$—CONH$_2$	9.45	194	811	-24	-101
C$_7$H$_8$	C$_6$H$_5$—CH$_3$	8.82	215	901	12.0	50.1
C$_7$H$_8$O	C$_6$H$_5$—CH$_2$OH	8.5	172	720	-24.0	-100.4
C$_7$H$_8$O$_2$	p-HO—C$_6$H$_4$—OCH$_3$	7.50	115	482	-58	-242
	C$_6$H$_5$—CH$_2$NH$_2$	8.64	219	918	20 ± 0.7	84 ± 3
	C$_6$H$_5$—NHCH$_3$	7.33	189	792	20	85
C$_7$H$_9$N	o-CH$_3$—C$_6$H$_4$—NH$_2$	7.44	185	773	13	55
	m-CH$_3$—C$_6$H$_4$—NH$_2$	7.50	186	778	13	54
	p-CH$_3$—C$_6$H$_4$—NH$_2$	7.24	180	753	13	54
	n-C$_5$H$_{11}$C≡CH	10.04	256	1073	25	104
C$_7$H$_{12}$	n-C$_4$H$_9$C≡CCH$_3$	9.33	235	985	20	85
	n-C$_3$H$_7$C≡CC$_2$H$_5$	9.26	233	976	20	83
	cycloheptene	8.91	203	850	-2.2	-9.4

分子式	结构式/名称	电离能 (eV)	$\Delta_f H_{(离子)}$ kcal·mol^{-1}	kJ·mol^{-1}	$\Delta_f H_{(中性)}$ kcal·mol^{-1}	kJ·mol^{-1}
C$_7$H$_{14}$	n-C$_5$H$_{11}$CH=CH$_2$	9.44	202.8	848.9	-14.8	-61.9
	n-C$_4$H$_9$CH=CHCH$_3$	8.84	187	782	-17	-71
	n-C$_3$H$_7$CH=CHC$_2$H$_5$	8.92	189	790	-17	-71
	cycloheptane	9.97	202	844	-28.3	-118.2
	methylcyclohexane	9.64	185	775	-37.0	-154.7
	ethylcyclopentane	10.12	203	850	-30.3	-126.7
C$_7$H$_{14}$O	n-C$_6$H$_{13}$CHO	9.65	159	667	-63 ± 1	-264 ± 4
	n-C$_5$H$_{11}$COCH$_3$	9.30	142	596	-72	-301
	n-C$_4$H$_9$COC$_2$H$_5$	9.22	141	590	-71	-299
	(n-C$_3$H$_7$)$_2$CO	9.10	138	578	-72	-300
	(i-C$_3$H$_7$)$_2$CO	8.95	132	552	-74.4	-31.3
C$_7$H$_{15}$	n-C$_6$H$_{13}$CH$_2$		183	766	4	15
	n-C$_5$H$_{11}$—CHCH$_3$	6.95	162	678	2	8
	n-C$_4$H$_9$—C(CH$_3$)$_2$		147	615		
	(C$_2$H$_5$)$_3$C		150.6	630.1		
C$_7$H$_{16}$	n-heptane	9.92	184	770	-44.8	-187.5
C$_7$H$_{16}$O	n-C$_7$H$_{15}$—OH	9.84	147	615	-80.2	-335.5
	n-C$_5$H$_{11}$—CH(OH)CH$_3$	9.70	139	582	-85	-354
	n-C$_4$H$_9$—CH(OH)C$_2$H$_5$	9.68	139	582	-85	-354
	n-C$_5$H$_{11}$—OC$_2$H$_5$	9.49	144	602	-75	-314
C$_8$H$_4$O$_3$	phthalic anhydride	10.0	142	594	-89	-371
C$_8$H$_6$	C$_6$H$_5$—C≡CH	8.81	276	1156	73	306
C$_8$H$_6$O$_4$	m-HO$_2$C—C$_6$H$_4$—CO$_2$H	9.98	64	267	-166	-696
	p-HO$_2$C—C$_6$H$_4$—CO$_2$H	9.86	55	233	-172	-718
C$_8$H$_6$O	C$_6$H$_5$—CH=C=O	8.17	194	813	6	25
C$_8$H$_6$O$_2$	p-OHC—C$_6$H$_4$—CHO	10.13	196	820	-37.6	157
C$_8$H$_8$O	C$_6$H$_5$CH$_2$CHO	8.80	190	796	-13	-53
	p-CH$_3$—C$_6$H$_4$—CHO	9.33	197	825	-18	-75
	C$_6$H$_5$—COCH$_3$	9.29	194	810	-20.7	-86.6
	C$_6$H$_5$—C(OH)=CH$_2$		175	731		
C$_8$H$_8$O$_2$	C$_6$H$_5$CH$_2$CO$_2$H	8.26	114	478	-76	-319
	C$_6$H$_5$CO$_2$CH$_3$	9.32	146	611	-69 ± 2	-288 ± 8
	CH$_3$CO$_2$C$_6$H$_5$	8.6	131	550	-66.8	-279.7
C$_8$H$_9$NO	CH$_3$CONHC$_6$H$_5$	8.30	161	672	-31	-129
C$_8$H$_{10}$	o-CH$_3$—C$_6$H$_4$—CH$_3$	8.56	201.7	843.9	4.3	18.0
	m-CH$_3$—C$_6$H$_4$—CH$_3$	8.56	202	843	4.1	17.3
	p-CH$_3$—C$_6$H$_4$—CH$_3$	8.44	199	832	4.3	18.0
	C$_6$H$_5$C$_2$H$_5$	8.77	209	875	7.0	29.2
C$_8$H$_{10}$O	p-C$_2$H$_5$—C$_6$H$_4$—OH	7.84	146	612	-34.4	-144.1
	C$_6$H$_5$CH$_2$OCH$_3$	8.85	186	780	-18	-74
	C$_6$H$_5$OC$_2$H$_5$	8.13	163	683	-24.3	-101.7

分子式	结构式/名称	电离能 (eV)	$\Delta_f H_{(离子)}$		$\Delta_f H_{(中性)}$	
			kcal·mol^{-1}	kJ·mol^{-1}	kcal·mol^{-1}	kJ·mol^{-1}
$C_8H_{10}O_2$	o-CH$_3$O—C$_6$H$_4$—OCH$_3$	7.8	127	530	−53	−223
$C_8H_{10}O_2$	m-CH$_3$O—C$_6$H$_4$—OCH$_3$	7.8	122	511	−58	−242
	p-CH$_3$O—C$_6$H$_4$—OCH$_3$	7.53	118	493	−56	−234
$C_8H_{11}N$	C$_6$H$_5$—(CH$_2$)$_2$—NH$_2$	8.5	212	885	16	65
	C$_6$H$_5$—NHC$_2$H$_5$	7.67	190	796	13	56
	C$_6$H$_5$—N(CH$_3$)$_2$	7.12	188	788	24	101
C_8H_{14}	n-C$_6$H$_{13}$—C≡CH	9.95	248	1041	19±1	81±4
	n-C$_5$H$_{11}$C≡CCH$_3$	9.31	230	962	15	64
	n-C$_4$H$_9$C≡CC$_2$H$_5$	9.22	228	953	15	63
	n-C$_3$H$_7$C≡CC$_3$H$_7$	9.20	226	948	14	60
	cyclooctene	8.82	196.9	824.0	−6.5	−27
$C_8H_{14}O$	cyclooctanone	9.08	144	604	−65±1	−272±5
C_8H_{16}	n-C$_6$H$_{13}$CH=CH$_2$	9.43	198	829	−19.4	−81.2
	n-C$_5$H$_{11}$CH=CHCH$_3$	8.91	184	767	−22	−91
	n-C$_4$H$_9$CH=CHC$_2$H$_5$	8.85	183	764	−21	−90
	n-C$_3$H$_7$CH=CHC$_3$H$_7$	8.84	182	763	−21	−90
	cyclooctane	9.76	195	817	−29.7	−124.4
	ethylcyclohexane	9.54	178.8	748.1	−41.2	−172.4
	propylcyclopentane	10.00	195	817	−35.3	−147.8
$C_8H_{16}O$	n-C$_6$H$_{13}$COCH$_3$	9.40	140	586	−77	−321
	n-C$_4$H$_9$COC$_3$H$_7$	9.10	133	558	−76	−320
C_8H_{18}	n-C$_8$H$_{18}$	9.82	177	739	−49.8	−208.5
	n-C$_5$H$_{11}$CH(CH$_3$)$_2$	9.84	176	734	−51.4	−215.1
	(CH$_3$)$_3$C—C(CH$_3$)$_3$	9.8	172	720	−53.9	−225.7
$C_8H_{18}O$	(n-C$_4$H$_9$)$_2$O	9.43	138	577	−80	−333
	(s-C$_4$H$_9$)$_2$O	9.11	122	509	−88	−370
	(t-C$_4$H$_9$)$_2$O	8.81	117	488	−87	−362
$C_8H_{19}N$	n-C$_8$H$_{17}$NH$_2$	8.5	155	648	−41	−172
	(n-C$_4$H$_9$)$_2$NH	7.69	140	585	−37.4	−156.6
	(s-C$_4$H$_9$)$_2$NH	7.63	138	579	−38	−157
$C_8H_{20}Pb$	(C$_2$H$_5$)$_4$Pb	11.1	282	1180	26±1	109±5
C_9H_8	C$_6$H$_5$—C≡CCH$_3$	8.41	258	1079	64	268
$C_9H_8O_2$	Z-C$_6$H$_5$—CH=CHCO$_2$H	8.90	155	649	−50	−210
	E-C$_6$H$_5$—CH=CHCO$_2$H	9.00	153	641	−54	−227
C_9H_{10}	Z-C$_6$H$_5$—CH=CHCH$_3$	8.15	217	907	29	121
	E-C$_6$H$_5$—CH=CHCH$_3$	8.08	214	897	28	117
	C$_6$H$_5$—CH$_2$CH=CH$_2$	8.60	236	986	37±2	156±9
$C_9H_{10}O$	C$_6$H$_5$—(CH$_2$)$_2$CHO	8.7	182	763	−17	−73
	C$_6$H$_5$—COC$_2$H$_5$	9.16	185	775	−26	−109
	C$_6$H$_5$CH$_2$—COCH$_3$	8.7	177	741	−23.6	−98.6

分子式	结构式/名称	电离能 (eV)	$\Delta_f H_{(离子)}$		$\Delta_f H_{(中性)}$	
			kcal·mol^{-1}	kJ·mol^{-1}	kcal·mol^{-1}	kJ·mol^{-1}
$C_9H_{10}O_2$	$C_6H_5-CO_2C_2H_5$	8.9	128	537	-77	-322
	$p\text{-}CH_3-C_6H_4-CO_2CH_3$	8.4	117	489	-77	-321
	$p\text{-}CH_3O-C_6H_4-COCH_3$	8.2	132	552	-57	-239
$C_9H_{11}NO$	$C_6H_5-CON(CH_3)_2$	9.04	186	777	-23	-95
	$p\text{-}(CH_3)_2N-C_6H_4-CHO$	7.36	160	670	-10	-40
$C_9H_{11}NO_2$	phenylalanine	8.4	119	497	-74.8	-312.9
C_9H_{12}	$C_6H_5-CH_2CH_2CH_3$	8.72	203	849	1.9	7.9
	$C_6H_5-CH(CH_3)_2$	8.73	202	846	1.0	4.2
$C_9H_{13}N$	$C_6H_5-(CH_2)_3-NH_2$	8.89	216	902	11	45
	$C_6H_5-(CH_2)_2-NHCH_3$	8.4	205	857	11	45
$C_9H_{15}N$	$(CH_2=CHCH_2)_3N$	7.5	226	948	54	224
C_9H_{16}	$n\text{-}C_7H_{15}-C\equiv CH$	9.93	244	1020	15	62
	$n\text{-}C_6H_{13}-C\equiv CCH_3$	9.30	225	941	11±1	44±4
	$n\text{-}C_5H_{11}-C\equiv CC_2H_5$	9.20	222	930	10±0.7	42±3
	$n\text{-}C_4H_9-C\equiv CC_3H_7$	9.17	221	927	10±0.7	42±3
C_9H_{18}	$n\text{-}C_7H_{15}-C=CH$	9.42	192	805	-25	-104
	$n\text{-}C_6H_{13}-C=CCH_3$	8.90	179	748	-26	-111
	$n\text{-}C_5H_{11}-C=CC_2H_5$	8.84	178	743	-26	-110
	$n\text{-}C_4H_9-C=CC_3H_7$	8.80	177	739	-26	-110
$C_9H_{18}O$	$n\text{-}C_7H_{15}COCH_3$	9.16	130	542	-81	-340
	$(n\text{-}C_4H_9)CO$	9.07	127	530	-82.4	-344.9
C_9H_{20}	$n\text{-}C_9H_{20}$	9.72	170	709	-54.5	-228.4
$C_9H_{21}N$	$(n\text{-}C_3H_7)_3N$	7.4	132	552	-38	-161
$C_{10}H_8$	naphthalene	8.14	223.6	935.8	35.9	150.4
$C_{10}H_8O$	1-HO—naphthalene	7.76	172	719	-7.1	-29.9
	2-HO—naphthalene	7.85	174	727	-7.2	-30.3
$C_{10}H_9N$	1-NH$_2$—naphthalene	7.1	201	843	38±2	158±8
	2-NH$_2$—naphthalene	7.10	196	821	32±3	136±13
$C_{10}H_{10}$	$C_6H_5-C\equiv CC_2H_5$	8.35	259	1082	66	276
	$C_6H_5CH_2C\equiv CCH_3$	8.6	260	1089	62	259
$C_{10}H_{10}Fe$	ferrocene	6.747	213	893	58	242
$C_{10}H_{10}N_2$	1,5-(NH$_2$)$_2$—naphthalene	6.74	194	815	39	165
	1,8-(NH$_2$)$_2$—naphthalene	6.65	199	835	46	193
$C_{10}H_{10}O$	$C_6H_5-CH=CH-COCH_3$	8.8	197	824	-6	-25
$C_{10}H_{10}O_4$	$o\text{-}C_6H_4-(CO_2CH_3)_2$	9.64	66	276	-156±4	-654±17
$C_{10}H_{12}$	$Z\text{-}C_6H_5-CH=CHC_2H_5$	8.15	213	892	25	106
	$E\text{-}C_6H_5-CH=CHC_2H_5$	8.0	208	873	24	101
$C_{10}H_{13}NO_2$	$O_2N-C_6H_4-C(CH_3)_3$	9.2	203	850	-9	-38
$C_{10}H_{14}$	$C_6H_5-(CH_2)_3CH_3$	8.69	198	827	-3.1	-13.2
	$C_6H_5-CH_2CH(CH_3)_2$	8.68	195	816	-5.1	-21.5

分子式	结构式/名称	电离能 (eV)	$\Delta_f H_{(离子)}$		$\Delta_f H_{(中性)}$	
			kcal · mol^{-1}	kJ · mol^{-1}	kcal · mol^{-1}	kJ · mol^{-1}
$C_{10}H_{15}N$	$C_6H_5-(CH_2)_2N(CH_3)_2$	7.70	193	807	15	64
	$C_6H_5-N(C_2H_5)_2$	6.98	171	714	9.5	40
$C_{10}H_{20}$	$n\text{-}C_8H_{17}CH{=}CH_2$	9.42	188	786	−29.5	−123.3
$C_{10}H_{22}$	$n\text{-}C_{10}H_{22}$	9.65	163	682	−59.6	−249.5
H	H	13.598	365.7	1530.0	52.10	217.99
HO	HO	13.00	309.1	1293.3	9.3	39.0
H_2	H_2	15.426	355.7	1488.3	0	0
H_2N	NH_2	11.14	302.0	1263.8	45.1	188.7
H_2O	H_2O	12.612	233.0	975.0	−57.80	−241.83
H_2O_2	H_2O_2	10.54	210	881	−32.6	−136.3
H_3N	NH_3	10.16	223.2	934.0	−11.0	−45.9
He	He	24.587	567.0	2372	0	0
Kr	Kr	13.9997	322.8	1350.8	0	0
N_2	N_2	15.5808	359.3	1503.3	0	0
O_2	O_2	12.071	278.5	1165.3	0	0
Xe	Xe	12.130	279.7	1170.4	0	0

[1]S. G. Lias, J. E. Bartmess, J. F. Liebman, J. L. Holmes, R. D. Levin, W. G. Mallard, J. Phys. Chem. Ref. Data, 1988, 17(Suppl. 1), 1~861.